21. Kolloquium Schallemission

Statusberichte zur Entwicklung und Anwendung der Schallemissionsanalyse

Berichtsband BB 159

Fulda, Germany
9 – 10 March 2017

ISBN: 978-1-5108-6997-4

Printed from e-media with permission by:

Curran Associates, Inc.
57 Morehouse Lane
Red Hook, NY 12571

Some format issues inherent in the e-media version may also appear in this print version.

Printed by Curran Associates, Inc. (2018)

For permission requests, please contact Deutsche Gesellschaft Fuer Zerstoerungsfreie Pruefung (DGZfP) at the address below.

Deutsche Gesellschaft Fuer Zerstoerungsfreie Pruefung (DGZfP)
Max-Planck-Str. 6
12489 Berlin
Germany

Phone: +49 30 67807-0
Fax: +49 30 67807-109

mail@dgzfp.de

Additional copies of this publication are available from:

Curran Associates, Inc.
57 Morehouse Lane
Red Hook, NY 12571 USA
Phone: 845-758-0400
Fax: 845-758-2633
Email: curran@proceedings.com
Web: www.proceedings.com

TABLE OF CONTENTS

Analyse der Schadensmechanismen biegebeanspruchter Stahlbetonbalken mittels zerstörungsfreier Prüftechniken

Stephan PIRSKAWETZ [1], Götz HÜSKEN [1], Klaus-Peter GRÜNDER [1], Daniel KADOKE [1]
[1] Bundesanstalt für Materialforschung und -prüfung (BAM), Berlin
Kontakt E-Mail: stephan.pirskawetz@bam.de

Kurzfassung. Der durch Kräfte senkrecht zur Stabachse belastete Balken ist eines der Haupttragelemente des Stahlbetonbaus. Biegebalken finden unter anderem Anwendung in Form von Brückenträgern oder Unterzügen. Die bei maximaler Beanspruchung auftretenden Versagensformen unterteilen sich dabei in Biege- und Querkraftversagen (Schubversagen). Ein Versagen des Balkens kann je nach Versagensmechanismus mit oder ohne Vorankündigung erfolgen. Gebräuchliche Bemessungskonzepte der Baupraxis zur Dimensionierung entsprechender Tragelemente zielen auf ein Versagen mit ausreichender Vorankündigung (große Verformungen oder breite Risse) ab, wie es z.B. beim sekundären Biegedruckversagen entsteht.

Für die Zustandsüberwachung von Bauwerken (z.B. Brücken) mittels zerstörungsfreier Prüftechniken sind fundierte Kenntnisse zu den bei Biegebeanspruchung auftretenden Schadensmechanismen erforderlich. Im Rahmen eines BAM-internen Projektes sollen durch praxisnahe Untersuchungen an einer brückenähnlichen Referenzstruktur unterschiedliche auf das Tragwerk einwirkende thermische und mechanische Belastungen untersucht werden und in die Entwicklung eines Monitoringsystems einfließen.

Anhand der aus Biegeversuchen vorliegenden Ergebnisse wird der Einsatz unterschiedlicher Methoden der zerstörungsfreien Materialprüfung gezeigt und deren Anwendbarkeit für die Analyse des Verformungsverhaltens von Stahlbetonbalken diskutiert. Hierzu wurde das Verformungsverhalten eines Stahlbetonbalkens (L = 2,75 m) in einem Vierpunkt-Biegeversuch im Labormaßstab untersucht. Das Hauptaugenmerk liegt dabei auf der Charakterisierung der ausschlaggebenden Versagensmodi durch die einzelnen zerstörungsfreien Prüfverfahren und der Vergleich zu klassischen Messmethoden (z.B. Verformungsmessung mittels induktiver Wegaufnehmer (IWA)). Die Biegeversuche wurden dazu durch Schallemissionsanalyse (SEA) und optische Verformungsanalyse mittels Stereo-Fotogrammetrie (SF) und Bildkorrelationsverfahren (BKV) begleitet.

1. Einführung

Laut Berichten des BMVI [1], [2] hat sich im Jahr 2010 die Beförderungsleistung im Güterverkehr auf der Straße gegenüber dem Bezugsjahr 1980 mehr als verfünffacht. Prognosen gehen von einer Verachtfachung bis 2025 aus. Insbesondere die Brücken werden durch die steigenden Belastungen in Mitleidenschaft gezogen. Der Zustand von etwas mehr als 50 % der insgesamt ca. 39.500 Brücken im Bundesfernstraßennetz wurde 2015 als „sehr gut“ bis

„befriedigend" eingestuft. Allerdings erhielten auch mehr als 12 % die Note „nicht ausreichend" oder „ungenügend". 87 % der Brücken wurden aus Spann- bzw. Stahlbeton errichtet. Grundlage für die Planung der Sanierung bzw. die Entscheidung für einen Neubau ist die Kenntnis des Tragverhaltens der Brücken. Mit einer Zustandsüberwachung kann der sichere Betrieb bis zur Sanierung gewährleistet und der Erfolg der Maßnahmen kontrolliert werden.

Im derzeit laufenden Themenfeldprojekt „BLEIB - **B**ewertung, **Le**bensdauerprognose und **I**nstandsetzung von **B**rückenbauwerken" werden durch die BAM Methoden und Techniken zur Zustandsanalyse und -überwachung von Betonbrücken entwickelt und an einer Referenzstruktur getestet. Diese Modellbrücke mit einer Spannweite von 2 x 12 m wurde im Dezember 2016 auf dem Testgelände Technische Sicherheit (TTS) der BAM errichtet. Im Vorfeld wurden Versuche an 3 m langen, bewehrten Betonbalken zur Applikation und Synchronisation der Messsysteme durchgeführt. Des Weiteren wurde die Reaktion der verschiedenen Messsysteme auf die während eines Vierpunkt-Biegeversuchs auftretenden Stadien der Rissbildung und -ausbreitung untersucht. Die Ergebnisse der Schallemissionsmessungen sowie der optischen Messverfahren werden nachfolgend diskutiert.

2. Experimentelle Arbeiten

2.1 Probendesign und -herstellung

Mit der zur Verfügung stehenden Prüfmaschine können Vierpunkt-Biegeversuche mit einem maximalen Auflagerabstand von 300 cm und einem Lastrollenabstand von maximal 100 cm bis zu einer Höchstlast von 100 kN durchgeführt werden. Unter Berücksichtigung dieser Randbedingungen und der in Tabelle 1 aufgeführten Materialkennwerte der verwendeten Betonmischung wurden die Balken nach EC 2 [3] ohne Teilsicherheitsbeiwert bemessen. Somit ergeben sich bei einem Stahlquerschnitt von $A_s = 4{,}02\ cm^2$ (BSt500S) die in Abb. 1 dargestellten Querschnittsabmessungen. Hierbei ist ein Fließen der Bewehrung bei einer Belastung von ca. 60 kN zu erwarten.

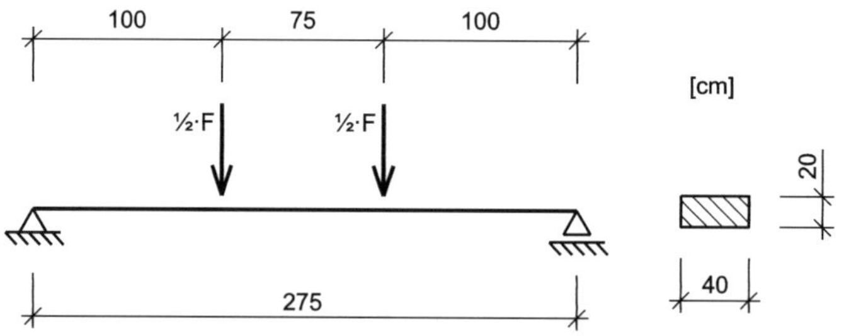

Abb. 1. Statisches System und Querschnittsabmessungen der Biegebalken.

Im Rahmen der Studie sollte auch der Einfluss unterschiedlicher Bewehrungsdurchmesser auf die Rissbildung und -ausbreitung untersucht werden. Daher wurden für die Realisierung des Stahlquerschnittes von $A_s = 4{,}02\ cm^2$ zwei Bewehrungsstäbe Ø 16 mm bzw. acht Stäbe Ø 8 mm verwendet. Abb. 2 zeigt die Lage der Bewehrung beider Varianten im Querschnitt und die zugehörigen Balken während der Betonage. Die Balken wurden ohne Querkraftbewehrung (Bügel) hergestellt, um eine im Bereich der Bügel aufgrund der Querschnittsschwächung zu erwartende Erstrissbildung auszuschließen. Im rechnerischen Nachweis ist die einwirkende Querkraft bei maximaler Biegebelastung kleiner als die durch den Balken ohne Querkraftbewehrung aufnehmbare Querkraft ($V_{Ed} \leq V_{Rd,ct}$).

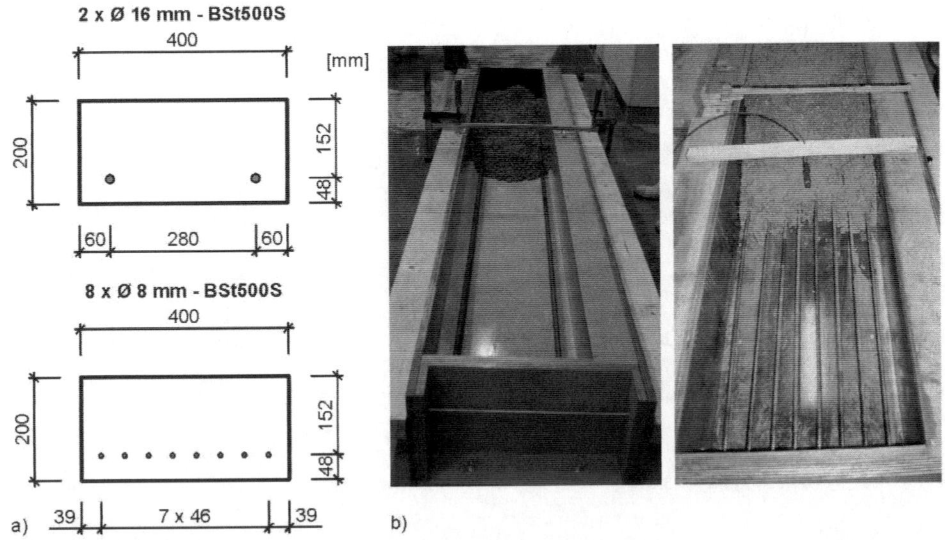

Abb. 2. Varianten der Stahlbewehrung der Biegebalken: a) Lage der Bewehrungsstäbe im Querschnitt; b) Balken während der Betonage.

Die Zusammensetzung der Mischung mit einem Größtkorn von 16 mm sowie die Frisch- und Festbetonkennwerte können Tabelle 1 entnommen werden. Die Zusammensetzung der Betonmischung entspricht dem Typ C (0,45) nach DIN EN 1766. Nach 28 Tagen erreichte die Betonmischung Druckfestigkeiten von ca. 66 N/mm² und Biegezugfestigkeiten von ca. 4,1 N/mm².

Tabelle 1. Mischungszusammensetzung sowie Frisch- und Festbetoneigenschaften der verwendeten Betonmischung.

Ausgangsstoffe	**Menge [kg/m³]**	**Parameter**	**Wert**
CEM I 42,5 R	375,0	Ausbreitmaß (DIN EN 12350-5) [mm]	565
Quarzsand 0-0,5	236,0	Frischbetonrohdichte (DIN EN 12350-6) [kg/m³]	2390
Quarzsand 0,5-1,0	145,0	Luftgehalt (DIN EN 12350-7) [%]	0,9
Quarzsand 1,0-2,0	163,0	Festbetondichte (DIN EN 12390-7) [kg/m³]	2380
Quarzsand 2,0-4,0	254,0	Druckfestigkeit (DIN EN 12390-3) [N/mm²]	66,1±0,9
Kies 4-8	327,0	Biegezugfestigkeit (DIN EN 12390-5) [N/mm²]	4,1±0,3
Kies 8-16	690,0	E-Modul (DIN EN 12390-13) [N/mm²]	33333±577
Fließmittel	5,63		
Wasser	169,0		

2.2 Versuchsprogramm

Nach dem Aufbringen einer geringen Vorlast von 250 N erfolgte die Belastung der Balken in einem weggeregelten Vierpunkt-Biegeversuch mit unterschiedlichen Belastungsgeschwindigkeiten. Um detaillierte Messungen während der Erstrissbildungsphase zu ermöglichen, wurde zu Versuchsbeginn eine sehr geringe Belastungsgeschwindigkeit von 0,2 mm/min gewählt. Nach dem Übergang vom ungerissenen in den gerissenen Zustand wurde die Belastungsgeschwindigkeit auf 0,5 mm/min erhöht. Zwischen beiden Lastrampen lag eine vierminütige Pause, die zur Umstellung der Messtechnik sowie für Ultraschallmessungen genutzt wurde. Die Entlastung des Balkens erfolgte mit 6 mm/min. Abb. 3 zeigt das Belastungsregime und die daraus resultierenden Kräfte.

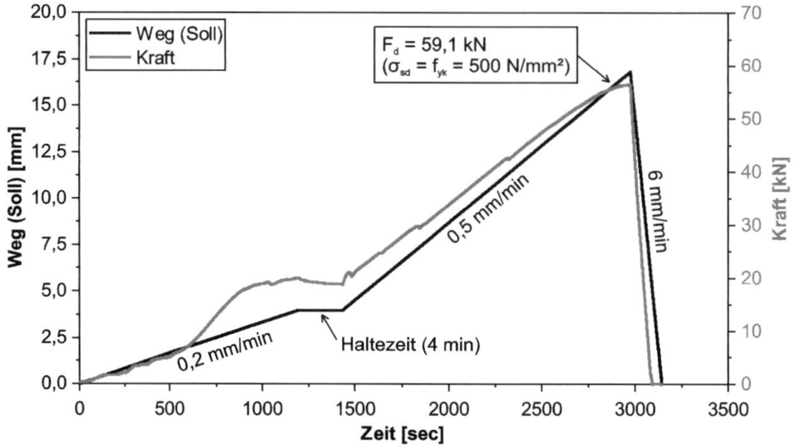

Abb. 3. Belastungsregime und resultierende Kraft des Balkens B2 - 2 Ø 16 mm.

Zur Synchronisation und Steuerung der Messsysteme wurden vom Regler der Prüfmaschine alle 4 s (entspricht 0,013 mm bzw. 0,033 mm gefahrenem Weg) Spannungspulse an die angeschlossenen Geräte gesendet. Zusätzlich wurden weitere Daten wie Kraft und Maschinenweg als elektrische Spannungssignale an die externen Messgeräte übertragen.

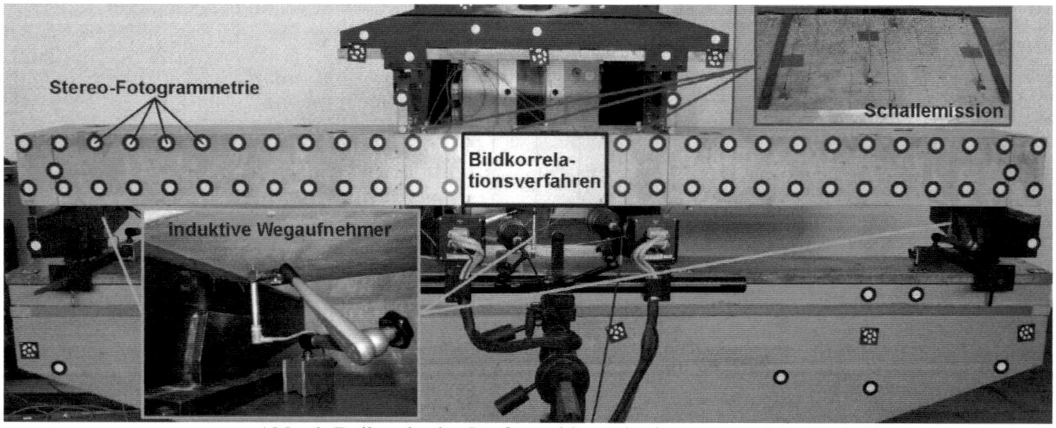

Abb. 4. Balken in der Prüfmaschine mit eingesetzter Messtechnik.

2.3 Schallemission

Zur Aufzeichnung der Schallemissionssignale wurde eine zwölfkanaliges Schallemissionssystem AMSY 6 verwendet. Die zwölf Sensoren vom Typ VS150MS wurden mit Bostik Prestik®, knetbaren Klebepads, an den Balken angekoppelt. Zuvor wurden die entsprechenden Stellen zur Entfernung oberflächlichen Zementleims angeschliffen und gereinigt. Die Positionen der Sensoren sind in Abb. 7 dargestellt. Abb. 7 enthält ebenfalls ausgewählte Positionen der Bleistiftminenbrüche (Hsu-Nielsen-Source, Ø 0,5 mm, 2H) zur Verifizierung der Sensorankopplung mit den zugehörigen Ortungsergebnissen. Der Ortungsfehler ist an allen Positionen kleiner als 2 cm. Dass künstliche Ereignisse an den vier Positionen rechts unten fehlen, ist der Unaufmerksamkeit des Prüfers zuzuschreiben. Die der Ortung zugrunde gelegte Schallgeschwindigkeit des ungerissenen Betons von 4000 m/s wurde anhand der Bleistiftminnebrüche sowie automatischer Sensortests abgeschätzt. Aufgrund des geringen Geräuschpegels der hydraulischen Prüfmaschine konnte die Erfassungsschwelle mit 35 dB auf einen für Versuche an Beton vergleichsweise niedrigen Wert eingestellt werden. Auch der

Bereich des Bandpassfilters konnte mit 25-850 kHz großzügig gewählt werden. Um die Datenmenge zu begrenzen wurde die Aufzeichnung der Wellenformen während der zweiten Belastungsphase mit 0,5 mm/min auf Signale mit Amplituden größer als 45 dB eingeschränkt. Im Folgenden werden nur geortete Schallereignisse diskutiert. Zusätzlich wurden mit den parametrischen Eingängen des Systems die von der Prüfmaschine gemessene Kraft, der Maschinenweg (Regelgröße während des Versuchs) und die Durchbiegung des Balkens (siehe Abschnitt 2.5) aufgezeichnet.

2.4 Verfahren zur Verformungsanalyse

Die beiden eingesetzten kameragestützten Messverfahren zur 3D-Koordinatenbestimmung von Oberflächenmerkmalen des zu untersuchenden Prüfobjektes beruhen auf dem Prinzip der fotogrammetrischen Triangulation. Aus den gemessenen 3D-Koordinaten lassen sich zeit- oder lastabhängig Parameter der Oberflächengestalt, von Bewegungen in sechs Freiheitsgraden, Verschiebungen oder Verzerrungen berechnen. Die kommerziellen Messsysteme der Stereo-Fotogrammetrie (SF) und des Bildkorrelationsverfahrens (BKV) [4] bestehen jeweils aus zwei fotogrammetrisch zueinander kalibrierten Kameras, die auf den zu beobachtenden Oberflächenbereich des Balkens ausgerichtet sind.

Als Oberflächenmerkmale dienen bei der SF aufgeklebte kontrastreiche Kreispunkte. In Abb. 4 sind markierte Biegelinien zu erkennen, die sich über die gesamte Länge des Balkens erstrecken. Die nachfolgenden Auswertungen beziehen sich insbesondere auf die aus der unteren Biegelinie abgeleiteten maximalen Durchbiegungen. Das BKV stützt sich auf die Identifizierung und Verfolgung kleiner Bildbereiche (sogenannter Facetten) im gesamten Messfeld, die durch Besprühen der Oberfläche mit einem kontrastreichen stochastischen Sprenkelmuster aus Graphit erzeugt wurden und im Fokus des verwendeten Korrelationsalgorithmus stehen. Die laterale Messfeldgröße (siehe hellen mittigen Bereich in Abb. 4) wurde hier zu ca. 200 mm mal 350 mm gewählt. Im Abschnitt 3 sind die mit den beiden Messverfahren gewonnenen Ergebnisse dargestellt und im Zusammenhang diskutiert.

2.5 Weitere Messtechnik

Neben den beschriebenen Messverfahren wurden weitere klassische Verfahren zur Messung der Belastung und der Reaktion des Balkens auf diese eingesetzt. Regelgröße während des Versuchs war der Maschinenweg, d.h. die Verschiebung des Kolbens der Prüfmaschine, gemessen mit einem fest installierten induktiven Wegaufnehmer. Die daraus resultierende Kraft wurde über der Traverse zur Aufnahme der Belastungsrollen gemessen. Induktive Wegaufnehmer wurden zur Messung der vertikalen Verschiebungen in der Mitte unter dem Balken und an den Auflagern platziert, aus denen die Durchbiegung des Balkens berechnet wurde.

3. Ergebnisse und Diskussion

Nachfolgend werden die am Balken B2 - 2 Ø 16 mm gewonnen Ergebnisse diskutiert. Der Vergleich der Ergebnisse der drei Verformungsmessungen in Abb. 5a zeigt eine gute Übereinstimmung. Die dreidimensionale Analyse der Daten der optischen Messsysteme offenbart allerdings ein leichtes Verdrehen des Balkens während des Versuchs. Dadurch entstehen an der Vorderseite des Balkens, an der die beiden optischen Systeme messen, etwas größere vertikale Verschiebungen als an der Längsachse der Unterseite. Darauf ist die leichte Diskrepanz zwischen den optischen (SF, BKV) und klassischen Messungen (IWA) zurückzuführen.

In der Kraft-Durchbiegungs-Kurve in Abb. 5b sind drei Phasen erkennbar. In Phase 1 zu Beginn der Belastung steigt die Kraft bis 14,5 kN steil und nahezu linear zur Durchbiegung an. Entsprechend der Theorie zum Trag- und Verformungsverhalten befindet sich der

Stahlbetonbalken im ungerissenen Zustand I, in dem die Zugspannungen am unteren Rand die Betonzugfestigkeit nicht übersteigen. Im ungerissenen Zustand werden die Zugspannungen im Wesentlichen vom Beton aufgenommen und der Stahlbetonbalken kann als ein homogenes Bauteil betrachtet werden [5], Trotzdem können in dieser Phase bereits Schallereignisse geortet werden. Insbesondere zum Ende der ersten Phase ist eine Konzentration der Ereignisse in den Bereichen der später makroskopisch sichtbaren Risse erkennbar. Sie liegen im Wesentlichen unterhalb der Bewehrung (siehe Abb. 8a). Gleichermaßen sind im Bereich der späteren Risse bereits erhöhte Dehnungen erkennbar (siehe Abb. 9a)

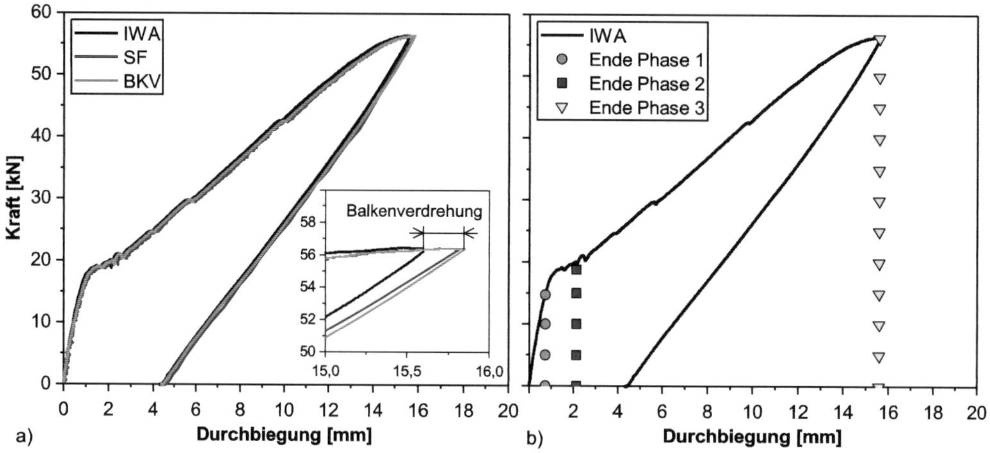

Abb. 5. Kraft-Durchbiegungs-Diagramm: a) Vergleich der verschiedenen Messsysteme der Verformungsmessung; b) Bereiche zur Darstellung der Ergebnisse der Schallemissionsanalyse und der Fotogrammetrie.

Aus der aufgebrachten Last von 14,5 kN und unter Berücksichtigung des Eigengewichts von 1,77 kN/m ergibt sich eine Zugspannung von 3,4 N/mm² in der unteren Randfaser des Balkens, welche die in Tabelle 1 gegebene mittlere Biegezugfestigkeit des verwendeten Betons noch nicht übersteigt. Erste Anzeichen für Rissbildungsprozesse (Schallereignisse und Dehnungen in Phase 1) sind jedoch aufgrund geometrischer Imperfektion erkennbar und der Balken geht vom ungerissenen in den gerissenen Zustand 2 über. Dementsprechend ist der zweite Abschnitt der Kurve durch einen Rückgang des Kraftanstieges gekennzeichnet. Es bilden sich makroskopisch sichtbare Risse im Bereich zwischen den Lasteinleitungsrollen aus. Diese Risse verlaufen von der Unterseite des Balkens ausgehend bis über die Ebene der Bewehrung hinaus, welche nun die Zugspannungen aufnimmt. Die Rissbildung mit Rissweiten von bis 0,150 mm ist deutlich in der mit der Fotogrammetrie ermittelten Dehnungsverteilung erkennbar (siehe Abb. 9b). In dieser Phase werden die meisten Schallereignisse geortet. Sie folgen, wie auf der Ansicht des Balkens von unten zu sehen, dem Verlauf der makroskopisch sichtbaren Risse (siehe Abb. 8b). Die Ansicht von vorn zeigt, dass es eine Konzentration der georteten Ereignisse in Höhe der Bewehrungslage gibt. Allerdings wandern die georteten Ereignisse auch mit den Rissspitzen nach oben bis ca. ¾ der Balkenhöhe. Die Ortungsergebnisse scheinen in dieser Ansicht nicht gut mit den sichtbaren Rissverläufen zu korrelieren. Dies liegt daran, dass die Risse über die verhältnismäßig große Tiefe des Balkens nicht senkrecht zur Vorderseite verlaufen.

Im anschließenden dritten Abschnitt steigt die Kraft wieder nahezu linear an und die Zugspannungen werden vollständig von der Bewehrung aufgenommen. Die Risse wachsen weiter in Richtung der Druckzone. Weitere Risse bilden sich in den Zonen zwischen den Auflagern und den Lasteinleitungsrollen – im Kraft-Durchbiegungs-Diagramm erkennbar an den drei kurzen Pausen im Kraftanstieg. Die Schallemissionsaktivität ist in dieser Phase in der gleichen Größenordnung wie in Phase 2, wobei die mittlere Amplitude der Hits sogar etwas höher ist. Trotzdem können nur noch wenige Schallereignisse geortet werden und die Ortungen korrelieren nicht mehr mit den sichtbaren Rissen. Ursache sind die ausgeprägten Gefügestörungen. Die dem Ortungsalgorithmus zugrundeliegende Annahme einer homogenen Schallgeschwindigkeit ist durch die Rissbildung nicht mehr erfüllt. Das zeigt sich beim Vergleich der Ortungsergebnisse für die Bleistiftminenbrüche vor und nach dem Versuch. Während die künstlichen Quellen auf der Oberseite des Balkens noch mit einem vor dem Versuch vergleichbaren Fehler geortet werden konnten, ist die Ortung auf der Unterseite nach dem Versuch auf den mittleren Bereich beschränkt. Zudem sind die Ortungsergebnisse ca. 5 cm nach oben verschoben. In Abb. 6 sind die von den Sensoren 2 (Oberseite) und 8 (Unterseite) detektierten Signale dargestellt, deren Ursprung ein Bleistiftminenbruch an der in Abb. 7 mit einem Kreuz markierten Position ist. Die durch die Gefügedegradation verursachte Dämpfung ist parallel zur Hauptzugspannungsrichtung bedeutend größer als senkrecht dazu.

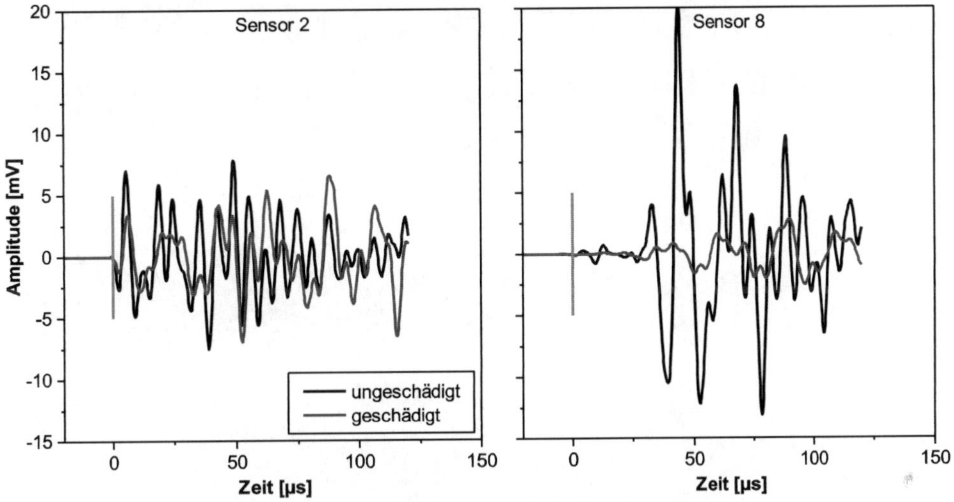

Abb. 6. Einfluss der Schädigung auf die Signalamplitude.

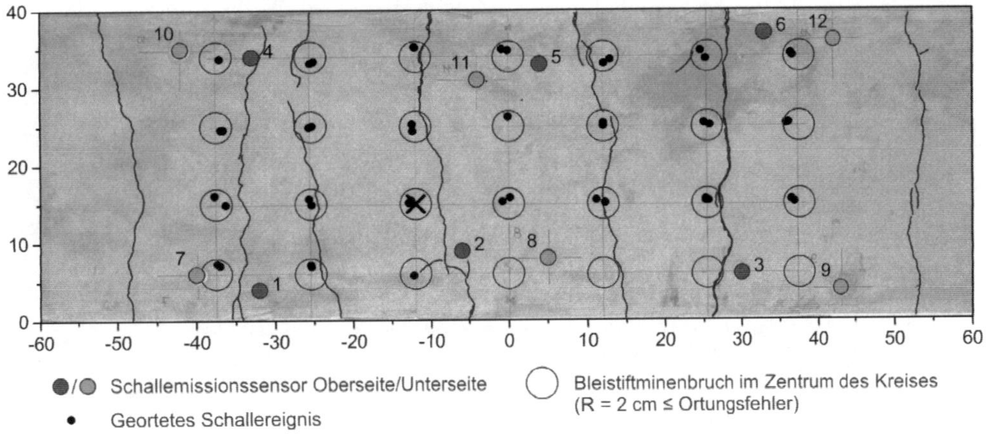

Abb. 7. Positionen der Schallemissionssensoren und der Bleistiftminenbrüche.

Zum Ende der dritten Phase beginnt die Bewehrung zu fließen. Trotz steigender Durchbiegung wird der Kraftanstieg immer kleiner und geht schließlich gegen Null. Um ein vollständiges Versagen des Balkens zu vermeiden wurde der Versuch hier beendet. Nach der Entlastung des Balkens ist eine erhebliche bleibende Verformung erkennbar.

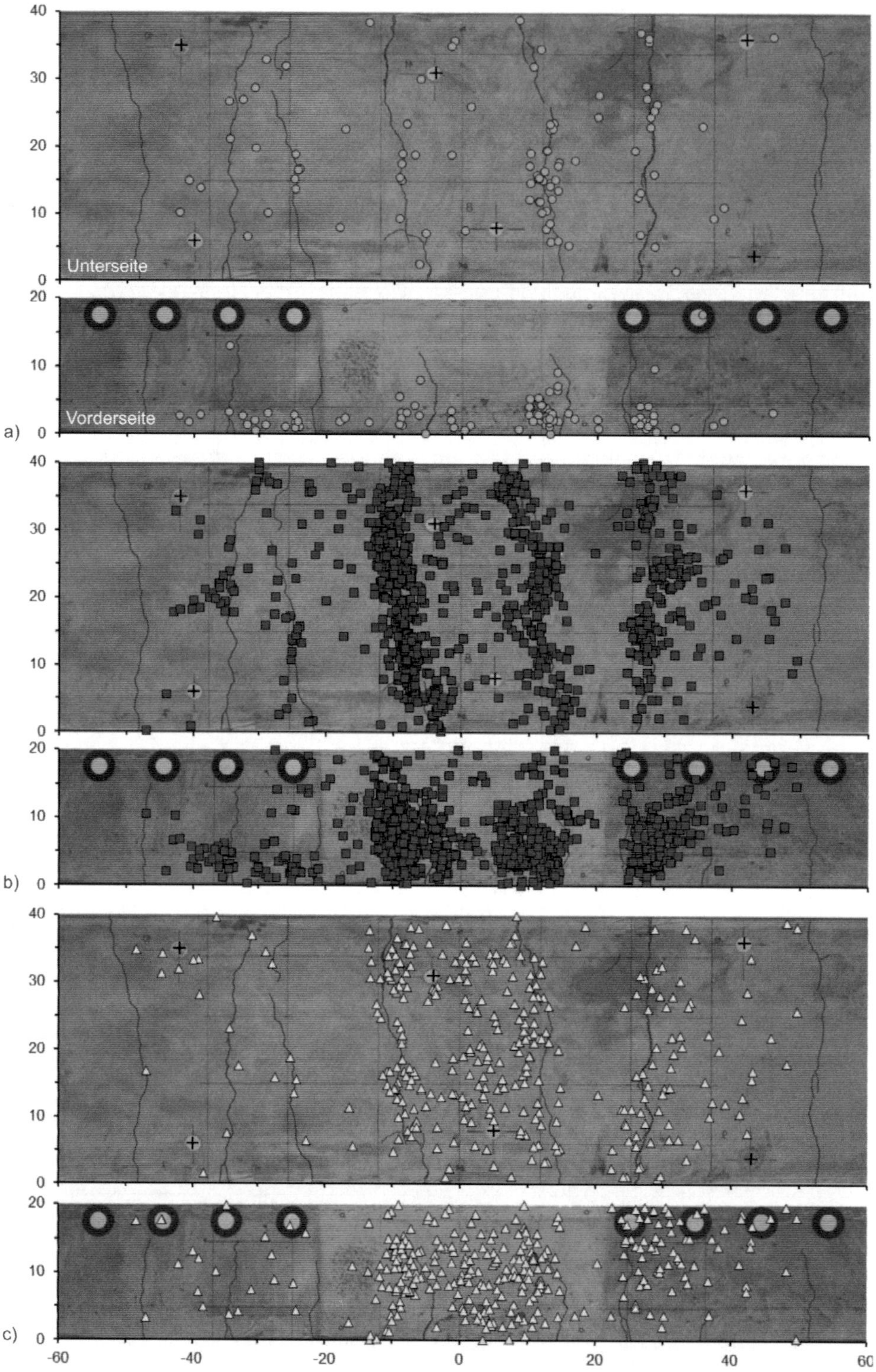

Abb. 8. Ortungsergebnisse der Schallemissionsanalyse. Die farblichen Markierungen entsprechen den in Abb. 5b gekennzeichneten Bereichen: a) geortete Schallereignisse bis zum Ende der Phase 1; b) geortete Schallereignisse bis zum Ende der Phase 2; c) geortete Schallereignisse bis zum Ende der Phase 3.

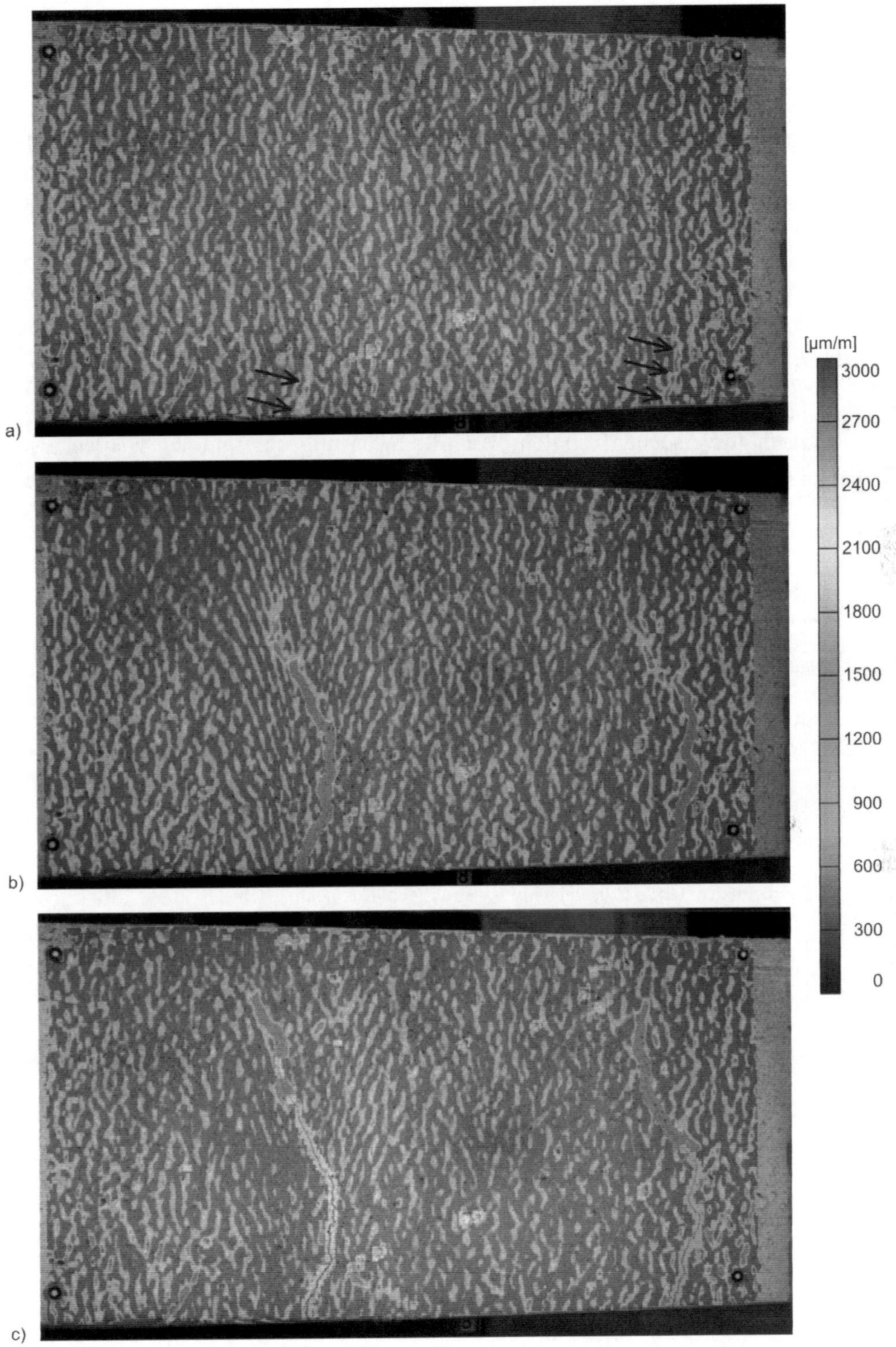

Abb. 9. Ergebnisse der fotogrammetrischen Verformungsmessung zum Ende der in Abb. 5b gekennzeichneten Bereiche: a) Dehnungsverteilung zum Ende der Phase 1; b) Dehnungsverteilung zum Ende der Phase 2; c) Dehnungsverteilung zum Ende der Phase 3.

4. Zusammenfassung

Im Vorfeld zu Versuchen an einem großmaßstäblichen Modell einer Betonbrücke wurden die Applikation von Sensoren und die Synchronisation der Messsysteme an Betonbalken im Labormaßstab getestet. Dabei zeigen die Ergebnisse der optischen Verformungsmessungen sehr gute Übereinstimmungen mit denen klassischer Messtechniken. Die damit mögliche dreidimensionale Erfassung der Verschiebungen erweist sich als großer Vorteil, der mit konventionellen Methoden nur mit erheblichem Mehraufwand erreichbar ist. Allerdings sind die optischen Systeme derzeit noch nicht für eine Dauerüberwachung von Bauwerken geeignet. Diese Aufgabe könnte mit der Schallemissionsanalyse realisiert werden. Die Versuche haben gezeigt, dass der Übergang vom ungerissenen Zustand 1 in den gerissenen Zustand 2, verbunden mit einer Ortung des Risswachstums, zuverlässig detektiert werden kann. Mit Rücksicht auf die Ortungsprobleme in bereits geschädigten Betonstrukturen muss die Anordnung der Sensoren bei der Überwachung von Bauwerken mit Rissen individuell optimiert werden. Der Einfluss von Störgeräuschen war noch nicht Bestandteil der diskutierten Versuche, wird aber beim Monitoring von Brücken eine große Rolle spielen.

Mit den Vorversuchen konnten wertvolle Erfahrungen gesammelt werden. Es ist zu erwarten, dass diese Erfahrungen auf das großmaßstäbliche Modell und schließlich auch auf reale Bauwerke übertragen werden können.

Referenzen

[1] Bundesministerium für Verkehr und digitale Infrastruktur (BMVI): Strategie zur Ertüchtigung der Straßenbrücken im Bestand der Bundesfernstraßen, Bericht zur Vorlage an den Ausschuss für Verkehr, Bau und Stadtentwicklung des Deutschen Bundestages, Berlin, 22. Mai 2013

[2] Bundesministerium für Verkehr und digitale Infrastruktur (BMVI): Stand der Ertüchtigung von Straßenbrücken der Bundesfernstraßen, Bericht zur Vorlage an den Ausschuss für Verkehr und digitale Infrastruktur des Deutschen Bundestages, Berlin, 26. Oktober 2015

[3] Fingerloos, F.; Hegger, J.; Zilch, K.: Eurocode 2 für Deutschland. Beuth Verlag GmbH, Berlin, 2012, ISBN: 978-3-410-20088-8

[4] www.gom.com

[5] Zilch, K.; Zehetmaier, G.: Bemessung im konstruktiven Betonbau. Springer, 2010, ISBN: 978-3-540-70638-0

Quantitative Charakterisierung mikroskopischer Schädigungsmechanismen in Faserverbund- und Holzwerkstoffen

Andreas J. BRUNNER [1]
[1] Empa, Eidgenössische Materialprüfungs- und Forschungsanstalt, Dübendorf, Schweiz
Kontakt E-Mail: andreas.brunner@empa.ch

Kurzfassung. Durch die in-situ Kombination von Schallemissionsmessungen und Röntgenmethoden (z.B. Radiografie oder Röntgen Computer-Tomografie) bei mechanischen Belastungsversuchen an Materialien kann aus der mittels Röntgentechnik bestimmten Schädigungsfläche die mittlere Empfindlichkeit der Schallemission für entsprechende Schädigung quantitativ abgeschätzt werden. Damit kann aber auch abgeschätzt werden, welche kleinste Schädigungszunahme mit dem entsprechenden Prüfaufbau, den Geräteeinstellungen (Schwellenwert) und den verwendeten Schallemissions-Sensoren und Vorverstärkern noch nachweisbar ist. Dafür können aber auch andere Methoden, die Informationen über die Rissfläche liefern, genutzt werden. Zur Illustration werden ausgewählte Mode-I-Bruchmechanikversuche nach ISO 15024 an glasfaser-verstärkten Epoxidlaminaten ausgewertet und diskutiert, bei denen die Rissfläche aus visuell bestimmter Risslänge und gemessener Probenbreite ermittelt wurde. Die lineare Ortung der Schallemissionssignale liefert eine unabhängige Bestimmung der Schadensfläche zum Vergleich. Damit kann die Genauigkeit der Quantifizierung der Schädigungsfläche abgeschätzt werden. Bruchmechanik ist wichtiges mögliches Anwendungsgebiet, da für ein vertieftes Verständnis eine vergleichende Quantifizierung der mikroskopischen Schädigung unter quasi-statischer oder zyklischer Ermüdungsbelastung unterschiedlicher Polymer-Faserverbundwerkstoffe unter diversen Belastungsmoden wie Zug (Mode-I), Scherung (Mode-II), oder kombinierten Moden benötigt wird.

Einführung

In den letzten Jahren hat die Identifikation der den Schallemissionssignalen zugrunde liegenden, mikroskopischen Mechanismen in Faser-Verbundwerkstoffen mit Polymermatrix große Fortschritte erzielt. Durch Anwendung von Mustererkennungsprogrammen auf Schallemissionssignale mit Quellenortung konnten durch Aufteilung des mittels Fouriertransformation bestimmten Leistungsspektrums in partielle Leistungsspektralanteile mehrere, meist deutlich unterscheidbare Signalcluster identifiziert werden [1-4]. Diese Signalcluster deuten auf unterschiedliche Quellenmechanismen hin. Mit detaillierter Simulation von Modellquellen (typischerweise Dipol- oder Multipolquellen [2]), der Signalausbreitung im entsprechenden Material sowie des Einflusses der Transferfunktion der Messkette (Sensor, Vorverstärker und Datenerfassung) können den Signalclustern mit hoher Wahrscheinlichkeit den Modellquellen entsprechende, mikroskopische Mechanismen zugeordnet werden [5]. In Kohlenstoff-Faserverbundwerkstoffen sind dies im Wesentlichen

Matrixrisse, Ablösungen an der Grenzfläche von Faser und Matrix, und Faserbrüche [4], Delaminationen entstehen dann durch lokale Häufung von Matrixrissen.

Diese Kombination von Mustererkennung und Simulation ist auch auf die Untersuchung der Schädigungsentwicklung in Holzwerkstoffen, einem „natürlichen„ Faserverbundwerkstoff, angewendet worden [6,7]. Die Mustererkennung hat dabei jeweils zwei Klassen (Cluster) von Schallemissionssignalen identifiziert. Die entsprechende Modellierung zeigte, dass es sich um zwei Modellquellen mit einerseits eher „langsamen“ und andererseits „schnelleren“ Anstiegszeiten handelte. Mittels in-situ Synchrotron-basierter Röntgen-Computertomografie konnten diese Quellentypen als (schnellere) Zellwandrisse bzw. als (langsamere) Ablösungen der Zellwände, d.h. quasi als Delaminationen, identifiziert werden [8].

Allerdings gibt diese Identifikation der Quellenmechanismen der Schallemissionssignale noch keine eindeutige Information zur Größe der durch die mikroskopischen Mechanismen am Quellenort entstehenden Schädigung. Die in [8] aus den Röntgen-Computertomografie-Bildern bestimmte Risslänge bzw. Rissfläche erlaubte aber eine quantitative Korrelation zwischen Schallemissionssignal-Amplitude und Rissfläche. Der für die dort verwendete Versuchskonfiguration ermittelte Korrelationsfaktor beträgt 0.0038 mV für 1 μm^2 Rissfläche. Dieser Wert weist allerdings eine wahrscheinlich recht hohe Unsicherheit auf, die geschätzt bis etwa 50% betragen könnte. Trotz dieser Unsicherheit erlaubt der Korrelationsfaktor aber die Abschätzung, dass mit der verwendeten Schwelle von 32.1 dB_{AE} bzw. etwa 0.04 mV Rissflächen von etwa 10.5 μm^2 nachweisbar sind. Damit war die Schallemission in diesem Fall empfindlicher auf Rissbildung als die Röntgen-Computertomografie.

Bruchmechanische Versuche unter sogenannter Mode-I Belastung (in Anlehnung an ISO 15024 [9]) an Kohlenstoff-Faserverbundwerkstoffen mit einer Thermoplastmatrix (Poly-Ether-Ether-Keton), die in-situ mit Projektions-Radiografie unter Verwendung eines Kontrastmittels und Schallemission durchgeführt wurden [10] erlaubten unter gewissen Annahmen [11] ebenfalls die Bestimmung eines Korrelationsfaktors zwischen Schallemissionssignal-Amplitude und Riss- bzw. Delaminationsfläche. Dieser beträgt etwa 0.0003 $mV/\mu m^2$, mit einer geschätzten Unsicherheit von etwa $\pm$0.0001 $mV/\mu m^2$. Der deutlich niedrigere Wert im Vergleich zum Holzwerkstoff ist wahrscheinlich auf den unterschiedlichen Sensortyp, die Geräteeinstellungen sowie die unterschiedlichen Prüfkörpergrößen und Materialeigenschaften zurückzuführen. Aus dem Korrelationsfaktor konnte wieder eine untere Grenze für die mit einem Schwellenwert von 30 dB_{AE} nachweisbare Rissfläche zwischen etwa 100 und 200 μm^2 bzw. eine Risslänge von 10-15 μm abgeschätzt werden. Die mittlere Rissfläche von etwa 10‘000-12‘000 μm^2 für die während der Rissausbreitung registrierten Schallemissionssignale (Amplitudenbereich etwa 60-80 dB_{AE}) war zudem mit der lokalen, in der Radiografie beobachteten Rissflächenzunahme (typischer Durchmesser von 100-200 μm) konsistent.

In den bisher diskutierten Fällen [6-11] konnte die Korrelation zwischen Schallemissionssignal-Amplitude und Rissfläche jeweils durch zusätzliche Information aus bildgebenden, zerstörungsfreien Prüfverfahren (Röntgen-Computertomografie bzw. Radiografie) bestimmt werden. Es stellt sich daher die Frage, ob entsprechende Information zur Schädigungsgröße nicht auch aus den Schallemissionssignalen abgeschätzt werden kann. Zu diesem Zweck werden mit Schallemission überwachte Bruchmechanikversuche unter Mode-I Belastung an Glasfaser-verstärkten Epoxidlaminaten, analog zu jenen an Kohlenstofffaser-verstärkten Thermoplastlaminaten [10,11], aber mit zwei Sensoren für lineare Ortung der Schallemissionssignale entlang der Prüfkörperlänge, ausgewertet. Damit kann die Rissfläche als Funktion der Prüfdauer abgeschätzt werden. Zuerst werden aber das Material und der Messaufbau zusammengefasst.

Material und Schallemissionsmessung

1.1 Materialherstellung

Das Glasfaser-verstärkte Epoxidlaminat wurde als Platte von ca. 300 mm x 300 mm x 4 mm aus einem Glasgewebe (ca. 200 g/m^2) und einem Epoxidharz mit Härter (Typ LY225 bzw. Typ HY925 von Huntsman) hergestellt. Zur Anrissbildung wurde auf einer Seite der Platte in der Mittelebene des Laminats auf einer Länge von ca. 70 mm eine dünne Polymerfolie (Fluor-Ethylen-Polyethylen, ca. 10 µm dick) eingelegt. Nach dem Aushärten des Laminats wurden daraus fünf Prüfkörper von nominell 20 mm Breite und ca. 230 mm Länge geschnitten. Auf die Prüfkörper wurden dann an dem Ende mit der einlaminierten Folie zwei Lastklötzchen aus Aluminium gemäß ISO 15024 [9] aufgeklebt.

1.2 Prüfung und Schallemissionsmessung

Die Belastung der Prüfkörper erfolgte auf einer Prüfmaschine (Typ Z010 von Zwick) mit einer quasi-statischen Traversengeschwindigkeit von 5 mm/min bei nominell +23°C und 50% relativer Feuchte. Maschinenlast und Traversenweg wurden in Funktion der Zeit aufgezeichnet und dann mit dem Programmpaket der Prüfmaschine ausgewertet und grafisch dargestellt. Der Rissfortschritt wurde auf der Oberseite der Prüfkörper visuell verfolgt, Markierungen mit Bleistift im Abstand von jeweils einem bzw. fünf Millimeter dienten der Kontrolle der visuellen Ablesung.

Die Schallemissionsüberwachung der Mode-Versuche erfolgte mit einem Gerät (Typ AMSY-6) und dem entsprechenden Programm (VisualAE™ von Vallen Systeme GmbH). Die zwei Schallemissionssensoren (Typ SE-150M von Dunegan Engineering Corporation).wurden mit silikonfreiem Schlifffett als Koppelmittel und Klebeband auf dem oberen Lastklötzchen (da wegen der Durchbiegung die Kopplung auf dem Prüfkörper fraglich war) bzw. nahe dem Prüfkörperende direkt auf dem Laminat befestigt. Die Sensor-Kopplung wurde mit Autokalibration bzw. mit Bleistiftminenbrüchen an ausgewählten Stellen überprüft. Der Schwellenwert wurde auf 40.7 dB_{AE} gesetzt, der Bandpass der Vorverstärker war 30 und 1'000 kHz. Die Verstärkung betrug 34 dB und die „rearm-time" 1.382 ms. Die Maschinenlast und der Traversenweg wurden als Analogsignale mit einer Rate von 4 Hz synchron mit den Schallemissionsdaten aufgezeichnet. Es wurden nur die üblichen Schallemissionssignal-Parameter ausgewertet und aufgezeichnet, die TransientenRecorder für Wellenformaufzeichnung wurden nicht eingesetzt.

2. Schallemissionssignale der Rissausbreitung (Delamination) in Glasfaser-verstärktem Epoxidlaminat unter Mode-I Belastung

2.1 Schallemissions-Aktivität

Die Schallemissionsaktivität des Prüfkörpers bzw. der zwei Sensoren in Funktion der Zeit ist in Abb. 1 als kumulative Kurve der Signale („hits") bzw. der Anzahl Überschwingungen („counts") dargestellt. Die Kurven der beiden Sensoren verlaufen qualitativ ähnlich. Sensor Nr. 2 ergibt in beiden Fällen eine niedrigere kumulative Anzahl als Sensor Nr.1. Dies ist darauf zurückzuführen, dass die Schädigung (Signalquelle) näher bei Sensor Nr. 1 liegt und die Werte bei Sensor Nr. 2 daher durch Materialdämpfung entsprechend reduziert werden.

Die Lastkurve zeigt den typischen Verlauf mit einer leichten Instabilität nach knapp 300 Sekunden. Der kontinuierliche Anstieg der Schallemissions-Aktivität beginnt nach ca. 50 – 60 Sekunden nach Beginn der Belastung. Wie in [10] im Detail diskutiert, entspricht dies etwa dem Beginn der Rissinitiierung, aus dem dann die Bruchzähigkeit bzw. der Delaminationswiderstand des Materials bestimmt wird.

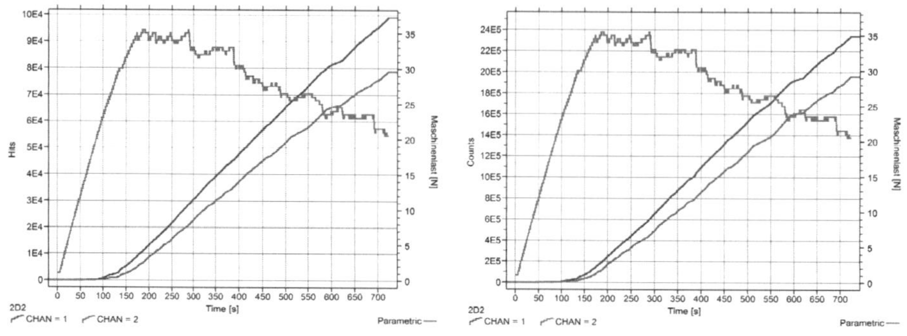

Abb. 1. Schallemissionsaktivität (links) kumulative Anzahl Signale der beiden Sensoren, (rechts) kumulative Anzahl „counts" für den Prüfkörper, die Maschinenlast in Funktion der Zeit ist ebenfalls dargestellt.

2.2 Schallemissions-Intensität

Die Schallemissions-Intensität des Prüfkörpers ist als Amplitudenverteilung in Abb. 2 dargestellt. Signifikante Schallemission mit Amplituden bis etwa 80 dB_{AE} wird etwa 50 Sekunden nach Belastungsbeginn aufgezeichnet. Die Amplitudenverteilungen der beiden Sensoren unterscheiden sich nur im Bereich hoher Amplituden. Sensor Nr. 2 zeigt vergleichsweise weniger Signale mit Amplituden über 80 dB_{AE} als Sensor Nr. 1. Abb. 2 zeigt eine etwa gleichmäßige Amplitudenverteilung über die gesamte Versuchsdauer, was mit der gleichmäßigen Steigung der kumulativen Aktivität in Funktion der Zeit (Abb. 1) und der trotz Streuung relativ konstanten Rate von 700-800 Signalen pro fünf Sekunden konsistent ist. Abb. 3 zeigt die Schallemissions-Intensität als kumulative Energie, einmal linear und einmal logarithmisch dargestellt.

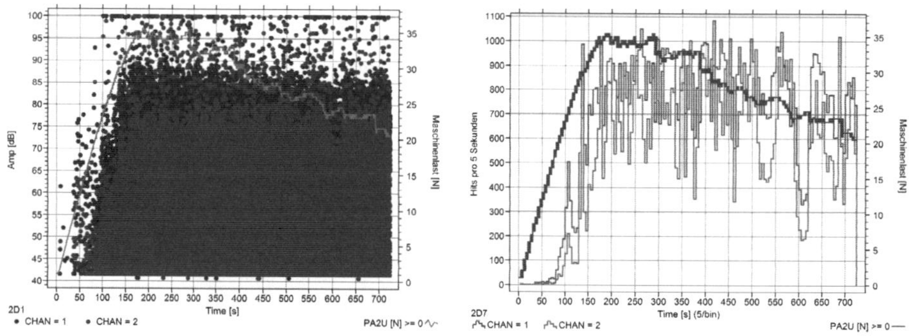

Abb. 2. Schallemissions-Intensität als Amplitudenverteilung für beide Sensoren (links) und Anzahl Schallemissionssignale pro fünf Sekunden (rechts), die Maschinenlast in Funktion der Zeit ist ebenfalls dargestellt.

2.3 Lineare Ortung der Schallemissionsquellen

Für die Überprüfung der linearen Ortung der Schallemissionsquellen entlang dem Prüfkörper wurden die Autokalibrationsfunktion des Geräts und Bleistiftminenbrüche eingesetzt. Bleistiftminenbrüche wurden im Bereich der durch die einlaminierte Folie produzierten Anrissspitze sowie 50 und 100 mm davon entfernt durchgeführt. Die Ergebnisse dieser Ortungen vor bzw. nach dem Versuch sind in Abb. 4 dargestellt. Die Signalgeschwindigkeit für den Ortungsalgorithmus wurde so gewählt, dass die Autokalibrationssignale am Ort

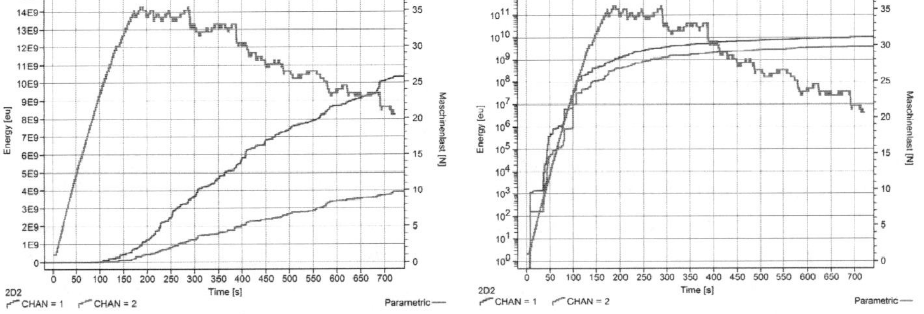

Abb. 3. Schallemissions-Intensität als kumulative Energie (links) linear, (rechts) logarithmisch dargestellt, Sensor Nr. 1 (auf dem Lastklötzchen in der Nähe der Anrissfolie) ergibt deutlich höhere Energie als Sensor Nr. 2, die Maschinenlast in Funktion der Zeit ist ebenfalls dargestellt.

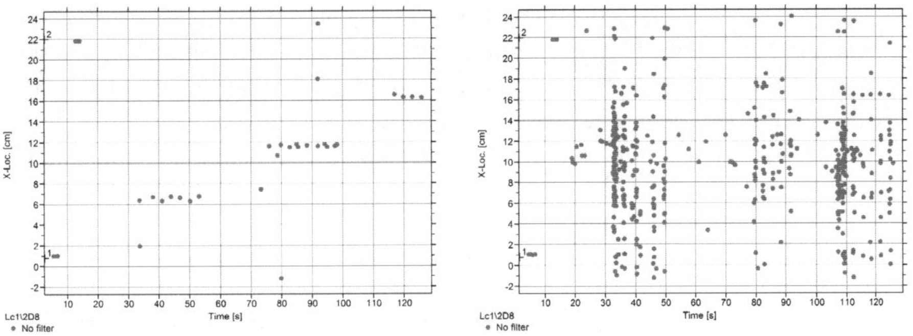

Abb. 4. Lineare Ortung der Schallemissionssignale mit Autokalibration und Bleistiftminenbrüchen entlang der Prüfkörperlänge bei Ende der Anrissfolie (bei ca. 59 mm), 50 mm davon entfernt (bei ca. 109 mm) und 100 mm (bei ca. 159 mm) davon entfernt, (links) vor Versuchsbeginn, (rechts) nach Versuchsende (Signalgeschwindigkeit 360 cm/ms).

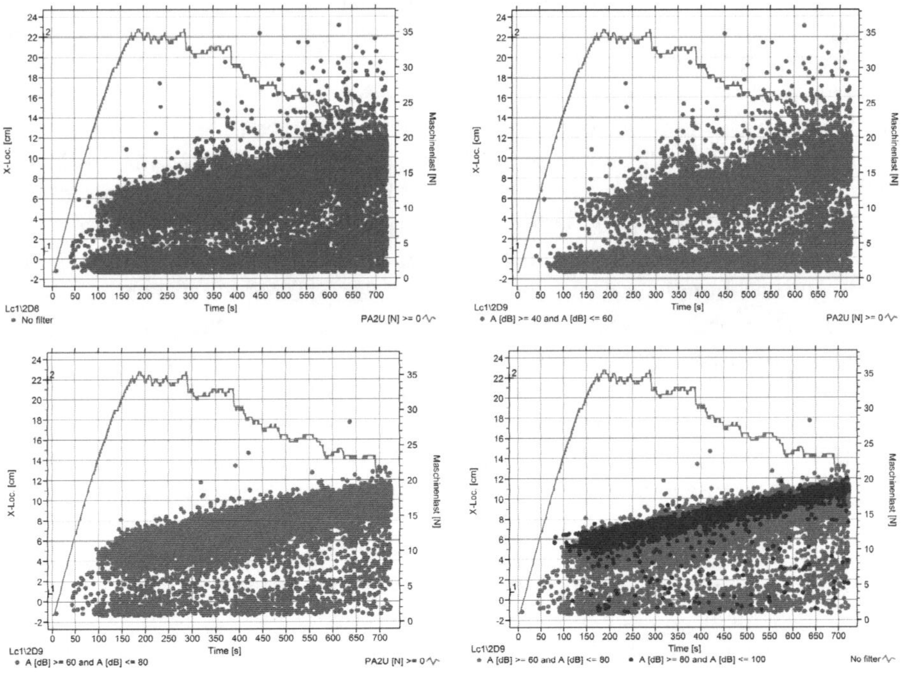

Abb. 5. Lineare Ortung der Schallemissionssignale entlang der Prüfkörperlänge während dem Mode-I Belastungsversuch mit unterschiedlichen Amplitudenbereichen (Signalgeschwindigkeit 360 cm/ms).

des Sensors auftraten. Nach dem Versuch, d.h. mit einer Rissausbreitung über ca. 50-60 mm streuen die Ortungen der Bleistiftminenbrüche sehr stark. Die während dem Versuch georteten Signalquellen sind in Abb. 5 dargestellt. In den Bildern werden die georteten Signale nach Amplitudenbereichen gefiltert. Die Signale im gesamten Bereich der Rissausbreitung zeigen Amplituden zwischen 40 und etwa 80 dB_{AE}, die Signale mit höheren Amplituden (80-100 dB_{AE}) werden in einem relativ schmalen Band geortet. Die Amplitudenverteilung und die Signalraten in Abb. 2 ergeben, anders als in dem in [11] diskutierten Beispiel, keinen Hinweis auf größere Schwankungen der Rissgeschwindigkeit.

2.4 Abschätzung der Korrelation zwischen Schallemissionssignal-Amplitude und Rissfläche

Für die Abschätzung der Korrelation muss einerseits die während dem Versuch entstehende Rissfläche und andererseits die entsprechende kumulative Amplitude ermittelt werden. Für die Projektion der Rissfläche gibt es zwei Messungen, die visuelle Beobachtung der Risslänge und die lineare Ortung der Schallemissionsquellen entlang der Prüfkörperlänge, die mit der visuell ermittelten Länge verglichen werden kann. Unterschiede zwischen den beiden Messungen sind entweder mit der Ungenauigkeit der linearen Quellenortung oder der in der Schallemissionsortung enthaltenen Ausdehnung der Prozesszone im Bereich der Rissspitze erklärbar. Wegen der Unsicherheit der linearen Quellenortung mit Bleistiftminenbrüchen von etwa 5 mm (Abb. 4) anzunehmen, dass die visuell bestimmte Risslänge genauer ist. Das Problem der Bestimmung der effektiven Rissfläche aus der Projektion bleibt aber bestehen. Wie in [11] diskutiert, kann die effektive Rissfläche unter Umständen deutlich grösser als deren Projektion sein.

Die mittlere, gemessene Prüfkörperbreite beträgt 20.05 mm (nach [9] soll die Breite an drei Stellen gemessen und gemittelt werden). Visuell wurde in dem Versuch eine Risslängenzunahme von rund 55 mm ab Spitze der Anrissfolie bestimmt. Der Wert von 55 mm hat, auch wegen der typischerweise leicht gekrümmten Form der Rissspitze sowie der Tatsache, dass die Entlastung erst einige Sekunden nach dem Stopp der Belastung begann und die Rissausbreitung nach der letzten visuellen Beobachtung eventuell noch weiter anstieg, eine geschätzte Genauigkeit von etwa 1-2 mm. Damit beträgt die visuell bestimmte Projektion der Rissfläche 1‘103 $\pm$ 40 mm^2. Die lineare Ortung der Schallemissionsquellen ergibt eine gemittelte Risslängenzunahme von etwa 58.5 mm (Abb. 5) mit einer geschätzten Genauigkeit von etwa 3 mm. Dies ergibt eine Rissfläche von etwa 1‘173 $\pm$ 60 mm^2, d.h. etwa 6% mehr und 50% höhere Unsicherheit im Vergleich zur visuellen Messung. Wie in [11] diskutiert, kann als obere Grenze das Doppelte der Projektionsfläche angenommen werden, d.h. die Rissfläche liegt vermutlich im Bereich zwischen 1‘100 und 2‘200 mm^2.

Die Abschätzung der Anzahl relevanter Signale und der entsprechenden kumulativen Amplitude ist etwas komplexer. Aus den Ortungen der Signalquellen kann im Prinzip ein Verhältnis der Anzahl Signale bzw. deren kumulativer, linearer Signalamplitude, die aus dem der Rissausbreitung zugeordneten Bereich stammen zur Gesamtzahl der georteten Signale bzw. der entsprechenden totalen kumulativen linearen Signalamplitude bestimmt werden. Dieses Verhältnis wird dann benutzt, um den Anteil aller aufgezeichneter, auch nicht georteter, Signale zu bestimmen, welcher wahrscheinlich der Rissausbreitung zugeordnet werden kann. Für diesen Anteil wird dann die kumulative Signalamplitude bestimmt.

Bei einer Gesamtzahl der im Prüfkörper georteten Signalquellen von 35‘094 beträgt die Anzahl, die im Bereich der Rissausbreitung geortet werden 25‘969, d.h. beinahe drei Viertel (74%) aller georteten Signalquellen fallen in den Bereich der Rissausbreitung. Diese Verteilung ist aber nicht gleichmäßig bezüglich der Amplitudenbereiche. Mit Amplituden zwischen 40-60 dB_{AE} werden 4‘140 (39.5%), für Amplituden zwischen 60-80 dB_{AE} 18‘937 (87.8%) und für 80-100 dB_{AE} 2‘392 (96.2%) Signalquellen im Bereich der Rissausbreitung geortet, die Prozentwerte beziehen sich auf alle in diesem Amplitudenintervall aufgezeichneten Signalquellen. Dies deutet darauf hin, dass die Delamination tendenziell mehr Signale mit höheren Amplituden (oberhalb etwa 60 dB_{AE}) ergibt. Wird an Stelle der Anzahl Signale die Verteilung der im Rissbereich georteten Signale bezüglich linearer Signalamplitude betrachtet, ändern die Prozentanteile nicht wesentlich. Mit Amplituden zwischen 40-60 dB_{AE} werden 43.0%, mit Amplituden zwischen 60-80 dB_{AE} 92.0% und mit Amplituden zwischen 80-100 dB_{AE} 95.3% der kumulativen Amplituden im Bereich der Rissausbreitung geortet. Daraus wird geschlossen, dass der Anteil aller Signale bzw. der totalen kumulativen Amplitude, die dem Bereich der Rissausbreitung zugeordnet werden können, für 40-60 dB_{AE} etwa (41±2)%, für 60-80 dB_{AE} etwa (95±1)% und für 80-100 dB_{AE} etwa (90±2)% beträgt.

Daraus ergibt sich für den Sensor Nr. 1 auf dem Lasteinleitungsklötzchen eine kumulative Signalamplitude aus dem Bereich der Rissausbreitung von etwa 151'400 mV und für den Sensor Nr. 2 nahe dem Prüfkörperende eine von etwa 67'374 mV. Mit den geschätzten, totalen Rissflächen zwischen 1'100 und 2'200 mm^2 (als untere bzw. obere Grenze) folgen Korrelationswerte zwischen 0.000068 bzw. 0.00014 $mV/\mu m^2$ als untere bzw. obere Grenze für den ersten, und zwischen 0.000030 bzw. 0.000062 $mV/\mu m^2$ für den zweiten Sensor. Die obere Grenze ergibt sich jeweils aus der minimalen Rissfläche, d.h. der Projektion aus der visuellen Beobachtung (1'100 mm^2) und die untere aus dem oberen Schätzwert (2'200 mm^2). Mit dem Schwellenwert von 40.7 dB_{AE} (etwa 108 µV) ergibt dies eine minimal nachweisbare Rissfläche von etwa 715 μm^2 bzw. eine unter Annahme einer etwa quadratischen Rissfläche bestimmten Risslänge von etwa 27 µm für Sensor Nr. 1 und von etwa 1'640 μm^2 Rissfläche bzw. etwa 40 µm Risslänge für Sensor Nr. 2. Mit einer totalen, kumulativen Signalamplitude von 1.75×10^8 µV und 99'120 Signalen für Sensor Nr. 1 ergibt sich eine mittlere Signalamplitude von etwa 1'766 µV (ca. 65 dB_{AE}), was mittleren Risslängen zwischen etwa 110 und 160 µm (untere bzw. obere Grenze aus dem Korrelationsfaktor des Sensors Nr. 1) entspricht. Die mittlere Signalamplitude von Sensor Nr. 2 entspricht 1.051 mV (ca. 60.4 dB_{AE}), was mittlere Risslängen zwischen etwa 130 und 185 µm ergibt. Diese Werte sind ähnlich zu denen, die für einen Kohlefaser-Thermoplast Verbundwerkstoff abgeschätzt wurden [11], wobei wegen der Versuchsanordnung Sensor Nr.2 für den direkten Vergleich mit [11] benutzt werden sollte.

3. Vergleichende Diskussion

Die aus den unterschiedlichen Versuchen bestimmten Korrelationen unterscheiden sich in der Signalamplitude pro μm^2 Rissfläche deutlich: 0.0038 mV für Fichtenholz, 0.0003 mV für Kohlefaser-Thermoplast Verbundwerkstoff und 0.0001 mV für Glasfaser-Epoxid Verbundwerkstoff (alle diese Werte mit einer geschätzten Streuung zwischen 30 und 50%). Das ist im Wesentlichen auf die unterschiedlichen Kombinationen von Materialtyp, Prüfkörpergröße und Messtechnik (vor allem Sensortyp) zurückzuführen. Auch wenn die Streuung der Ergebnisse wegen der geschätzten Unsicherheit recht hoch ist, lassen sich daraus doch die Größenordnung der Schädigung pro (mittlerer) Signalamplitude sowie eine untere Grenze der mit einem vorgegeben Schwellenwert nachweisbaren Schädigung bestimmen.

4. Zusammenfassung und Ausblick

Der vorliegende Beitrag und die darin diskutierten Ergebnisse früher publizierter Auswertungen zeigen, dass die durch mikroskopische Schädigungsmechanismen in Faserverbundwerkstoffen mit polymerer Matrix (Holz, Kohlenstoff-Faserverbund, Glas-

Faserverbund) bezüglich ihrer Größe (z.B. Rissfläche) quantifiziert werden kann, sofern Information zur Gesamtgröße der Schädigung vorliegt. Diese kann z.B. aus Bildern von in-situ Röntgen-Computertomografie (Beispiel Holzwerkstoff) oder Radiografie (Kohlenstoff-Faserverbund) ermittelt werden. In dem hier diskutierten Beispiel (Glas-Faserverbund) wird die Gesamtgröße der Delamination aus visueller Beobachtung bestimmt und mit der Ortung der Schallemissionsquellen verglichen. Mit der Ortung der Schallemissionsquellen vergleichbare Daten können prinzipiell auch aus Ultraschall C-Bildern bestimmt werden. Die statistische Mittelung der Schallemissionssignal-Amplituden und die Abschätzung der minimalen bzw. maximalen Rissfläche ergibt eine obere und untere Grenze für den Korrelationsfaktor zwischen Amplitude und Rissgröße (Rissfläche). Mit dieser Korrelation kann auch die bei vorgegebenem Schwellenwert minimal mit Schallemission nachweisbare Rissfläche abgeschätzt werden. Dies ist ein Ansatz für eine quantitative Auswertung der Schallemission mittels ergänzenden, bildgebenden zerstörungsfreien Prüfmethoden.

5. Dank

Die Herstellung der Platten bzw. Prüfkörper und die Vorbereitung bzw. Bedienung der Prüfmaschine für die Mode-I Bruchmechanikversuche erfolgte durch Herrn Marcel Rees (Empa, Abteilung Mechanical Systems Engineering).

Referenzen

[1] M.G.R. Sause, S. Horn: "Influence of Specimen Geometry on Acoustic Emission Signals in Fiber Reinforced Composites: FEM-Simulations and Experiments", Proceedings EWGAE Conference 2010, Paper No. 49, p. 1-8 (2010).

[2] M.G.R. Sause, S. Horn: "Simulation of Acoustic Emission in Planar Carbon Fiber Reinforced Plastic Specimens", Journal of Nondestructive Evaluation, 29, 123–142 (2010).

[3] M.G.R. Sause, A. Gribov, A.R. Unwin, S. Horn: "Pattern recognition approach to identify natural clusters of acoustic emission signals", Pattern Recognition Letters, 33, 17–23 (2012).

[4] M.G.R. Sause, T. Müller, A. Horoschenkoff, S. Horn: "Quantification of failure mechanisms in mode-I loading of fiber reinforced plastics utilizing acoustic emission analysis", Composites Science and Technology 72, 167–174 (2012).

[5] M.G.R. Sause, S. Horn: "Quantification of the Uncertainty of Pattern Recognition Approaches Applied to Acoustic Emission Signals", Journal of Nondestructive Evaluation, 32, 242-255 (2013).

[6] F. Baensch, M.G.R. Sause, A.J. Brunner, P. Niemz: „Damage Evolution in Wood – Pattern Recognition based on Acoustic Emission Frequency Spectra", Holzforschung, 69, No. 3, 357-365 (2015).

[7] L. Vergeynst, M.G.R. Sause, F. Ritschel, A.J. Brunner, P. Niemz, K. Steppe: „Finite element modelling used to support wood failure identification based on acoustic emission signals", Proceedings COST – Timber Bridge Conference (Eds. S. Franke, B. Franke, R. Widmann), 141-146 (2014).

[8] F. Baensch, M. Zauner, S.J. Sanabria, B.R. Pinzer, M.G.R. Sause, A.J. Brunner, M. Stampanoni, P. Niemz: „Damage Evolution in Wood – Synchrotron based microtomography as complementary evidence for interpreting acoustic emission behavior", Holzforschung, 68, Nr. 8, 1015-1025 (2015).

[9] ISO 15024 Fibre-reinforced plastic composites – determination of mode I interlaminar fracture toughness, G_{IC}, for unidirectionally reinforced materials, International Organisation for Standardisation (ISO), Genf, p. 1-24 (2001).

[10] J. Bohse, T. Krietsch, J. Chen, A.J. Brunner: "Acoustic Emission Analysis and Micromechanical Interpretation of Mode I Fracture Toughness Tests on Composite Materials", Proceedings ESIS Conference on Fracture of Polymers, Composites and Adhesives (Eds. J.G. Williams, A. Pavan), ESIS Publication 27 (ISBN 0-08-043710-9), Elsevier, 15-26 (2000).

[11] A.J. Brunner: "Correlation between acoustic emission signals and delaminations in carbon fiber-reinforced polymer-matrix composites: A new look at mode I fracture test data", Proceedings 32nd Acoustic Emission Conference, Vol. 1 (Eds. P. Mazal, L. Pazdera, Czech Society for Non-destructive Testing, ISBN 978-80-214-5386-9), paper Nr. 55, 55-63 (2016).

Zuordnung von Schallemissionsparametern zu spezifischen Schadensarten in CFK-Werkstoffen

Ulrich HOLDER[1], Christoph SCHREIBER[1], Eberhard SCHULZE[2], Lars SCHUBERT[2]
[1]Dr. Ing. h.c. F. Porsche AG, Weissach, Germany
[2]Fraunhofer-Institut für Keramische Technologien und Systeme (IKTS), Dresden, Germany

Kontakt E-Mail: ulrich.holder@porsche.de

Kurzfassung. Die hohen Anforderungen an die Emissionsminimierung und die damit steigenden Anforderungen an Leichtbauwerkstoffe führen zu einem erhöhten Einsatz von CFK-Bauteilen in der Automobilindustrie. Der Einsatz von CFK-Werkstoffen beschränkt sich nicht länger auf den Motorsport. Sicherheitsrelevante CFK-Bauteile werden derzeit bereits in Serienfahrzeugen verbaut. Um den sicheren Betrieb der Bauteile aus Faserverbundwerkstoffen gewährleisten zu können, muss das Schädigungsverhalten dieser Werkstoffe verstanden werden. Dies betrifft auch Schäden welche beispielsweise durch Alterungseffekte oder Misuse hervorgerufen werden. In diesem Fall ist eine zuverlässige Identifizierung von verschiedenen Schadensmechanismen notwendig, wie z.B. Faserbrüchen, Delaminationen, Faserauszügen und Rissbildungen in der Matrix.

Ein Ansatz zur zerstörungsfreien Ermittlung der verschieden Schadensmechanismen ist die Verwendung der Schallemissionsprüfung (AET). Dieses spezielle Verfahren hat den Vorteil, dass es auch in situ während Standardprüfungen auf Coupon- oder Bauteilebene angewendet werden kann. Die Schallemissionsprüfung kann sowohl eine Lokalisierung von Schädigungen als auch die Erfassung der räumlichen und zeitlichen Schadenentwicklung liefern. Sie erlaubt darüber hinaus je nach Art des Belastungseintrages die Detektion materialspezifischer Versagensmechanismen.

Das Verfahren basiert darauf, dass an der Oberfläche von belasteten Bauteilen, mit Hilfe von hoch sensiblen piezoelektrischen Sensoren, dynamische Verschiebungen im Nanometerbereich nachgewiesen werden können. Diese Sensoren arbeiten in einem Frequenzbereich von etwa 50 kHz bis 1000 kHz. Ein Vorteil bei der Untersuchung von Faserverbundwerkstoffen ist, dass Faserbrüche und Delaminationsprozesse sehr starke Schallemissionen erzeugen. Zum anderen sind unterschiedliche Schadensmechanismen durch spezifische Burstparameter der Emissionssignale nachweisbar. Ein Faserbruch emittiert beispielsweise Signale mit anderen Kennwerten als ein Riss in der Matrix. Diese Parametrisierungsmöglichkeit verschiedener akustischer Emissionen macht die Schallemissionsmessmethode zu einem qualifizierten, zerstörungsfreien Prüfverfahren für CFK-Werkstoffe. Der eingereichte Beitrag beschreibt systematische Untersuchungen auf Couponebene an CFK-Werkstoffen und stellt charakteristische Schallemissionsparameter den unterschiedlichen Schädigungsmechanismen gegenüber.

Grundlagen

Schallemissionsmesstechnik

Durch das Freisetzten von elastischer Energie in einem Festkörper, beispielsweise in Form einer elastischen Welle, wird Schallemission (AE) initiiert. Die Schallemissionsprüfung ist eine passive Prüfmethode und somit wird die Schallwelle, im Gegensatz zu einer gezielt eingebrachten Welle bei der Ultraschallprüfung, vom Defekt im Werkstoff selbst ausgelöst. Temporäre, sehr kleine Materialverschiebungen, die z.B. durch die Rückfederung des Materials bei schnell ablaufenden Belastungsregimen auftreten können, führen je nach Lasteintrag zu einer Mikrorissbildung oder interlaminaren Schäden in FVK, die eine elastische, akustische Welle (elastische Spannungswelle) an der Oberfläche auslösen. Als Schallemissionsquelle wird der ortbare, physikalische Ausgangspunkt der elastischen Welle bezeichnet. Elastische und plastische Verformungen (z.B. Versetzungsbewegungen), Rissbildung und Risswachstum, Phasenumwandlungen und Korrosionsvorgänge sind potentielle Schallemissionsquellen in unterschiedlichen Werkstoffen [1,2]. Die akustische Welle ist ein transientes Signal, welches durch einen definierten und erkennbaren Beginn, und durch ein ebenso erkennbares Ende charakterisiert ist. Dabei verursacht diese Welle ein elektrisches Signal im AE-Aufnehmer und wird als Schallemissionsereignis beschrieben.

Die als AE-Ereignisse bezeichneten Signale werden weiter entweder in Hits oder Events unterteilt. Einem Hit kann kein werkstoff- bzw. bauteilschädigendes Schadensereignis zugeordnet werden, wohingegen ein Event eine solche Aussage treffen kann. Um als Hit erkannt zu werden, muss ein Schallemissionssignal an mindestens einem Sensor einen definierten Schwellwert überschreiten. Potentielle Störgeräusche werden durch zusätzliches Filtern und dem Abgleichen mit unterschiedlichen Schallemissionsmerkmalen eliminiert. Zu diesen Merkmalen gehören unter anderem die Ankunftszeit (Zeit der ersten Überschwingung), die Anzahl der Überschwingungen, Anstiegszeit und Signaldauer, die Maximalamplitude, die freiwerdende Energie und der RMS-Wert (Root Mean Square). Der RMS-Wert wird ebenfalls zur Bestimmung des kontinuierlichen Hintergrundrauschens vor dem jeweiligen Hit verwendet [2]. Die eigentliche Unterscheidung in Hits und Events geschieht in der nachgeschalteten Datenauswertung und Analyse. Zur Einordnung und Interpretation der Events werden die bereits erwähnten Schallemissionsmerkmale herangezogen. Des Weiteren werden zusätzlich die Betriebsdaten (z.B. Kraft-Weg Diagramm) der Belastungsintervalle und die Geometrie des Prüflings (Probe oder Bauteil), sowie die Schallgeschwindigkeiten und die akustische Dämpfung einbezogen.

Zur Detektion der Schallemissionen werden hauptsächlich piezoelektrische Sensoren verwendet, die an einen Vorverstärker angeschlossen sind. Der Vorverstärker muss einen hohen Dynamikumfang ohne Übersteuern verarbeiten können. Vor der Digitalisierung der Schallemissionssignale durch den A/D-Wandler werden durch geeignete Frequenzfilter etwaige Störsignale aussortiert. Die Software, welche zur weiteren Datenverarbeitung eingesetzt wird kann je nach verwendetem Messsystem variieren. Für die in dieser Veröffentlichung dargestellten Ergebnisse, wurde sowohl für die Datenerfassung, als auch für die Auswertung eine vom Fraunhofer IKTS entwickelte Software eingesetzt.

Die Schallemissionsereignisse sind lokalisierbar (die Genauigkeit hängt dabei wesentlich von der Sensoranzahl ab). Die Ortungsergebnisse können auf unterschiedliche Weise grafisch abgebildet werden (z.B. summiert und einzeln dargestellt). Die Grundlage der Lokalisierung eines Schallemissionssignals ist die Bestimmung des Quellorts jedes einzelnen Schallereignisses durch die Analyse der Laufzeitunterschiede der Signale zwischen den Sensoren. Schallwellen breiten sich in isotropen Medien mit konzentrischen Kreisen aus und werden dadurch von unterschiedlichen Sensoren zeitverzögert detektiert. Auf dieser Grundlage erfolgt zusätzlich die Ermittlung der Schallgeschwindigkeit des Werkstoffs, welche für die Ortung und damit die Zuordnung der Ereignisse als Events vorauszusetzen ist. Die Schallgeschwindigkeit eines Werkstoffes wird durch den Bleistiftminenbruch, der als reproduzierbare Ersatz-Schallquelle genutzt wird, ermittelt. Diese nach ihren Erfindern Hsu und Nielsen bezeichnete Hsu-Nielsen-Quelle ist ein Druckbleistift mit einem Führungsring, der den Minenbruch unter einem konstant, definierten Winkel sicherstellt. Hierfür werden Bleistiftminen mit einem Härtegrad von 2H und einem Durchmesser von entweder 0,5mm oder 0,35mm verwendet. Bei der Durchführung des Hsu-Nielsen Test ist darauf zu achten, dass das durch den Minenbruch erzeugte Schallsignal gleichbleibend an definierten Stellen durchgeführt wird, um über die Laufzeitdifferenz zwischen mehreren Sensoren die Schallgeschwindigkeit berechnen zu können. Die Schallausbreitung hängt im Allgemeinen vom Werkstoff, der Bauteil oder Probengeometrie und vom Umgebungsmedium ab. Bei Faserverbunden wird die Schalllaufzeit zusätzlich noch vom Lagenaufbau und der Faserorientierung beeinflusst.

Die Schallemissionsmessung und -analyse ist für sämtliche Werkstoffe einsetzbar. Um eine Messung realisieren zu können, muss der zu prüfende Werkstoff (z.B. Probe oder Bauteil) mit ausreichend Sensoren versehen werden und anschließend ist eine passive oder aktive Messung ohne weitere Arbeitsschritte möglich. Somit ist beispielsweise eine Echtzeitüberwachung während eines Prüfstandlaufes von Bauteilen bei dynamischen Lasten möglich. Nachteilig bei der Schallemissionsanalyse ist die hohe Empfindlichkeit des Messsystems auf Störgrößen wie elektromagnetische Störungen oder Witterungsverhältnisse zu bewerten. Für eine zuverlässige Durchführung von Schallemissionsmessungen müssen diese Störgrößen weitestgehend vermieden werden. Als einen weiteren Nachteil kann das Fehlen einer Datenbank mit Bewertungskriterien und einheitlichen Schallemissionsparametern gesehen werden. Folglich beruht die Auswertung und vor allem Bewertung und Interpretation der Schallemissionsergebnisse zu großen Teilen auf den Erfahrungen des Prüfers oder Prüfinstituts [2].

Stand der Wissenschaft und Technik

Bereits in den 1950er Jahren forschte Joseph Kaiser auf dem Gebiet des akustischen Verhaltens von Metallen während unterschiedlicher Belastungszustände. Nach ihm wurde auch der Kaiser-Effekt benannt, der das „Ausbleiben von detektierbarer Schallemission bis die vorangegangene maximale Belastung überschritten ist" beschreibt [2]. Danach entstanden zahllose weitere Arbeiten auf dem Gebiet der Schallemissionsanalyse. In dieser Veröffentlichung werden lediglich Ergebnisse von Untersuchungen an kohlenstofffaserverstärkten Kunststoffen (CFK) dargestellt und diskutiert.

Zusätzlich zum Kaiser-Effekt besitzt das Schallemissionsverhalten von Werkstoffen aus Faserverbunden durch den Felicity-Effekt eine zusätzliche spezifische Besonderheit. In der Literatur wird der Felicity-Effekt auch oft als Felicity-Ratio bezeichnet und es beschreibt, dass die Schwere eines vorherigen induzierten Schadens sich auf die Folgelast auswirkt. Folglich können Schallemissionen bei zum Beispiel zyklisch ansteigenden Belastungsregimen vor dem Erreichen der vorherigen Maximallast auftreten [4]. Potentiell bietet die Schallemissionsanalyse die Option, bei einer ausreichenden Kenntnis des Bauteils und dessen Schädigungsverhaltens (auch dem des Werkstoffes), Aussagen bezüglich des Vorschädigungsverhältnisses zu treffen und somit Rückschlüsse auf die Restlebensdauer ziehen zu können.

Um die unterschiedlichen Schädigungsmechanismen in FVK sicher identifizieren zu können, müssen zwingend verschiedene Schallemissionsparameter verglichen und bewertet werden. Für diese vergleichende Betrachtungsweise der Schallemissionsparameter werden die Signale z.B. der Wellenform- und Wellenmoden-Analyse unterzogen, die Frequenzanalyse durch die Fast Fourier Transformation (FFT) durchgeführt, eine Mustererkennung und Clusterung durch z.B. neuronale Netzwerke angewandt und die Modellierung der AE-Quellen betrachtet.

J. Bohse [5, 9] forschte als einer der Ersten systematisch an der Detektion von unterschiedlichen Schädigungsmechanismen mit der Schallemissionsanalyse. Dabei erzeugte er gezielt, bestimmte Bruchmoden in glasfaserverstärkten Kunstoffen. Er verwendete hierzu den Double-Cantilever-Beam-Test, der ein Delaminationsversagen provozierte, welches von den AE-Aufnehmern detektiert wurde. Es gelang ihm durch die Ortung der Schallquellen und der Frequenzanalyse einen Frequenzbereich der Schallemissionen bei Schädigung der Proben von 100 – 350 kHz dem Matrixversagen und einen Frequenzbereich von 350 – 700 kHz dem Faserversagen zuzuordnen. Eine etwas detailliertere Trennung der verschiedenen Schädigungsmechanismen beschrieb de Groot [6] anhand seiner Untersuchungen an kohlenstofffaserverstärkten Verbundwerkstoffen. Er definierte für den Matrixbruch einen Frequenzbereich von 90 – 150 kHz, für das Interfaceversagen wie beispielsweise Debonding und Faser pull-out einen Frequenzbereich von 180 – 310 kHz und für den Faserbruch einen Frequenzbereich >300 kHz. De Groot stieß bei seinen Untersuchungen auch auf Frequenzanteile die im Bereich von 540 kHz lagen. Diese wurden in seinen Ausführungen nicht weiter behandelt. Bei der Untersuchung der Auswirkung des Sensorabstandes zur Schallemissionsquelle stellte Ni [7] die Frequenzanalyse der Amplitudenanalyse gegenüber und es stellte sich heraus, dass die Frequenz der Schallemissionsquelle im Vergleich zur Amplitude vom Sensorabstand weitgehend unbeeinflusst ist. Folgende Frequenzbereiche konnte er den Schädigungsarten zuordnen. Matrixbruch <100 kHz, Debonding von 200 - 300 kHz und Faserbruch zwischen 400 und 450 kHz. Die Untersuchungen von Ni wurden allerdings an einzelnen eingebetteten Fasern und Fasersträngen durchgeführt, wodurch der Einfluss des Faserverbundes nicht mit einbezogen wurde. Eaton [8] teilte die Frequenzbereiche der Schädigungsklassen wiederum in lediglich in zwei Teile auf. So ergaben seine Untersuchungen für das Matrixversagen <150 kHz und für das Faserversagen >300 kHz.

2004 führte Rowland [4] eine Untersuchung hinsichtlich des Schädigungsverhaltens eines F1-Monocoques aus CFK auf Grundlage der Felicity Analyse durch. Er konzentrierte sich bei seiner Auswertung auf die Anzahl der Hits und deren Energiesummen. Dies lieferte jedoch nur eine Abschätzung der aufgetretenen Schädigungsmechanismen.

Sause [3, 10, 11] arbeitete im Rahmen seiner Dissertation an der Erkennung der Schädigungsmechanismen durch die Mustererkennung und wendete unterschiedliche Analyseverfahren an. Zunächst ermittelte er durch die Energie- und Amplitudenanalyse der Schallemissionssignale je nach Schädigungsart unterschiedliche Cluster. In weiterführenden Arbeiten legte er seinen Schwerpunkt auf die Simulation der Ausbreitung von akustischen Signalen der Schallemissionsquellen und entwickelte auf Basis der Erkenntnisse eine Clusteranalyse. Anschließend validierte er die Ergebnisse der simulierten Clusteranalyse mit experimentell ermittelten Ergebnissen von Zug- und Biegeversuchen. Zur Clusterung verwendete er eine Kombination aus Energieparameter, Signalanzahl, die FFT und die neu entwickelte Weighted Peak Frequency, die sich aus einer Parameterextraktion im Zeit- und Frequenzraum zusammensetzt und sich wie folgt berechnet:

$$\boldsymbol{f_{WPF}} = \sqrt{\boldsymbol{f_{Peak} \cdot f_{centroid}}} \text{ und } \boldsymbol{f_{centroid}} = \frac{\int f \times \tilde{U}(f) df}{\int \tilde{U}(f) df} \text{ mit } \int_{f_1}^{f_2} \tilde{U}^2(f)\, df \; ^*$$

*Partial Power 1: f_1=0 kHz; f_2=150 kHz; Partial Power 2: f_1=150 kHz; f_2=300 kHz Partial Power 3: f_1=300 kHz; f_2=450 kHz (gemäß der charakteristischen Frequenzspektren)

Zum Schluss stellte er die Ergebnisse von Simulation, Clusterung und Experimenten den Ergebnissen der mikroskopischen Untersuchungen gegenüber. Dabei gelang es Sause die frequenzbasierten Matrix-, Interface- und Faserspektren noch genauer zu differenzieren. Die Überschneidungen der Matrix- und Interfacespektren konnte er allerdings nicht vollständig auflösen und wies deshalb im Ausblick auf eine Weiterentwicklung der verwendeten Algorithmen hin. Einen starken Einfluss auf die Überlappung haben jedoch auch die

Probengeometrie, der Abstand des Sensors zur AE-Quelle und der Materialaufbau der Proben.

Betrachtet man die Ergebnisse der Arbeiten auf diesem Gebiet, kann zusammengefasst werden, dass in den letzten Jahren große Fortschritte bei der Detektion und Zuordnung der Schädigungsmechanismen durch die Schallemissionsanalyse erzielt wurde. Eine eineindeutige Zuordnung von Schallemissionsparametern zu Schädigungsmechanismen ist bis heute noch nicht möglich. Somit kann die für die Praxis relevante Übertragung auf ein Bauteil unter Betriebslast, erst dann erfolgen, wenn eine eineindeutige Zuordnung von AE-Parametern zu den jeweiligen Schädigungsmechanismen möglich ist. Daher bezieht sich diese Arbeit hauptsächlich auf Couponproben mit geeigneter Sensoranordnung.

Bisherige Arbeiten [12] der Autoren an taillierten/nicht-taillierten Zugproben haben die Zuordenbarkeit der AE-Signale zu unterschiedlichen Schädigungsclustern anhand eines umfangreichen Probenumfanges gezeigt. Weiterhin wurde festgestellt, dass die Taillierung den Ort der zu erwartenden Hauptschädigungszone gut einschränkt. Die hier verwendete, im Zentrum der Längsstreckung der Proben befindliche Taillierung, kann sich jedoch ungünstig auf die Lokalisierung der SE-Ereignisse auswirken, wenn die Schallemissionen von EMV-Störungen überlagert werden, die zeitgleich von allen Sensoren erfasst werden. Eine asymmetrisch taillierte Probe löst dieses Problem, da Schallemissionssignale aus dem taillierten Bereich jetzt zu unterschiedlichen Zeitpunkten von den Sensorpaaren erfasst werden. Ebenfalls wurde der Einfluss der Probenbreite auf die Schallemissionssignale betrachtet.

Experimentelle Arbeit

Es wurde der gleiche Versuchsaufbau verwendet, den die Autoren bereits in [12] vorgestellt haben. Bei der Ergebnisdarstellung in Abbildung 1 bis 3 wurden die Parameter der einzelnen Schallemissionsereignisse als rote Kreise dargestellt. Es ist durchgängig die der partiellen Leistung1 (PP1 in %) über der gewichteten Vorzugsfrequenz (WPF in kHz) aufgetragen. In jeder Versuchsreihe wurden standardmäßig die Lagenaufbauten 0/90°, ±45° und quasiisotrop getestet. Geprüft wurde mit einem, an den Lagenaufbau angepassten, zyklischen Prüfregime, bei dem jedes Mal eine nach Erreichen der Lastrampe wieder auf eine definierte Vorkraft entlastet wurde. Es wurden je Einzelversuch fünf gültige Proben ausgewertet. Die Proben waren immer aus der-selben Materialkombination. Die Probengeometrien wurden wie folgt variiert und der Einfluss auf die AE-Cluster betrachtet:

- Änderung der Probenbreite bei taillierten Proben
- Änderung der Lagenanzahl bei taillierten Proben
- Taillierte Proben gegenüber nicht taillierte Proben

Einfluss der Probenbreite bei taillierten Proben

Bei den Versuchen an 0/90° Proben ist zu erkennen, dass sich bei den schmaleren taillierten Proben eine höhere Anzahl von Schallemissionssignalen detektieren lässt (Abbildung 1a). Es bilden sich drei Cluster aus, wobei das dritte Cluster bei den schmalen Proben nicht stark ausgeprägt ist. In Abbildung 1b hat sich kein drittes Cluster ausgebildet und somit fehlt in dieser Prüfkonfiguration das Cluster mit hoher gewichteter Vorzugsfrequenz, welches den faserdominierten Schadensmechanismen zugeordnet wird. Cluster Eins und Zwei sind hingegen gut voneinander getrennt erkennbar und in einem ähnlichen Bereich für die partielle Leistung1 und der gewichteten Vorzugsfrequenz wie in Abbildung 1a. Eine mögliche Erklärung hierzu kann das bessere Verhältnis der Taillierung zur Gesamtbreite sein. Etwaige Dämpfungseffekte der Materialkombination könnten bei den schmalen Proben weniger zum

Tragen kommen. Bei einem ±45° Lagenaufbau ist kaum ein Unterschied zu erkennen. So bilden sich in Abbildung 1c und Abbildung 1d das erste Cluster (matrixdominierte Schäden) im selben Bereich für die partielle Leistung1 und der gewichteten Vorzugsfrequenz aus. Cluster Zwei, was für kombinierte Faser und Matrixschäden steht, ist hingegen schwach ausgeprägt und Cluster Drei zeigt bei beiden Varianten ab einer gewichteten Vorzugsfrequenz von ca. 220 kHz die faserdominierten Schädigungsmechanismen. Beim quasiisotropen Lagenaufbau, dargestellt in den Abbildungen 1e und 1f, werden die Cluster in allen Bereichen in der schmalen Probe deutlicher ausgebildet. Bei den breiten Proben überlappen Cluster Eins und Zwei und das dritte ist kaum zu erkennen. Das dritte Cluster bei den breiten Proben könnte tendenziell durch die Prüfung einer deutlich größeren Anzahl von Proben erzeugt werden. Das kaum vorhandene dritte Cluster in Abbildung 1f, könnte ähnlich wie in Abbildung 1b, mit dem schlechteren Verhältnis von Taillierung zu Gesamtbreite der Probe begründet sein. Die ersten zwei Cluster befinden sich jedoch bei den schmalen und breiten Proben in einem ähnlichen Bereich der gewichteten Vorzugsfrequenz und partiellen Leistung1.

Zusammenfassend kann gesagt werden, dass die schmalen Proben eine bessere Clusterauflösung liefern (besseres Verhältnis Taillierung zu Gesamtbreite der Probe). Die Proben mit einem ±45° Lagenaufbau und die quasiisotropen Proben liegen im gleichen Bereich der gewichteten Vorzugsfrequenz- und partiellen Leistung1. Die beste Clustertrennung war bei den schmalen, quasiisotropen Proben möglich. Die schmalen 0/90° Proben zeigen bei gleicher gewichteter Vorzugsfrequenz niedrigere Werte der partiellen Leistung1. Die Ursache ist noch nicht abschließend geklärt.

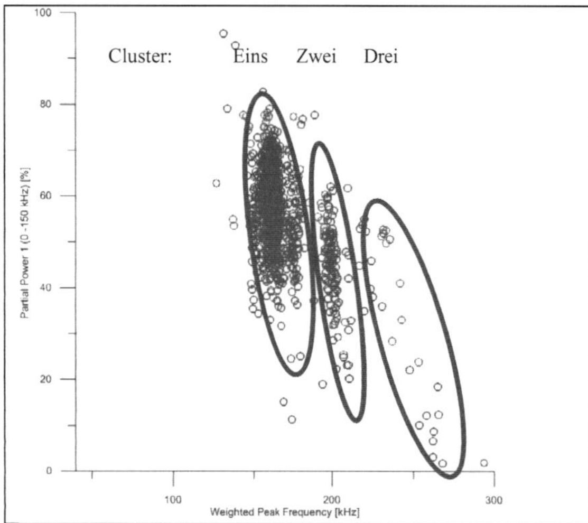

Abb. 1a: WPF-PP1-Cluster für 0/90°, 4 Lagen, Probenbreite 15mm, tailliert

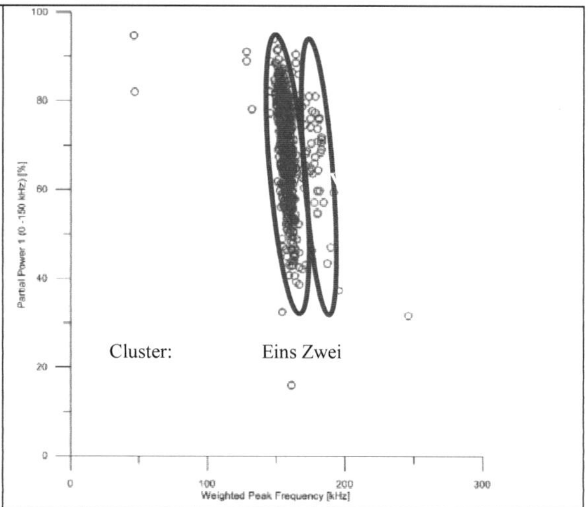

Abb. 1b: WPF-PP1-Cluster für 0/90°, 4 Lagen, Probenbreite 25mm, tailliert

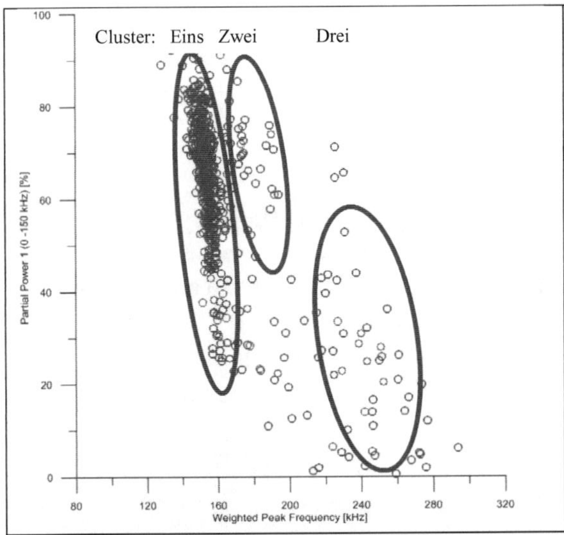

Abb. 1c: WPF-PP1-Cluster für ±45°, 4 Lagen, Probenbreite 15mm, tailliert

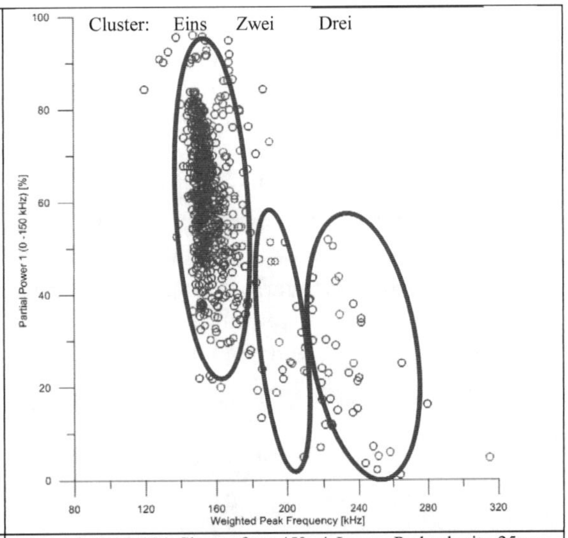

Abb. 1d: WPF-PP1-Cluster für ±45°, 4 Lagen, Probenbreite 25mm, tailliert

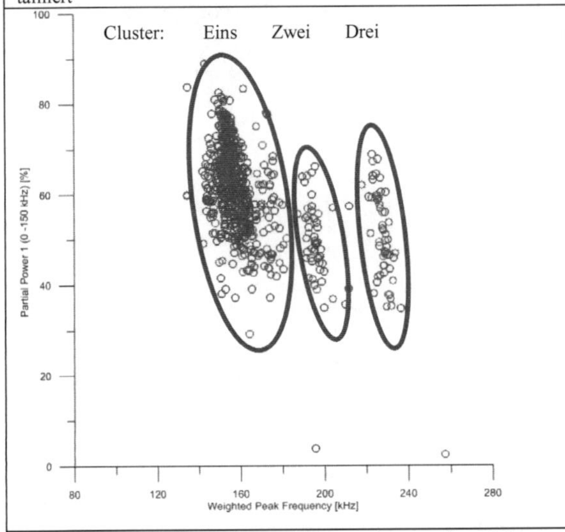

Abb. 1e WPF-PP1-Cluster für quasiisotropen Lagenaufbau, 4 Lagen, Probenbreite 15mm, tailliert

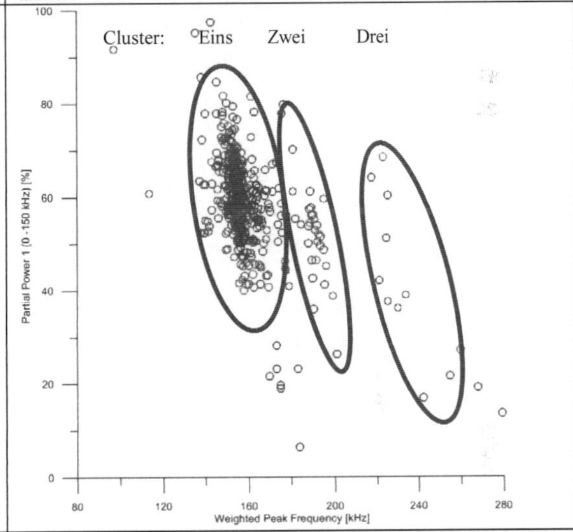

Abb. 1f: WPF-PP1-Cluster für quasiisotropen Lagenaufbau, 4 Lagen, Probenbreite 25mm, tailliert

Einfluss der Probendicke durch Vergleich 4lagig – 6lagig

Ähnlich wie bei den Ergebnissen der Untersuchungsreihe mit unterschiedlichen Probenbreite werden für die 0/90° Proben unterschiedlicher Dicke (Varianz der Lagenanzahl) die ersten zwei WPF-PP1-Cluster gut ausgebildet (Abbildung 2a und 2b). Die dickere Probe zeigt erwartungsgemäß mehr Schallemissionsaktivitäten. Bei beiden Varianten ist das dritte Cluster kaum ausgebildet. Dies ist speziell für die 0/90° Proben noch nicht final geklärt. Eine mögliche Erklärung ist, dass sich im zweiten Cluster für diesen Lagenaufbau bereits Faserbrüche manifestieren. Bei den ±45° Proben (dargestellt in Abbildung 2c und 2d), ist die Übereinstimmung der Schallemissionsergebnisse ebenso gegeben. Hier trat im Gegensatz zu den 0/90° Proben mehr Schallemission bei den dünneren Proben auf. Dies führte zu einer deutlicheren Clusterausprägung. Der Grund für die erhöhte Schallemissionsaktivität bei dünneren Proben mit diesem Lagenaufbau ist noch nicht geklärt. Die Schallemissionsergebnisse der Messungen an quasiisotropen Proben in Abbildung 2e und Abbildung 2f zeigen bei der Varianz der Probendicke gleichermaßen eine gute Übereinstimmung der Schallemissionsergebnisse. Wie schon bei den ±45° Proben zeigen die dünneren Proben eine geringfügig bessere Ausprägung der WPF-PP1-Cluster, was mit einer etwas höheren Anzahl der Schallemissionsereignisse je Cluster begründet werden kann. Was die partielle Leistung1 angeht weisen die Schallemissionsergebnisse der quasiisotropen Proben die niedrigsten Werte auf. Trotz einer ähnlichen Bereichsausbildung der unterschiedlichen Cluster, sehen die grafisch dargestellten Schallemissionsergebnisse je nach Lagenaufbau sehr unterschiedlich aus. Hier lassen sich erstmals Schallemissionscharakteristika je nach Lagenaufbau erkennen.

Abschließend kann gesagt werden, dass die Schallemissionsergebnisse bezüglich der Darstellung WPF-PP1-Darstellung unabhängig von der Anzahl der Lagen ist. Es bilden sich bei beiden Dickenvarianten je nach Lagenaufbau die-selben Cluster aus. Teilweise ist eine bessere Clusterausbildung bei den dünneren Proben zu erkennen, da sich die Schallemissionsereignisse bei einer höheren Lagenanzahl gegebenenfalls überlagern.

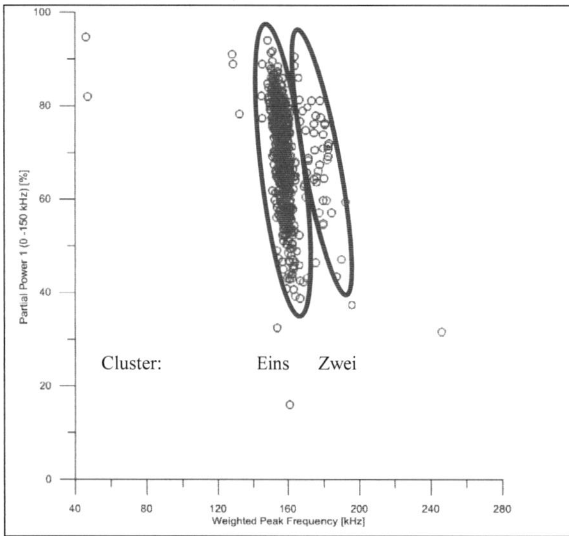

Abb. 2a: WPF-PP1-Cluster für 0/90°, 4 Lagen, Probenbreite 25mm, tailliert

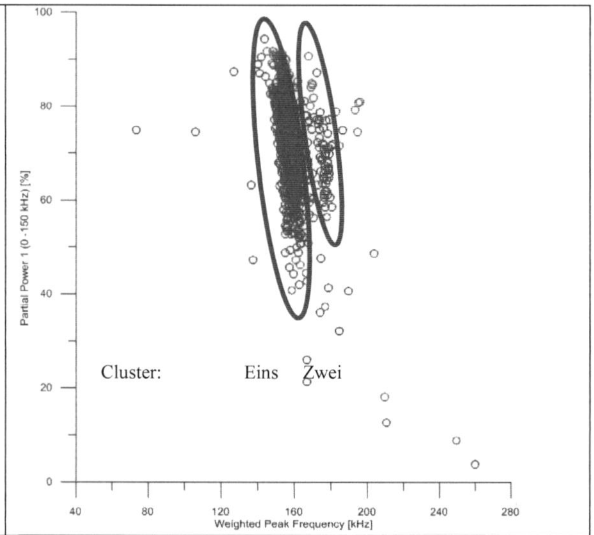

Abb. 2b: WPF-PP1-Cluster für 0/90°, 6 Lagen, Probenbreite 25mm, tailliert

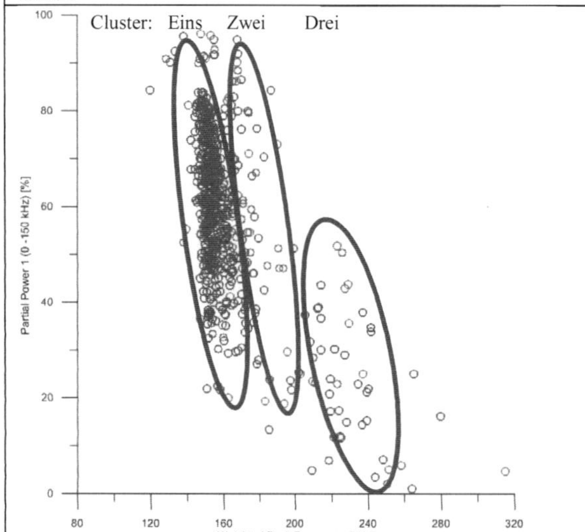

Abb. 2c: WPF-PP1-Cluster für ±45°, 4 Lagen, Probenbreite 25mm, tailliert

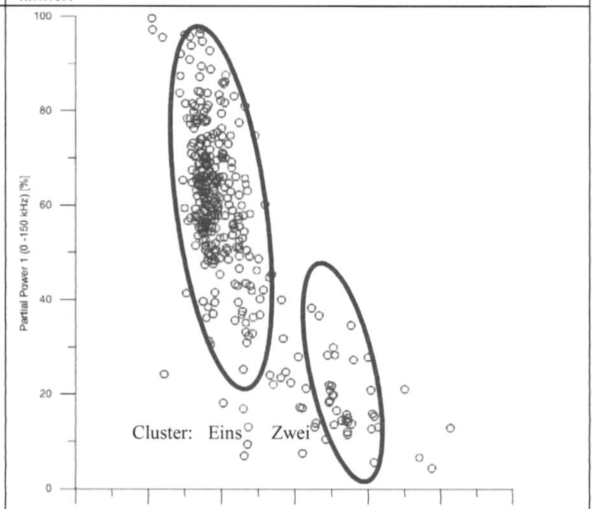

Abb. 2d: WPF-PP1-Cluster für ±45°, 6 Lagen, Probenbreite 25mm, tailliert

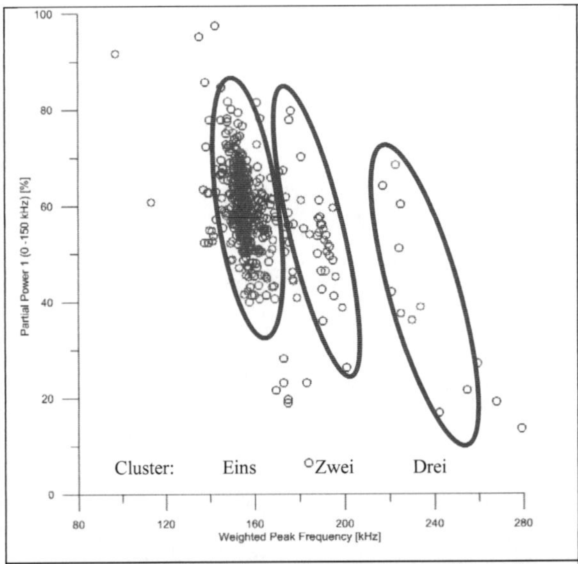

Abb. 2e: WPF-PP1-Cluster für quasiisotropen Lagenaufbau, 4 Lagen, Probenbreite 25mm, tailliert

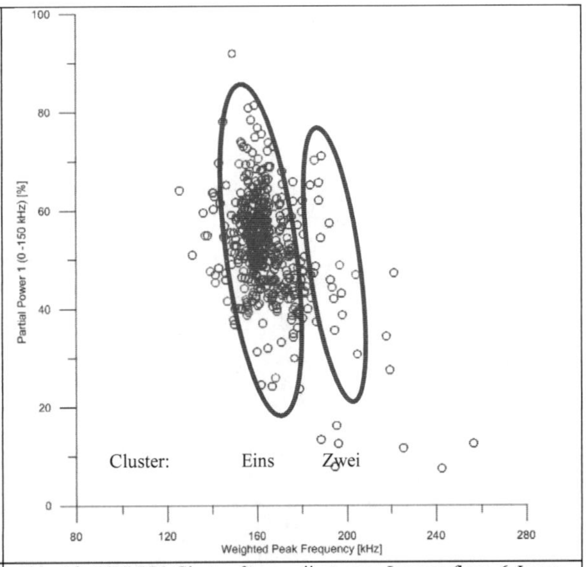

Abb. 2f: WPF-PP1-Cluster für quasiisotropen Lagenaufbau, 6 Lagen, Probenbreite 25mm, tailliert

Einfluss der Taillierung auf Ergebnisse

In der für diese Ausarbeitung letzten Versuchsreihe werden die Schallemissionsergebnisse für 25 mm breite, 6-lagige Proben, eine Charge tailliert und eine Charge nicht tailliert denen an bereits diskutierten Lagenaufbauten gegenübergestellt. In Abbildung 3a und Abbildung 3b ist ein deutlicher Unterschied bei der Clusterausbreitung der 0/90° Proben zu erkennen. Wohingegen sich bei den taillierten Proben wieder nur zwei Cluster ausbilden (gleiche Probenspezifikation wie in Darstellung 2b -> gute Reproduzierbarkeit der Ergebnisse nachgewiesen), sieht man bei den nicht taillierten Proben gut getrennte drei Einzelcluster. Das Niveau der partiellen Leistung1 ist bei den nicht taillierten Proben niedriger als bei den taillierten, jedoch zeigt der hohe Bereich der gewichteten Vorzugsfrequenz bei den nicht taillierten Proben höhere Werte. Dies kann auf einen höheren Lasteintrag bei der Prüfung zurück-zu-führen sein. Hier wäre auch die durch die Geometrie (Taillierung) beeinflusste Dämpfung der Schallsignale im Vergleich zu den Ergebnissen aus Abbildung 2b und Abbildung 3a weniger groß. Bei den ±45° Proben gibt es hinsichtlich der Clusterausbildung keine gravierenden Unterschiede. Wie in Abbildung 3c und Abbildung 3d zu erkennen ist, lässt sich jeweils das bei hohen Frequenzen ausgebildete Cluster Drei gut von den ersten beiden Clustern trennen. Die Unterscheidung des Clusters Eins bei niedrigeren WPF-Werten zu Cluster Zwei ist hingegen schwer möglich. Wie bereits bei den Ergebnissen der 0/90° Proben bekannt, emittieren die nicht taillierten Proben mehr Schallsignale und das dritte Cluster bildet sich deutlicher aus (Abbildung 3d). Auffällig ist ebenfalls die Häufung der Schallemissionen im oberen Bereich der partiellen Leistung 1. Dies könnte ein Indiz für Delaminationen speziell bei Proben mit einem ±45° Lagenaufbau sein. Darstellung 3e zeigt für einen quasiisotropen, taillierten Lagenaufbau keine deutliche Clusterausprägung, ähnlich zur Darstellung 2e, die Proben mit zwei Lagen weniger zuzuordnen ist. Bei den nicht taillierten Proben mit der-selben Spezifikation in Abbildung 2f hingegen sind alle drei Cluster gut ausgebildet. Ebenso wie bei den zuvor dargestellten Ergebnissen ist das Niveau der partiellen Leistung1 bei den quasiisotropen Lagenaufbauten auch bei der taillierten und nicht taillierten Variante niedriger als beim 0/90° und ±45° Lagenaufbau.

Beim Vergleich tailliert zu nicht tailliert zeigen diese Ergebnisse, dass die Versuchsergebnisse an nicht taillierten Proben die Cluster besser ausbilden. Dies liegt an der größeren Anzahl von Schallemissionsereignissen, wird aber mit einer flächigen Verteilung der Schallemissionsereignisse auf der gesamten Probenlänge erkauft. Die 0/90° Proben und

±45° Proben zeigen für die taillierte und nicht taillierte Probenvariante ähnliche Ergebnisse. Zusätzlich zeigen die ±45° Proben eine Häufung im oberen Bereich der partiellen Leistung1. Wie bereits erwähnt, kann dies ein Hinweis auf Delaminationen sein. Darüber hinaus zeigen ±45° Proben auch Schallemissionen im höheren Bereich der gewichteten Vorzugsfrequenz, die auf Faserrisse hindeuten. Da dies nicht direkt zu erwarte war, gilt es zu klären, ob hier die hochfrequenten Anteile auf ein Faser-Matrix-Mischversagen wie beispielsweise Faserauszug zurückzuführen ist.

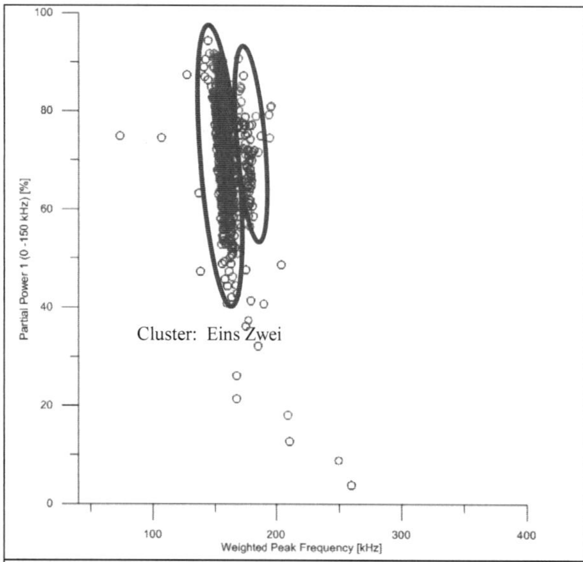

Abb. 3a: WPF-PP1-Cluster für 0/90°, 6 Lagen, Probenbreite 25mm, tailliert

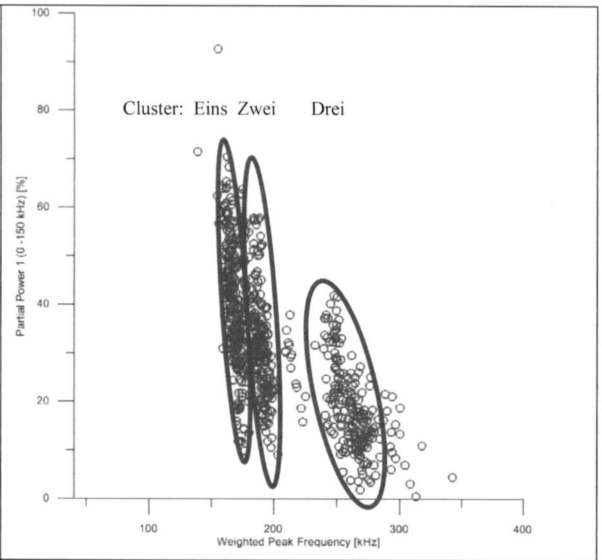

Abb. 3b: WPF-PP1-Cluster für 0/90°, 6 Lagen, Probenbreite 25mm, nicht-tailliert

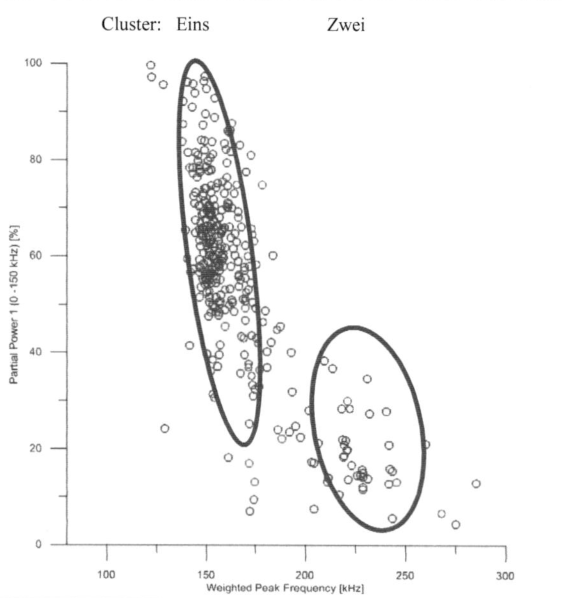

Abb. 3c: WPF-PP1-Cluster für ±45°, 6 Lagen, Probenbreite 25mm, tailliert

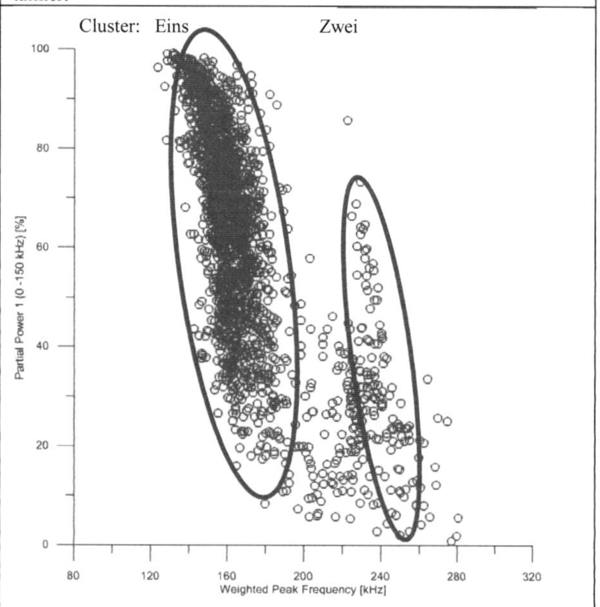

Abb. 3d: WPF-PP1-Cluster für ±45°, 6 Lagen, Probenbreite 25mm, nicht-tailliert

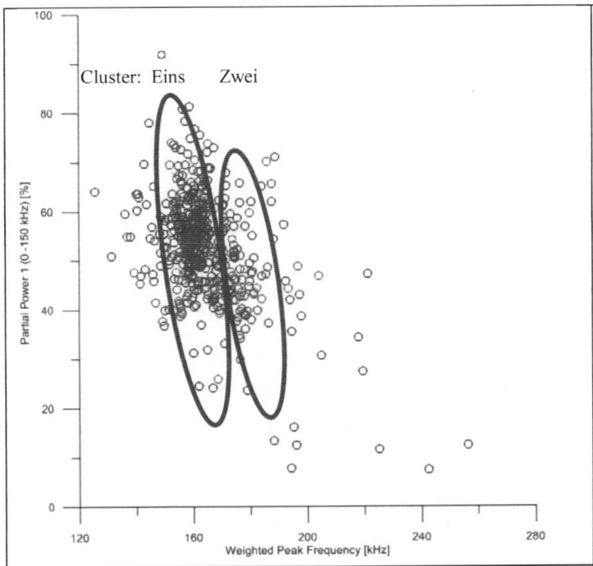

Abb. 3e: WPF-PP1-Cluster für quasiisotropen Lagenaufbau, 6 Lagen, Probenbreite 25mm, tailliert

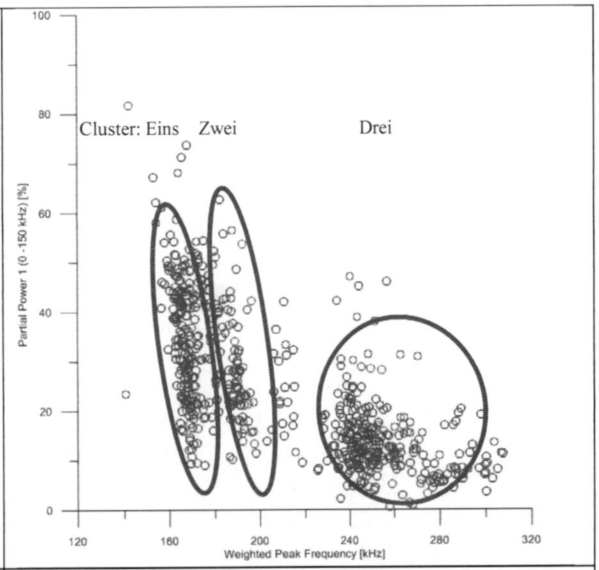

Abb. 3f: WPF-PP1-Cluster für quasiisotropen Lagenaufbau, 6 Lagen, Probenbreite 25mm, nicht-tailliert

Zusammenfassung und Ausblick

Sofern die Proben tailliert ausgeführt waren, zeigen die Ergebnisse der linearen Ortung eine starke Häufung in eben diesem Bereich. Dies ist für weiterführende, nicht zerstörende Tests, eine wichtige Voraussetzung, um durch zusätzliche, hochauflösende Untersuchungen bestimmte Vorschädigungsmechanismen zu identifizieren. Mit dem Ziel, geeignete Probengeometrien und Prüfszenarien zur Ermittlung der materialspezifischen Schallemissionen bei unterschiedlichen Schädigungsmechanismen in Faserverbundwerkstoffen zu definieren, bieten die diskutierten Ergebnisse folgende Erkenntnisse:

Bei der Anregung bestimmter Schädigungsmechanismen müssen der Lagenaufbau, die Probenbreite, und die Taillierung der Proben für Zugversuche in Betracht gezogen werden. So eignen sich beispielsweise asymmetrisch zu den Sensorpositionen taillierte, schmale Proben mit einem dünnen 0/90° Lagenaufbau für die Detektion von matrixdominierten Versagensmechanismen. Speziell mit einem zyklischen Prüfregime lassen sich die Rissöffnung und das Risswachstum gut erfassen. Mehrlagige Lagenaufbauten mit einem ±45° Lagenaufbau in einer nicht taillierten Ausführung rufen eher Delaminationen hervor. Darüberhinaus sind an Proben mit einem mehrlagigen, nicht taillierten quasiisotropen Lagenaufbau Faserrisse zu provozieren, die in der WPF-PP1-Darstellung als eigenes gut ausgebildetes Cluster mit höher gewichteten Vorzugsfrequenzen zu erkennen, sind. Die deutlichste Clustertrennung ergab sich in der diskutierten Versuchsreihe an 4-lagigen, dünnen, schmalen taillierten Proben. In diesem Fall wurden durch das gewählte Prüfregime alle Schädigungsmechanismen, denen spezifische Cluster im WPF-PP1-Raum zuzuordnen sind erfasst. Hervorzuheben ist an dieser Stelle, dass sich unabhängig von der gewählten Probenkonfiguration, die den spezifischen Schadensmechanismen zuordenbaren Cluster, immer in den selben Bereichen der WPF-PP1-Darstellung ausbilden. Dies ist als eine Qualifizierung der angewandten Messtechnik und Auswertealgorithmen für Prüfung von Proben aus Faserverbundwerkstoffen zu sehen. Für zukünftige Untersuchungen sind hochauflösende, zerstörungsfreie Prüfverfahren an vorgeschädigten Proben zu empfehlen. Die bildgebende Tomographie könnte weitere Erkenntnisse zum Schädigungsgrad und der Zuordnung der gewichteten Vorzugsfrequenz zu den Schädigungsarten geben.

Literatur

[1] Hönig, U.: Diplomarbeit „Erstellung eines Anforderungsprofils an Referenzversuchen zur Ermittlung und Bewertung von unterschiedlichen Schadensmechanismen in Faserverbunden mittels Schallemissionsanalyse“, 03/2016

[2] Vallen, H.: Schallemisionsprüfung, Castell-Verlag GmbH Wuppertal, 2005

[3] Sause, M. G. R.: Identification of failure mechanisms in hybrid materials utilizing pattern recognition techniques applied to acoustic emission signals, Dissertation, 2010, Universität Augsburg

[4] Rowland, C.: Acoustic emission technique to assist the formula one designer in structural design, European Working Group on Acoustic Emission (EWGAE), 2004

[5] Bohse, J., Chen, J.: Acoustic emission examination of Mode I, Mode II and mixed mode I/II interlaminar fracture of unidirectional fiber reinforced polymers, Journal of Acoustic Emission Vol. 19, S.1-10, 2001

[6] de Groot, P. J., Wijnen, P. A. M., Janssen, R. B. F.: Real-time frequency determination of acoustic emission for different fracture mechanisms in carbon/epoxy composites, Composites Science and Technology Vol. 55, 1995

[7] Ni, Q.-Q., Iwamoto, M.: Wavelet transform of acoustic emission signals in failure of model composites, Engineering Fracture Mechanics Vol. 69, 2002

[8] Eaton, M., Holford, K., Featherston, C., Pullin, R.: Damage in carbon fibre composites: The discrimination of acoustic signals using frequency, Journal of Acoustic Emission Vol. 25, S. 140-148, 2007

[9] Bohse, J.: Schallemission von verstärkten Polymeren, 14. Kolloquium Schallemission, Berlin, Vortrag 7, 2003, DGZfP Berichtsband

[10] Sause, M. G. R., Schultheiß, D., Horn, S.: Acoustic emission investigation of coating fracture and delamination in hybrid carbon fiber reinforced plastic structures, Journal of Aoustic Emission Vol. 26, S. 1-13, 2008

[11] Sause, M. G. R., Horn, S.: Influence of Specimen Geometry on Acoustic Emission Signals in Fiber Reinforced Composites: FEM-Simulations and Experiments, European Working Group on Acoustic Emission, Wien, Vortrag 3, 2010

[12] Hönig, U., Holder, U., Pietzsch, A., Schulze, E., Frankenstein, B., Schubert, L.: Definition of requirements for reference experiments to determine and evaluate various damage mechanisms in fibre composites by acoustic emission, 19th World Conference on Non Destructive Testing, München, Paper, 2016

Anwendung des Gutenberg-Richter-Gesetzes in der Schallemissionsanalyse

Gerd MANTHEI
THM Technische Hochschule Mittelhessen, Gießen
gerd.manthei@me.thm.de

Kurzfassung. In der Seismologie drückt das Gutenberg-Richter-Gesetz die Beziehung zwischen der Größe und der Gesamtzahl der Erdbeben in einer bestimmten Region und einer Zeitspanne aus.

Diese Beziehung wird häufig an Schallemissionsereignissen aus Labor- und In-situ-Versuchen angewendet. In diesem Beitrag zum 21. Kolloquium Schallemission soll die Bedeutung des Gutenberg-Richter-Gesetzes herausgestellt und an Beispielen diskutiert werden.

1 Einleitung

1944 wird von Gutenberg und Richter die erste Magnituden-Häufigkeitskurve für Erdbeben in Kalifornien (USA) veröffentlicht. Diese Häufigkeitskurve wird auch als „"*log_{10} N-M-Kurve*" bezeichnet. Gutenberg und Richter haben für die kumulative Magnituden-Häufigkeits-Verteilung folgenden empirischen Zusammenhang festgestellt:

$$\log_{10}N = a - bM. \tag{1}$$

Mit der Zahl der Erdbeben N und der Magnitude M. Dieser empirische Zusammenhang in Gleichung (1) zwischen Erdbenmagnitude und Häufigkeit des Auftretens wird bemerkenswert häufig festgestellt, obwohl die Werte von a und b stark von Region zu Region und über der Zeit variieren können. Führt man als weitere Bedingung noch eine Minimalamplitude M_{min} ein, die in allen untereinander zu vergleichenden Erdbebenregionen wahrscheinlich noch lückenlos erfasst wird, dann ist die Größe a in (1) ein gewisses Maß für die Aktivität zu vergleichender Gebiete.

Die Größe b (auch b-Wert genannt) wird dagegen eine sehr wesentliche Bedeutung für das seismotektonische Verhalten eines Gebietes zugeschrieben. Die ersten Ergebnisse erbrachten recht einheitliche Werte von $b \approx 0{,}8$ bis 0,9. Weitere Arbeiten haben dagegen gezeigt, dass b etwa im Bereich von 0,4 bis 1,8 liegen kann. Liegt zum Beispiel der b-Wert nahe 1,0 so bedeutet dies, dass in einer Region mit einer bestimmten Häufigkeit von Beben mit der Magnitude 4,0, 10-mal so viele Beben der Magnitude 3,0 und 100-mal so viele Beben der Magnitude 2,0 auftreten können. Ist die Steigung b der Magnituden-Häufigkeitskurve sehr klein, so sind dass alle Magnituden etwa gleich häufig vertreten. Betrachtet man das Verhalten eine solchen Gebietes hinsichtlich seiner seismischen Aktivität, so ist es als ausgesprochen "heimtückisch" zu bezeichnen. Es fehlen die vielen kleinen Beben, die in einem Gebiet mit hohem b-Wert den Bewohnern zu ständiger Warnung dienen.

Veränderungen im b-Wert werden nicht nur in der Seismologie, sondern auch in der Schallemissionsanalyse (SEA) diskutiert. Durch einen Vergleich mit Laborexperimenten an Gesteinsproben kam Mogi [1] zu der Auffassung, dass mit der Heterogenität des Materials der b-Wert größer wird. Scholz [2] zeigte, dass aufgrund von SE-Messungen bei Mikrorissbildung niedrige b-Werte einem hohen Spannungszustand entsprechen. Dabei interpretierte er den hohen b-Wert durch den hohen kompressiven Spannungszustand ein sich einmal ausbildender dynamischer Bruchprozess über die zwischen kleineren schon vorhandenen Bruchflächen bestehenden "Brücken" hinwegsetzt, indem diese aufbrechen und so eine große Bruchfläche bilden.

Im Rahmen der SEA wird üblicherweise die Maximalamplitude eines SE-Signals zur Amplitudenanalyse herangezogen. Damit kann Beziehung (1) durch

$$\log_{10} N = a - b(A_{dB} / 20) \qquad (2)$$

umgeschrieben werden. Wie zu erkennen ist, wird die Magnitude M durch die logarithmische Maximalamplitude A_{dB} in Dezibel (dB) ersetzt. Alle SE-Signale, die eine bestimmte Mindestamplitude überschreiten, können bei der statistischen Verteilung der Amplituden berücksichtigt werden. Die Verwendung der Maximalamplitude eines SE-Signals liefert aber nur bedingt verlässliche Werte, da es empfindlich gegenüber Rauschen und Reflexionen an Grenzflächen ist. Das führt dazu, dass der b-Wert bei SE-Ereignissen nur dann sinnvoll bestimmt werden kann, wenn die Ereignisse räumlich und zeitlich eng zusammen liegen. Damit kann garantiert werden, dass die SE-Ereignisse denselben Randbedingungen unterliegen und somit die Amplituden gut untereinander verglichen werden können. Unter diesen Voraussetzungen ist es möglich, den b-Wert mit den Signalen von nur einem Sensor zu bestimmen [4].

Will man jedoch in Anlehnung an die Seismologie die Magnitude in Gleichung (1) einsetzen, so reichen die hierzu üblicherweise gemessenen SE-Signalparameter wie die Maximalamplitude oder die elektrische Energie nicht aus, denn sie charakterisieren nur das empfangene Signal. Von der Empfindlichkeit des SE-Sensors ganz abgesehen, hängen diese Messgrößen natürlich sehr stark von der Entfernung des Sensors zur Quelle ab.

Im Folgenden werden auf zwei Verfahren zur Bestimmung der Magnitude eingegangen, die bei großmaßstäblichen SE-Messungen in Salzbergwerken bzw. in kleinmaßstäblichen SE-Messungen im Labor an Steinsalzproben eingesetzt wurden und sehr stabile und gut deutbare Ergebnisse erbracht haben. In beiden Fällen können aus der Häufigkeitsverteilung der Magnituden b-Werte bestimmt werden.

2 Beschreibung groß- und kleinräumiger SE-Messungen

2.1 Zum Versuchsort

Die im Folgenden gezeigten experimentellen Beispiele zur Bestimmung von b-Werten stammen aus einem Teilbereich eines Salzbergwerks und aus Labormessungen an einer Steinsalzprobe.

Bei den großräumigen Messungen im Salzbergwerk wird ein hochgelegener Abschnitt eines Abbausystems (linkes Teilbild von Abbildung 1) im Zentralteil Bartensleben mit ungefähren Abmessungen 150 m · 150 m · 100 m seit 1995 mit einer 24-Kanal-Anlage der Fa. GMuG in Bad Nauheim durch Schallemissionsmessungen kontinuierlich überwacht. Die schon verfüllten Abbaukammern sind schraffiert dargestellt. Die mit der von der Bundesanstalt für Geowissenschaften und Rohstoffe (BGR) in Hannover betriebenen Anlage können akustische Emissionen und die sie verursachenden Vorgänge im Gestein, wie die Bildung oder das Wachstum von kleineren und größeren Rissen, in einem Salzbergwerk registriert werden. Anhand der georteten Ereignisse kann die Lage, die Ausdehnung größerer Risse sowie die räumliche und zeitliche Entwicklung der Risse dargestellt werden.

Die großräumigen Messungen werden im Frequenzbereich zwischen 1 kHz und 100 kHz mit typischen SE-Sensoren durchgeführt, die in Bohrlöchern installiert sind. In der Nähe der großen Abbaukammern im linken Teilbild von Abbildung 1 befinden sich geologische Grenzflächen zwischen duktilem Steinsalz (z3) und dem wesentlich festeren Hauptanhydrit (z3HA) [5,6].

Bei den wesentlich kleinräumigeren SE-Messungen (bis zu 3 Größenordnungen kleiner) während eines triaxialen Kompressionsversuchs an einer Großprobe aus Steinsalz (Durchmesser 150 mm, Höhe 300 mm) wurden 12 SE-Sensoren im Frequenzbereich zwischen 10 kHz und etwa 1 MHz eingesetzt. Die Anordnung der SE-Sensoren ist im rechten Teilbild von Abbildung 1 dargestellt. Von den Sensoren (E1 bis E12) waren 10 in drei Höhenniveaus auf der Mantelfläche der Probe und je einer an beiden Stirnflächen angebracht. Mit den noch zusätzlich angebrachten Sendern (S1 bis S3) konnten Durchschallungsmessungen längs der Probe und in radialer Richtung auf zwei Niveaus durchgeführt werden. Die Aufnehmer waren in gefrästen Bohrungen vollständig in der Probe versenkt und mit einem spröden Klebstoff an der Stirnseite der Einsenkung angeklebt. Geprüft wurde die Probe in der Triaxialzelle mit konstanter Vorschubgeschwindigkeit des Kolbens von 0,15 mm/min und konstantem Mandeldruck von 5 MPa. Die SE-Messungen wurde nach einer Stauchung von ca. 27 mm (entspricht ca. 9%) bei einem Axialdruck von ca. 43 MPa beendet [7].

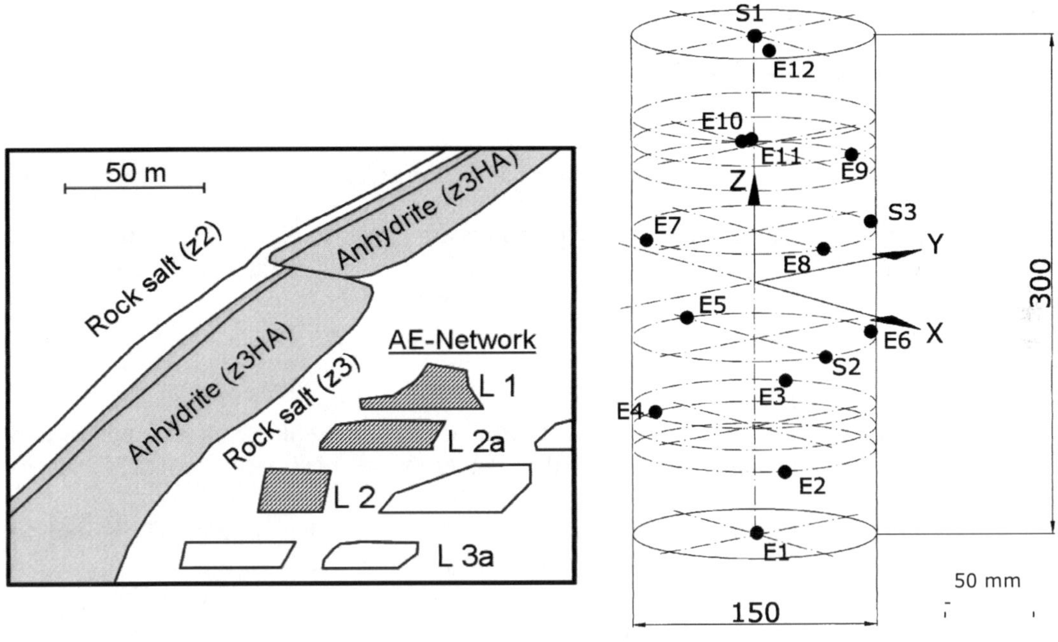

Abb. 1. Links: Vertikalschnitt am Versuchsort der SE-Messungen im Salzbergwerk mit der geologischen Situation [5,6]. Rechts: Abmessungen der zylindrischen Steinsalzprobe (in mm) mit der Lage der Aufnehmer [7].

2.2 Ortung der SE-Ereignisse

2.2.1 Ortungsverfahren

Zur Bestimmung der räumlichen Verteilung der Risse werden die Ereignisse mit einem von der Fa. GMuG entwickeltem Ortungsverfahren dreidimensional geortet [8]. Diese Verfahren, kann sowohl auf SE-Ereignisse im Bergwerk als auch auf Laborproben angewendet werden. Als Kriterium zur Unterscheidung ortbaren von nicht-ortbaren Ereignissen wird die Güte des Signals, d.h. das Signal-zu-Untergrund-Verhältnis (Verhältnis des Signalmaximums zum Maximum im Anfangsbereich), herangezogen. Abbildung 2 zeigt typische SE-Signale von Ereignissen aus dem Salzbergwerk (linkes Teilbild) und des Probenversuchs (rechtes Teilbild). Dargestellt sind links die Signale von den ersten 12 Kanälen, sortiert nach Entfernung und skaliert nach der rechts angegebenen Maximalamplitude (in Digits). Das rechte Teilbild zeigt die automatisch erkannten P-Wellen und S-Welleneinsatzzeiten, die über der Signalspur durch kleine vertikale Striche markiert sind. Die errechneten Werte der P- und S-Welle an den verschiedenen Kanälen (Striche unterhalb der Signalspuren) können zur Beurteilung der Ortungsgenauigkeit herangezogen werden. In diesem Teilbild sind der Einfallswinkel, die Maximalamplitude und der Abstand zwischen Quelle und Sensor am Ende jeder Signalspur angegeben.

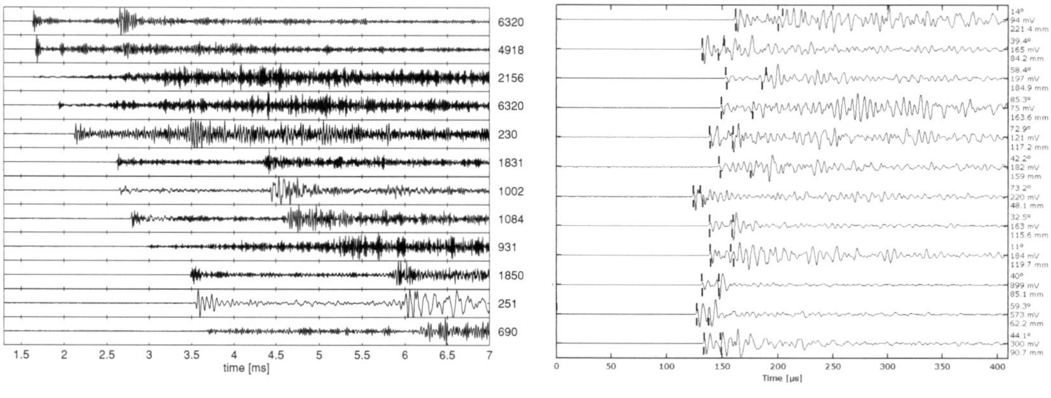

Abb. 2. Typische SE-Signale eines Ereignisses aus dem Salzbergwerk (links) und der Steinsalzprobe (rechts).

Zu Beginn des Verfahrens wird zunächst nur mit den Einsatzzeiten der P-Welle geortet. Das Ortungsergebnis wird als gültig bewertet, wenn der aus den Laufzeitresiduen berechnete Restfehler bei großräumiger Ortung im Bergwerk kleiner als 80 cm und bei kleinräumiger Ortung an Proben kleiner als 5 mm ist. Ist der Restfehler größer, wird die Ortung mit zwei Varianten wiederholt. Bei der ersten Variante wird der erste ansprechende Kanal, bei der zweiten Variante der Kanal mit dem größten Laufzeitresiduum weggelassen. Die Variante mit dem kleineren Restfehler wird übernommen. Diese Prozedur wird so lange durchgeführt, bis der Ortungsfehler unterhalb der Fehlergrenze liegt oder die Zahl der P-Welleneinsätze zu gering ist. Im letzten Fall wurde das Ereignis verworfen.

Nach der Ortung mit P-Welleneinsätzen alleine wird die Ortung mit P- und S-Welleneinsätzen zusammen durchgeführt. Die Einsätze der S-Welle werden nach der rechnerisch bestimmten P-Einsatzzeit mit einer Triggerschwelle gesucht, die vom Untergrundpegel nach dem P-Welleneinsatz und dem absoluten Maximum der Spur abhängt. Diese Triggerschwelle liegt immer sehr viel höher als die Schwelle beim Anreißen der P-Welleneinsätze. Die so bestimmten S-Welleneinsatzzeiten werden zusammen mit den zur Vorortung herangezogenen P-Welleneinsatzzeiten benutzt, um eine Ortung nach dem oben beschriebenen Verfahren durchzuführen; dabei werden wieder Einsätze mit großem Laufzeitresiduum verworfen, um einen noch annehmbaren Gesamtfehler der Ortung zu unterschreiten (die P-Welleneinsätze wurden festgehalten). Bei dieser Prozedur müssen eine gewisse Zahl an P- oder S-Welleneinsätze übrig bleiben.

Mathematisch wird der Ort und der Ursprungszeitpunkt eines Ereignisses durch ein modifiziertes Gradientenverfahren als Lösungsmethode für das überbestimmte, linearisierte Gleichungssystem bestimmt.

2.2.2 Ortungsergebnisse

In Abbildung 3 und 4 sind die Ortungsergebnisse im Salzbergwerk bzw. in der Laborprobe dargestellt. Abbildung 3 zeigt einen Vertikalschnitt mit Abbaukonturen und geologischen Grenzen sowie georteten mikroakustischen Ereignisse eines Monats (ca. 241.500 gültige Ortungen). Die Skala ist in Meter angegeben. Durch die Farben werden SE-Ereignisse unterschiedlicher Stärke markiert.

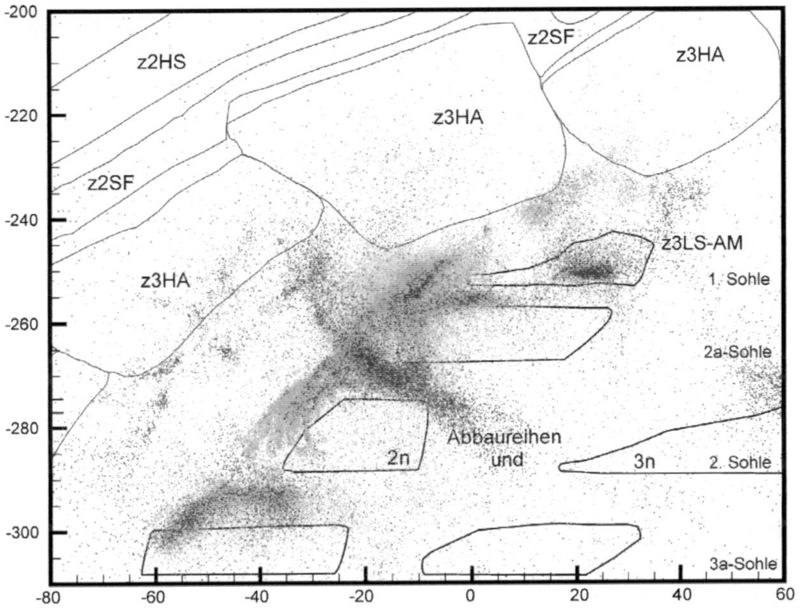

Abb. 3. Vertikalschnitt durch das Abbausystem mit den SE-Ortungen aus einem 40 m breiten Streifen im Dezember 2010. Dargestellt sind ca. 241.500 gültige Ortungen unterschiedlicher Stärke (gelb schwaches Ereignis und rot starkes Ereignis) [9].

SE-Ereignisse mit geringer Stärke werden gelb dargestellt, die mit mittlerer Stärke orange und die starken Ereignisse rot. Aus Abbildung 3 ist zu entnehmen, dass durch die Anhäufung von vielen Ortungen Bereiche erhöhter Spannungskonzentrationen angedeutet werden. Dabei konzentriert sich die SE-Aktivität hauptsächlich auf die abbaunahen Bereiche der verfüllten Abbaue (schraffierte Kammern in Abbildung 1), besonders deren Firsten bzw. in den Schweben. Erhöhte Aktivität ist auch an den Grenzflächen von Steinsalz und Hauptanhydrit deutlich erkennbar, z. B. zwischen den Anhydritblöcken über dem Abbau 1a.

Abbildung 4 zeigt das Ortungsergebnis des triaxialen Druckversuchs an der zylindrischen Großprobe aus Steinsalz. Dargestellt sind die Lagen von mehr als 56.000 Ereignissen in Projektion auf die x-z-Ebene in vier verschiedenen Versuchsstadien (Teilbilder a bis d).

Zur Orientierung ist die ursprüngliche Form der Probe durch ein Rechteck gekennzeichnet. Das Koordinatensystem ist so orientiert, dass die z-Achse parallel zur Probenlängsachse verläuft (vgl. Abb. 1). Der Ursprung des Koordinatensystems liegt in der Mitte der Probe. Zu Beginn des Versuchs bis zu einer Stauchung von 0,83% werden nur vereinzelt SE-Ereignisse geortet. Ab dieser sogenannten Dilatanzgrenze nimmt die SE-Aktivität deutlich zu. Es ist zu erkennen, dass die Ereignisse wolkenartig über die ganze Probe verteilt sind. Es sind einige Bereiche, besonders in der oberen Hälfte der Probe, zu erkennen, die stärker durch Ereignisse belegt sind.

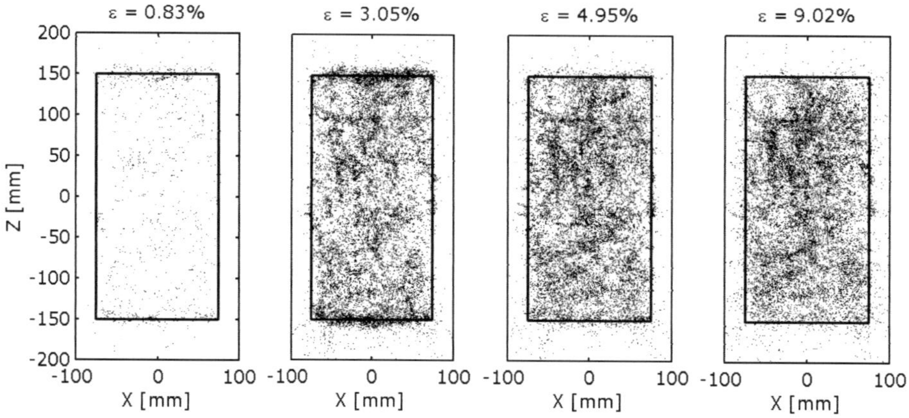

Abb. 4. Lage der georteten Ereignisse in der Großprobe aus Steinsalz in Projektion auf die x-z-Ebene in vier Versuchsstadien.

3 Beschreibung der Methoden zur Bestimmung der Magnitude

3.1. Bestimmung der Magnitude aus den Maximalamplituden

Eine bessere Charakterisierung der Stärke eines Ereignisses ist deshalb möglich, falls die Schallquellen mit mehreren Aufnehmern geortet werden. In diesem Fall lässt sich – in Analogie zur Praxis bei Erdbeben – eine auf einen mittleren Abstand bezogene Messgröße als Magnitudenmaß angeben. Bei der Kenntnis der absoluten Empfindlichkeit der eingesetzten SE-Sensoren kann an Stelle der Maximalamplituden, die absolute seismische Energie oder die seismische Magnitude des Ereignisses angegeben werden.

Zur Berechnung der Magnitude aus den Maximalamplituden A in Abhängigkeit vom Abstand r wird von einer Gesetzmäßigkeit ausgegangen, welche die geometrische Schallschwächung (sogenannte Divergenz) für Volumenwellen mit $1/r$ und einem zusätzlichem Dämpfungsterm zur Berücksichtigung von Absorption und Streuung auf dem Laufweg enthält:

$$A(r) = \frac{1}{r} \cdot e^{-\alpha r}. \tag{3}$$

Aus (3) folgt:

$$\log(A(r) \cdot r) = -\alpha r + C, \tag{4}$$

wobei C eine Konstante ist. Im ersten Schritt wird für jedes Ereignis eine Ausgleichsgerade für die Abhängigkeit bestimmt. Als Magnitude wird der interpolierte Wert für den Bezugsabstand von r_0 = 50 m im Bergwerk bzw. r_0 = 100 mm im Labor aus Achsabschnitt und Steigung der Ausgleichgeraden ermittelt. Diese Magnitude M_{AE} wird – wie üblicherweise die Maximalamplitude – in dem logarithmischen Maß dB_{AE} ($20 \cdot \log{(A/A_0)}$, A_0 entspricht einer Bezugsspannung von 1 µV vor Vorverstärkung des Signals (auch Dunegan-Skala genannt) angegeben. Mit A_0 und r_0 ergibt Gleichung (4):

$$\log(A(r)/A_0 \cdot r/r_0) = -\alpha r + C. \tag{5}$$

In Abbildung 5 sind die mit dem normierten Abstand multiplizierten Maximalamplituden in dB_{AE} (rote Punkte) gegenüber dem Abstand gemäß Formel (5) für jeweils ein Ereignis aus dem Salzbergwerk (oberes Teilbild) und ein Ereignis aus der Steinsalzprobe (unteres Teilbild) aufgetragen. Die Ausgleichsgerade ist mit eingezeichnet. In den dargestellten Fällen beträgt die Magnitude M_{AE} in der Entfernung von 50 m ca. 60 dB_{AE} bzw. von 100 mm ca.

55 dB_{AE}. Die Steigung der Ausgleichsgeraden stellt die mittlere Dämpfung auf dem Laufweg dar. In beiden Fällen ist sie mit ca. 3,9 dB pro 10 m bzw. 0,51 dB pro 10 mm sehr gering [4].

Die in Abbildung 5 aufgetragenen Amplituden sind schon mit Stationskorrekturen versehen, die im zweiten Schritt durch eine statistische Auswertung einer Vielzahl von Ereignissen, z.B. aller in einem längeren Zeitraum registrierten Ereignisse, ermittelt werden. Dazu werden Ereignisse aus dem gesamten Überwachungsbereich oder der Probe zugelassen, um über alle vorkommenden Einfallsrichtungen zu mitteln. Die mittlere Abweichung der Maximalamplituden der einzelnen Messkanäle von der Ausgleichgeraden stellt den Korrekturwert dar. Diese Empfindlichkeit hängt allerdings nicht nur von der Messkette, sondern auch von der Ankopplung des SE-Sensors an das Gestein, von der Platzierung des Sensors in der Sensoranordnung und von der Lage des Sensors zu den aktiven Bereichen (sogenannte Site-Effekte). Anschließend werden die Magnituden unter Berücksichtigung der Stationskorrekturen neu berechnet.

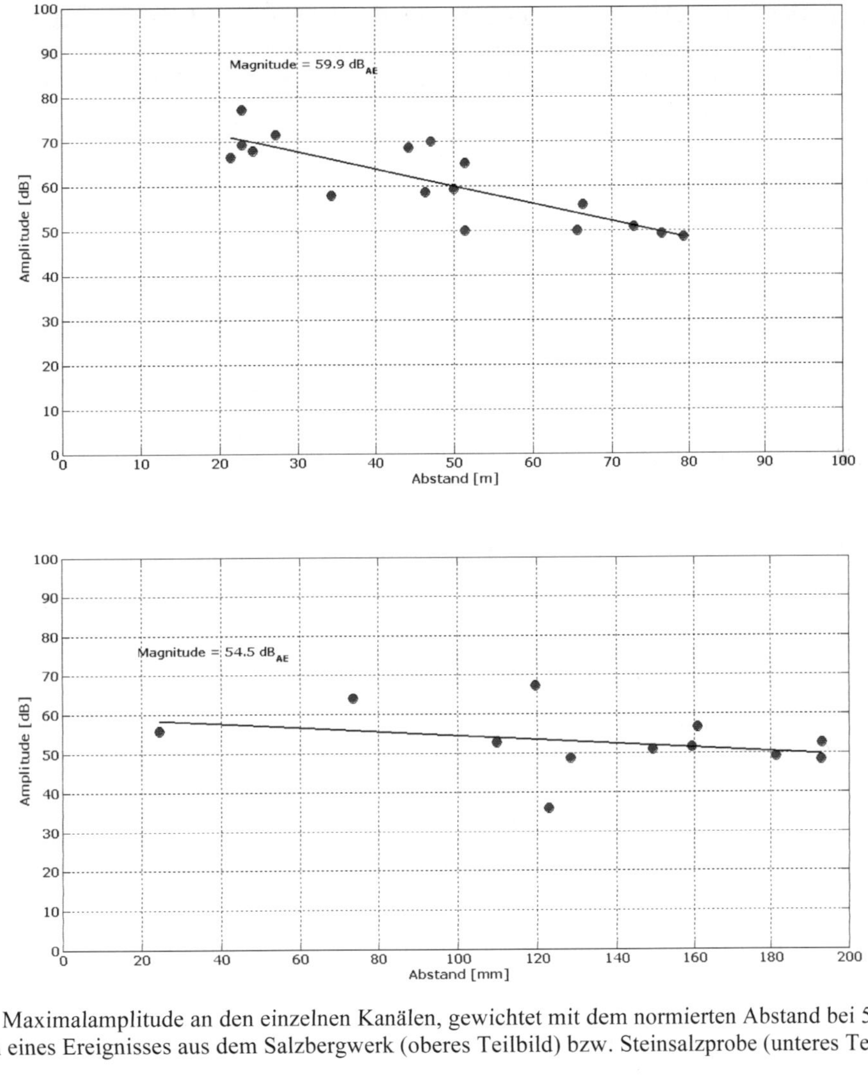

Abb. 5. Maximalamplitude an den einzelnen Kanälen, gewichtet mit dem normierten Abstand bei 50 m und 100 mm eines Ereignisses aus dem Salzbergwerk (oberes Teilbild) bzw. Steinsalzprobe (unteres Teilbild).

3.2 Bestimmung der Magnitude aus dem seismischem Moment

In der Seismologie wird das seismische Moment eines tektonischen Bebens (auch Herdmoment genannt) aus dem Produkt der mittleren Herddislokation, der Herdfläche und des Schermoduls des Gesteins berechnet. Dabei wird davon ausgegangen, dass als Ursache, wie es bei tektonischen Beben der Fall ist, eine reine Scherquelle vorliegt. Soll jedoch auch das seismische Moment von "Nicht-Scherquellen" bestimmt werden, so kann z.B. der Momententensor von seismischen Quellen herangezogen werden. Der Momententensor beschreibt nicht nur reine Scherquellen, wie es bei der herkömmlichen Herdflächenlösung der Fall ist, sondern auch Quellen mit einem signifikanten isotropen Anteil. Dazu gehören Ereignisse, die durch eine Explosion oder durch eine Implosion (z.B. durch einen Gebirgsschlag) entstanden sind. Der isotrope Anteil kann in diesen Fällen Ausdruck eines Öffnungsbruches oder ein Maß für Volumenänderungen des Porenraums sein.

Das seismische Moment wird in der Seismologie üblicherweise aus der spektralen Amplitudendichte seismischer Oberflächenwellen als auch aus dem zeitlichen Intergral der seismischen Bodenbewegung von P- oder S-Wellen berechnet. Um das seismische Moment aus dem Momententensor von SE-Quellen in Newtonmeter zu bestimmen ist es erforderlich, die SE-Sensoren hinsichtlich ihrer absoluten physikalischen Messgröße, ihrer Empfindlichkeit von Frequenz und Einfallsrichtung zu charakterisieren. Häufig wird auch das erste Anschwingen der P- und S-Welle verwendet, um den Momententensor zu bestimmen.

Nach Silver und Jordan [10] wird das totale seismische Moment aus dem Momententensor M mit

$$M_0 = \frac{\|M\|}{\sqrt{2}} \tag{6}$$

berechnet. In der Seismologie gibt es jedoch viele Beziehungen zwischen dem seismischen Moment und der Magnitude. Diese Beziehungen wurden aus Untersuchungen an Erdbeben abgeleitet. Eine Extrapolation über so viele Größenordnungen auf SE-Ereignisse scheint jedoch sehr zweifelhaft zu sein. Deshalb wird hier die Magnitude aus dem Momententensor in der bekannten Dezibel-Skala durch

$$M_{SM} = 20 \cdot log(M_0) \tag{7}$$

berechnet. M_0 ist das nach Formel (6) berechnete seismische Moment in der physikalischen Einheit Nm.

4 Ergebnisse der Magnitudenverteilung

4.1 Magnitudenverteilung im Salzbergwerk

In Abbildung 6 zeigt als Beispiel die Häufigkeitsverteilung der Magnituden M_{AE} in logarithmischer Auftragung, die aus zwei räumlich getrennten Ortungsbereichen im Salzbergwerk stammen. Die Ereignisse aus dem Steinsalzbereich stammen aus dem Saum großer Abbaukammern. Sie rühren hauptsächlich von Mikrorissen her, die sich unter deviatorischen Spannungen in der Umgebung von Hohlräumen im Salzgestein bilden. Dementsprechend ist die Verteilung für Steinsalz sehr schmal und fällt steil (großer b-Wert). Sie enthält also nur sehr kleine Ereignisse. Dagegen ist die Verteilung für den Bereich im Anhydrit breiter, fällt langsamer ab (kleiner b-Wert). Die b-Werte zeigen deutlich die Unterschiede in der bei der Rissbildung freigesetzten seismischen Energie. Es handelt sich um Auflockerungsvorgänge durch Mikrorissbildung an den Korngrenzen mit Dimensionen von Millimetern bis Zentimetern. Im Anhydrit kann aufgrund der weitaus höheren Festigkeit im Vergleich zum Steinsalz mehr elastische Energie gespeichert und als seismische Energie freigesetzt werden [4].

Um den Bereich der Abbaukammern im Steinsalz und des angrenzenden Anhydrits noch etwas genauer zu untersuchen, bestimmte Köhler et al. [11] die zeitliche und räumliche Veränderungen des b-Wertes bei der Verfüllung eines Abbaus auf der 3. Sohle. Untersucht wurden SE-Ereignisse in einem Volumen von 20 m · 20 m · 40 m direkt über dem Abbau (Firstbereich) im Steinsalz und ca. 80 m höher gelegen im Anhydrit mit einem Volumen von 20 m · 10 m · 10 m. Die Magnitudenverteilungen dieser zwei Bereiche sind in den Abbildungen 6 und 7 für Steinsalz bzw. Anhydrit vor (a), während (b, c) und nach der Verfüllung (d bis f) zu sehen. Obwohl die Ereigniszahlen innerhalb der Volumina teilweise zeitlich stark schwanken (zwischen ca. 70 und 9.000 im Steinsalz und ca. 100 und 2.100 im Anhydrit), lassen sich wieder gute Übereinstimmungen mit den Ergebnissen aus Abbildung 5 erkennen. Für den Bereich im Steinsalz, direkt über der Firste des Hohlraumes, ergeben sich aus den Magnitudenverteilungen (Abb. 6) recht hohe Werte zwischen b = 1,12 und 4,3. Mit Beginn der Verfüllung erhöht sich b auf 2,2 (Abb. 6b), steigt unmittelbar nach der Verfüllung auf b = 4,3 (Abb. 6d) an und sinkt danach bis Ende des Messzeitraumes auf b = 2,57 (Abb. 6f) ab. Im Anhydrit geben die einzelnen Magnitudenverteilungen recht niedrige b-Werte zwischen 0,98 und 1,44 an (Abb. 7), mit einem Durchschnitt von b = 1,17.

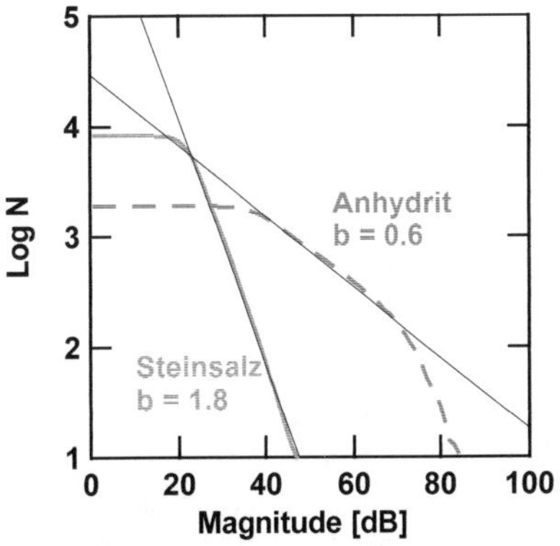

Abb. 5. Kumulative Magnitudenverteilung für zwei Ortungsbereiche im Salzbergwerk [5,6].

Kaiser et al. [9] interpretieren diesen Zusammenhang, dass während der Verfüllung starke Änderungen der Beanspruchungen auftreten, die im Anhydrit größer als im Steinsalz sind. Während bei gleichbleibender Beanspruchung, etwa drei Monate nach der Verfüllung, hat sich ein Gleichgewicht wieder einstellt. In dieser Phase sind die b-Werte ein Indikator für den Abbau von Spannungen durch Kriechvorgänge, die sich ständig in den Auflockerungszonen abspielen.

4.2 Magnitudenverteilung in einer Steinsalzprobe

Abbildung 8 zeigt kumulative Magnitudenverteilungen in logarithmischer Auftragung, die aus den vier Versuchsstadien der Großprobe aus Steinsalz stammen. Dargestellt sind die Verteilungen der Magnitude M_{AE} (Punkte) und M_{SM} (Sterne), die nach Gleichung (5) und (7) aus den Maximalamplituden bzw. dem seismischen Moment berechnet wurden. Zur Bestimmung des b-Wertes wurden alle Ereignisse mit einer Magnitude größer als 55 dB herangezogen. Es fällt in allen vier Teilbildern auf, das der b-Wert der Magnituden M_{AE} (im Folgenden b_{AE} genannt) etwas größer ist, als der b-Wert der Magnituden M_{SM} (im Folgenden b_{SM} genannt).

Bis zur Dilatanzgrenze bei einer Stauchung von 0,83% treten nur wenige Ereignisse auf (Teilbild a). Die b-Werte liegen bei 1,74 (b_{AE}-Wert) und 1,05 (b_{SM}-Wert). Mit zunehmender Stauchung und damit Schädigung der Probe steigen die b_{AE}- und b_{SM}-Werte bei 3,06% Stauchung von 2,56 bzw. 1,76 auf 2,9 bzw. 2,11 an (Teilbild b und c). Am Ende des Versuch bei 9,02% Stauchung fallen diese auf 2,79 und 1,94 etwa ab (Teilbild d). Abgesehen von dem niedrigen b-Wert bis zur Dilatanzgrenze weisen die Magnitudenverteilungen im Allgemeinen recht hohe b-Werte auf. Diese deuten darauf hin, dass es sich hier um viel kleine Mikrorisse handelt, wie in den Auflockerungszonen in der Umgebung von Hohlräumen im Steinsalz.

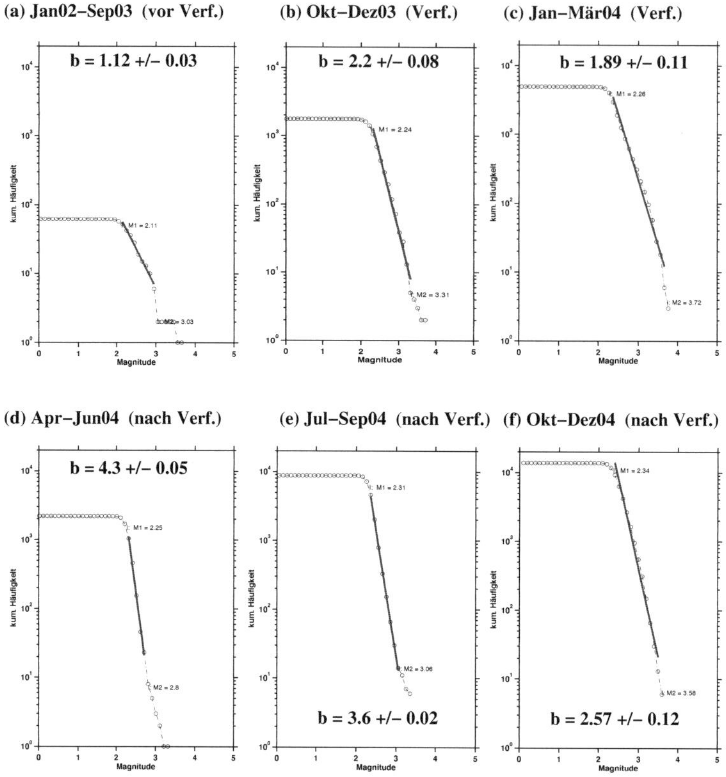

Abb. 6. Magnitudenverteilungen im Steinsalz oberhalb der Firste des verfüllten Abbaus vor (a), während (b und c) und nach der Verfüllung (d bis f) [11].

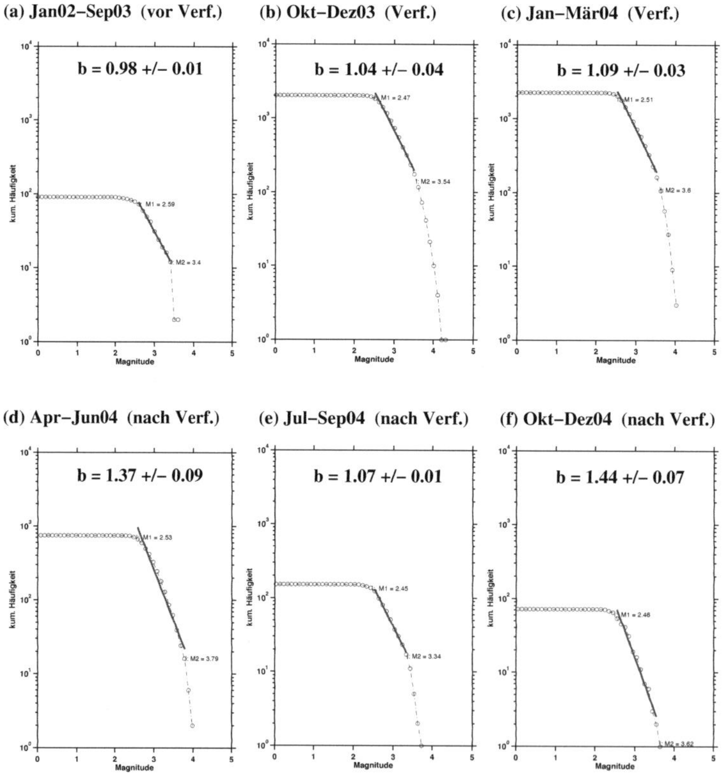

Abb. 7. Magnitudenverteilungen im Anhydrit vor (a), während (b und c) und nach der Verfüllung (d bis f) [11].

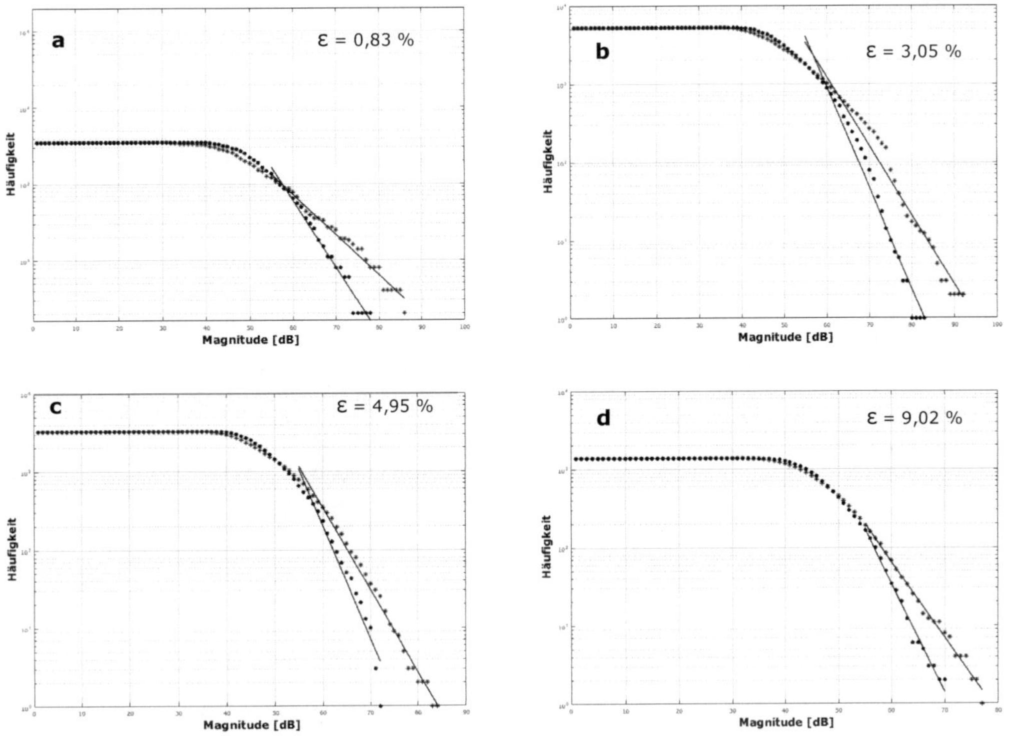

Abb. 8. Magnitudenverteilungen in der Großprobe aus Steinsalz in vier Versuchsstadien.

5 Zusammenfassende Diskussion

In dieser Arbeit wird gezeigt, dass empirische Zusammenhänge bei tektonischen Beben, die das Gutenberg-Richter-Gesetz beschreibt, auch auf wesentlich kleinere, hochfrequente SE-Ereignisse zutreffen. In der Schallemissionsanalyse ist es seit langem üblich durch Amplitudenanalyse von Einzelschwingungen eine Amplitudenverteilung anzugeben. Analog zum Gutenberg-Richter-Gesetz weisen auch diese Amplitudenverteilungen von z.B. diskreten Burstsignalen einen exponentiellen Abfall auf. Allerdings werden bei diesen Verfahren die Signalüberschwingungen bei einer bestimmten Diskriminatorschwelle aufgetragen. So konnten bei SE-Messungen an Verbundwerkstoffen durch verschiedene Exponenten unterschiedliche Versagensmechanismen gefunden werden.

Um jedoch die wirkliche Stärke eines SE-Ereignisses an der Quelle zu beurteilen, reichen die Maximalamplitude oder Überschwingungen nur eines SE-Sensors nicht aus, denn sie charakterisieren nur das empfangene Signal.

Hier werden zwei Verfahren zur Bestimmung der Magnitude von SE-Quellen angewendet. Bei dem ersten Verfahren werden die Maximalamplituden vieler Messkanäle und die Abstände zu den Sensoren herangezogen um die Magnitude unter Berücksichtigung des Quellenortes, der abstandsabhängigen Schallschwächung, der Absorption und Streuung und der Empfindlichkeit der Aufnehmer zu bestimmen.

Beim zweiten Verfahren handelt es sich um die Momententensormethode mit der die Magnitude aus das seismische Moment des Momententensors ermittelt werden kann. Neben den oben genannten Parametern, geht bei diesem Verfahren noch zusätzlich der Mechanismus der Quelle ein.

Die Ergebnisse zeigen, dass hohe *b*-Werte hauptsächlich im Steinsalz gemessen werden. Die hohe Schallemissionsaktivität im Salzbergwerk als auch bei triaxialer Belastung der Steinsalzprobe deutet darauf hin, dass dilatante Vorgänge wie Rissbildung auftreten. Dilatante Vorgänge sind durch viele kleine Ereignisse gekennzeichnet, die sich an aufweitenden Korngrenzen bilden. Diese sichtbar geöffneten Stellen bilden sich zunächst in einigen Abstand zueinander. Mit höherer Belastung werden diese Stellen häufiger und es entstehen längere Brüche. Die Aufweitung der Korngrenzen nimmt zu. Damit lässt sich auch die Abnahme des *b*-Wertes am Ende des Probenversuchs erklären.

Referenzen

[1] Gutenberg B., Richter C.F. (1954), *Seismicity of the Earth*, Princton Univ. Press

[2] Mogi, K. (1962), *Study of the elastic shocks caused by the fracture of heterogeneous materials and its relation to earthquake phenomena*. Bull Earthquake Res Inst, 40, S. 125-173.

[3] Scholz, C.H. (1968), *The frequency-magnitude relation of microfracturing in rock and its relation to earthquakes*, Bull Seis Soc Amer, 58, S. 399-415.

[4] Eisenblätter, J., Spies, T. (2000), *Ein Magnitudenmaß für Schallemission und Mikroakustik*, 12. Kolloquium Schallemission, Deutsche Gesellschaft für Zerstörungsfreie Prüfung e.V., 72, S. 29-41.

[5] Spies, T., Eisenblätter, J., (2000), *Untersuchung von Clustern mikroakustischer Emission an geologischen Grenzflächen*, 12. Kolloquium Schallemission, Deutsche Gesellschaft für Zerstörungsfreie Prüfung e.V., 72, S. 139-150.

[6] Spies, T., Eisenblätter, J., Manthei, G. (2002), *Neue Entwicklungen in der Mikroakustik am Beispiel von Messungen im Endlager Morsleben*, Zeitschrift für angewandte Geologie, Heft 2, S. 30-37.

[7] Manthei, G. (2005), Characterization *of Acoustic Emission Sources in a Rock Salt Specimen under Triaxial Load*. Bull Seis Soc Amer, 95, S. 1674-1700.

[8] Eisenblätter, J., Manthei, G., Meister, D. (1998), *Monitoring of Microcrack Formation around Galleries in Salt Rock*. In Hardy, H.R. Jr (ed) (1998), Proc 6th Conf on Acoustic Emission/Microseismic Activity in Geologic Structures and Materials. Trans Tech Publications, Clausthal-Zellerfeld, S. 227-243.

[9] Kaiser, D. (2011), *Mikroakustische Messungen in einem Salzbergwerk zur Bewertung von Rissprozessen,* Mitteilungen der Deutschen Geophysikalischen Gesellschaft, Sonderband I/2011, S. 39-52.

[10] Silver, P. G., Jordan, T. H., (1982), *Optimal estimation of scalar seismic moment,* Geophys. J. R. Astr. Soc., Vol. 70, S. 755-787.

[11] Köhler, N., Spies, T., Dahm, T., (2009): *Seismicity patterns and variation of the frequency-magnitude distribution of microcracks in salt.* Geophysical Journal International, 179, S. 489-499.

Korrosionsprüfung mittels Schallemission (AE) – Werkzeug zur Inspektion von Druckgeräten und Lagerbehälter

Peter TSCHELIESNIG [1], Gerald LACKNER [2]
[1] AT- Consult e.U., Klosterneuburg, Österreich
[2] TÜV AUSTRIA SERVICES GMBH, Wien, Österreich
Kontakt E-Mail: office@at-consult.at, gerald.lackner@tuv.at

Kurzfassung. Neben der Materialermüdung ist Korrosion der bedeutendste Schädigungsmechanismus für die Materialien von Druckgeräten, Lagerbehälter, Rohren, (Tank)Schiffen, Straßen- und Schienentankfahrzeugen. Nicht rechtzeitig festgestellte Korrosionsschäden führten und führen noch immer zu katastrophalen Versagen von Strukturen und daraus resultierend neben der Gefährdung von Menschenleben zu enormen ökologischen und ökonomischen Schäden. Die westlichen Industriestaaten haben dabei mit Kosten bis zu 3 % ihres Bruttonationalproduktes zu rechnen. Die rechtzeitige Feststellung von Korrosion während der regulären Wartung und Inspektion von Strukturen ist daher sehr wichtig, erfordert aber wegen des bevorzugten Korrosionsangriffes an schwer einsehbaren, zugänglichen und isolierten Oberflächen einen hohen zeitlichen und finanziellen Inspektionsaufwand.

Die Schallemissionsprüfung (AT) ist ein integrales, nicht invasives Verfahren, welches seit Jahrzehnten erfolgreich bei der Inspektion auf den verschiedensten Gebieten der Industrie eingesetzt wird. Aufgrund seiner Sensitivität wurde bei vielen verschiedenen Anwendungen aktive Korrosion und ihre Folgen festgestellt.

Von der EK geförderte Forschungs- und Entwicklungsprojekte führten zu einem tieferen Verständnis der Schallemission in Bezug die Korrosionsprozesse bzw. deren Auswirkungen auf die meist metallischen Baustoffe der Strukturen. Im speziellen wird der Unterschied zwischen aktiv ablaufender Korrosion und den Sekundäreffekten während einer Belastungsprüfung behandelt.

Basierend auf Beispielen wird die kommende Einbindung der Schallemissionsprüfung in eine „risk based" Inspektionssystem diskutiert und demonstriert wie durch ihre Anwendung die Produktion sicherer, umweltfreundlicher und ökonomischer werden kann.

Einführung

Die bedeutendsten Schädigungsmechanismen für alle Arten von industriellen Strukturen aus metallischen Werkstoffen, Druckgeräte, Lagertanks, Rohrleitungen, Schiffe, Straßentankfahrzeugen und Eisenbahntransportbehälter stellen Ermüdungsrisse uns Korrosion dar. Allein für Korrosionen betragen die ökologischen und ökonomischen Schäden in den westlichen Industrienationen bis zu 3 % des Bruttonationalproduktes. Üblicherweise treten Korrosionen in industriellen Strukturen als eine Kombination von verschiedenen Prozessen. Den ersten Prozess stellen meist an den verschiedensten Stellen „zufällig" auftretende chemische Reaktionen dar, welche Schallemission (AE) mit einer niedrigen Energie und kurzer Dauer aussenden. Während verschiedener durch die Europäische Kommission geförderter Projekte wurde nun versucht ein tieferes Verständnis der ablaufenden Prozesse, bestehend aus dem Korrosionsprozess selbst und verschiedener ablaufender parasitären Folgeprozessen zu erlangen. Der Korrosionsprozess kann an blanken metallischen Oberflächen oder an schon vorgeschädigten Bereichen mit beispielsweise Belägen oder Ablagerungen von spröden auftreten Korrosionsbelägen (Rost). Die Folgeprodukte bzw. Folgeprozesse sind nun der Grund für Schallemission mit höheren Amplituden bzw. Energie und längerer Dauer. In einer Abschätzung kann man eine Wanddicke von 1 mm einem durch Korrosion verursachten Belag von 8 mm gleichgesetzt werden. Trotz des typischen Zeitpunktes des Auftretens von durch Korrosion verursachten Schallemissionssignale wurden weitere Analysewerkzeuge entwickelt, welche hauptsächlich auf frequenzbasierten Mustererkennungssystem beruhen.

Auf Basis der permanenten Weiterentwicklung sowie der praktischen Anwendung wurde die Auffindung von durch Korrosion verursachten Schäden mehr und mehr eine Hauptaufgabe der AT im Rahmen der Wartung und Inspektion von großen industriell verwendeten Strukturen. Außerdem ist mit dieser Entwicklung in den nächsten Jahren mit einem noch größeren Einsatz des Verfahrens an insbesondere statisch belasteten Bauteilen zu rechnen. Bei Strukturen, welche sowohl statisch als auch zyklisch belastet sind, hat das Verfahren die Möglichkeit der Unterscheidung zwischen den beiden meist auftretenden Schadensmechanismen, Korrosion und Riss.

Prüfung von statisch belasteten Druckgeräten

Bei der wiederkehrenden Prüfung von an einem isolierten Druckgerät, welches im Normalfall nur einer Wasserdruckprobe und einer Innenbesichtigung unterworfen worden wäre, wurden während der Druckprobe, ringförmig um den Behälter angeordnete Anzeigen gefunden. Die auf das Auftreten auf Korrosionen in diesem Bereich schließen ließ. Nach Öffnung der Isolierung in diesem Bereich wurden extensive Korrosion und insbesondere Korrosionsprodukte in diesem Bereich festgestellt. Nach Abnahme der Isolierung und Sandstahlen wurde festgestellt, dass die Korrosion schon unter die erlaubte Wanddicke fortgeschritten war und vor dem weiteren betrieb Auftragsschweißungen durchgeführt werden mussten (Bild 1).

Da dieses Druckgerät innen eine glatte Oberfläche aufwies und eine Wasserdruckprobe ohne Probleme überstanden hätte, wäre bei weiteren betrieb und fortschreitender Korrosion durch unter die Isolierung eingedrungenes Regenwasser in Verbindung mit der Abstandshalterung das Druckgerät in einen gefährlichen Zustand gekommen, welche bis zum Ablösen des Bodens kommen hätte können.

Es ist klar ersichtlich, dass hier die AT für den weiteren Betrieb von besonderer Bedeutung war, da dadurch sonst übersehene Korrosionsschäden festgestellt wurden. In diesem Fall führten insbesondere die parasitären Effekte durch die Korrosionsprodukte sowie schon einsetzende Schäden im Wanddickenbereich zur Auffindung.

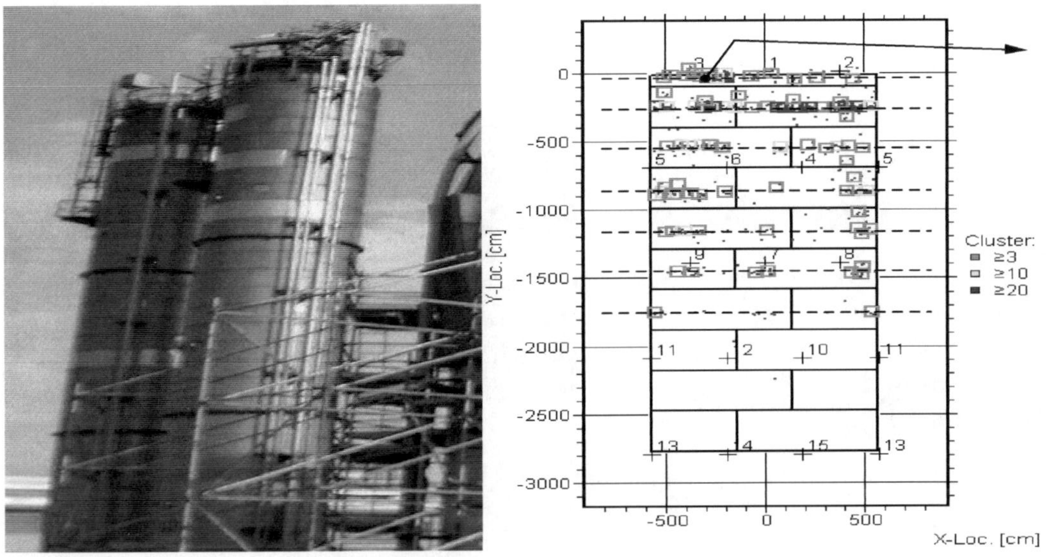

Bild 1: AE-Anzeigen an einem Lagerbehälter

Prüfung von Flüssiggaslagerbehältern

Ein Übergang stellt die Prüfung von Flüssiggaslagerbehältern nach EN 12817 und 12819 dar, wo einerseits eine Korrosionsprüfung nach primären Quellen (korrodierende Bereiche) und nach während der Druckbelastung schon korrodierten Flächen erfolgt. Ein Beispiel ist ein vergrabener Behälter bei dem anhand der Ortung und der rückgerechneten Amplituden das Auftreten von durch Korrosion ausgelöster Schallemission eindeutig nachgewiesen werden konnte.

Dieser Behälter konnte nach Reparatur (Sandstrahlung und Anbringung einer korrekten Isolierung) wieder in Betrieb gehen.

Korrosionsprüfung an Flachbodenlagertanks

Seit mehreren Jahrzehnten führt der TÜV Austria Prüfung an Flachbodenlagertanks auf Dichtheit und Korrosionen durch. Hierbei wird wie schonangesprochen einerseits der Korrosionsprozess an sich d.h. der Übergang aus kristallin aufgebauten Metallgitter in lose Eisenoxidverbindungen gemessen und andererseits auch eine Anzahl sekundärer Erscheinungen, beispielsweise das Brechen der Oxidschicht aber auch Partikelbewegungen unter der Bodenschicht gemessen.

Die Grundlage und die Prüfdurchführung wurden auch durch ein von der EK gefördertes Programm „Inspection of flat bottomed storage tanks by acoustical methods" abgesichert. Nach jahrelanger Erfahrung mündeten die Ergebnisse in der EN 15856 „Allgemeine Grundsätze zum Nachweis von Korrosion innerhalb von mit Flüssigkeit gefüllten metallischen Umschließungen", (Bild 2) welche nun klare Prüfvorgaben für die Prüfung gibt und auch die Möglichkeit verschiedene Anwendungen vergleichbar zu machen.

Um nun auch die Kunden vorab zu überzeugen wurde eine Korrosionsquelle entwickelt, wobei die Korrosion in einer Umhüllung abläuft, und bis zum Verbrauch der korrodierenden Flüssigkeit und des vorhandenen Sauerstoffs verwendet werden kann. Durch diese Quelle ist es natürlich auch leichter das applizierte SE Prüfgerät zu verifizieren. Ein wichtiger Punkt in der Norm ist, dass 2 Reihen von Sensoren appliziert werden müssen, dass Quellen vom oberen Boden nicht in den unteren Boden projiziert werden.

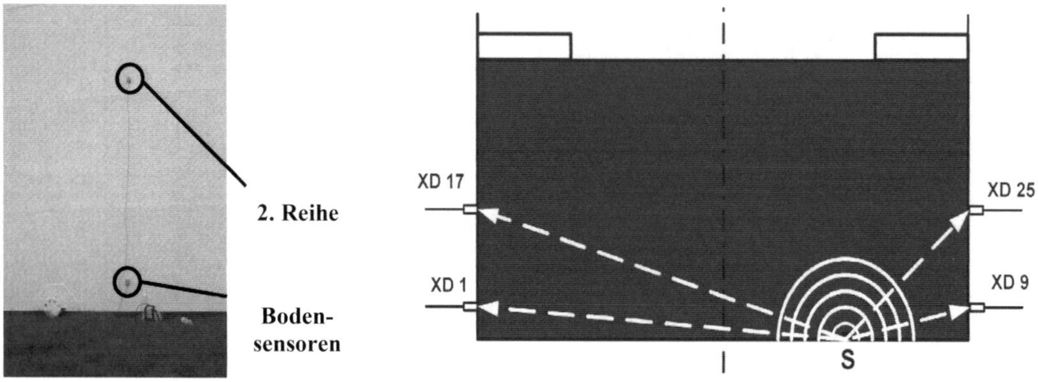

Bild 2: Sensoranordnung an einen Flachbodenlagertank entsprechend EN 15856

Korrosionsprüfung an Transportgeräten, insbesondere Schiffen

In den letzten Jahren erstreckt sich die Korrosionsprüfung auch auf Transportgeräte (Schiffe, Straßentransportfahrzeugen und Eisenbahntransportwägen). Hier konnte in 2 von der EK geförderten Projekten nicht nur die Möglichkeit der Detektion von Korrosion in Schiffen nachgewiesen werden, sondern es wurde dabei die Trennbarkeit von durch Korrosion erzeugte AE Signale von jenen welche durch Leckagen oder Rissen verursacht werden dargestellt. Dies erfolgt über eine frequenzbasierte Mustererkennungsverfahren, welches schon bei der Prüfung von Flachbodenprüfung zur Anwendung kam.

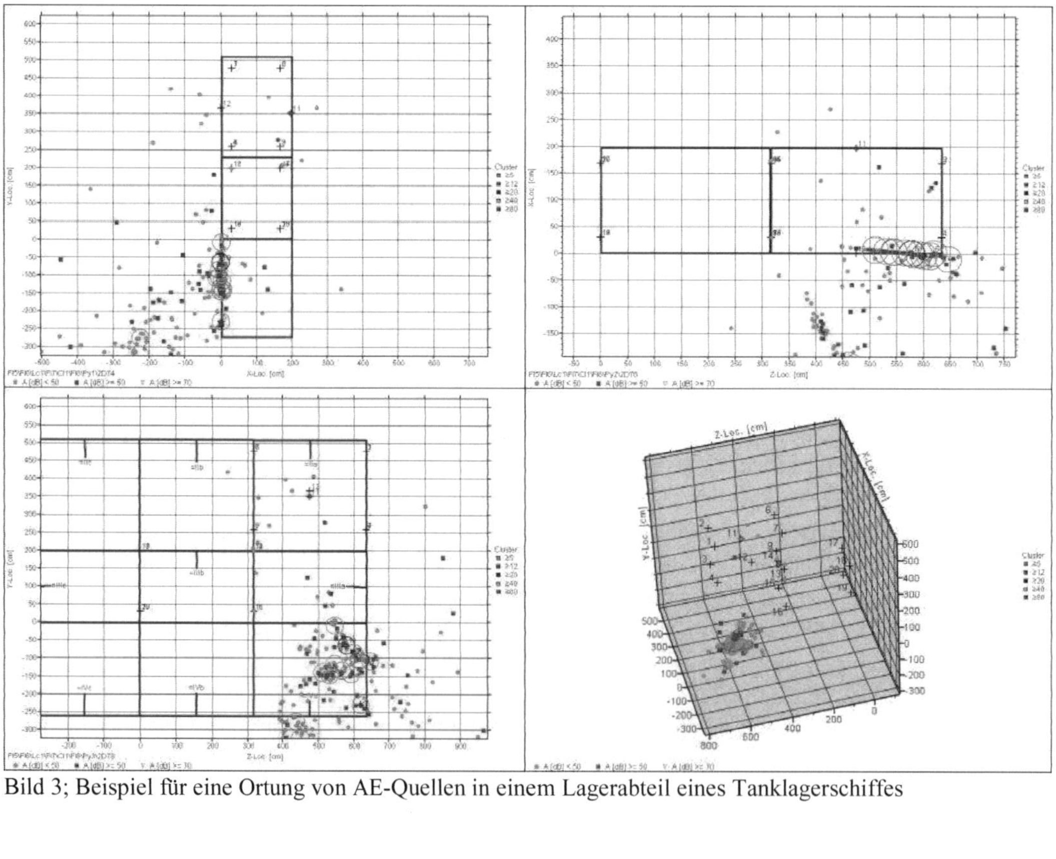

Bild 3; Beispiel für eine Ortung von AE-Quellen in einem Lagerabteil eines Tanklagerschiffes

Die Trennbarkeit zwischen Korrosion und Rissen ist insbesondere für Strukturen wichtig, die statisch (Druck, Lagerung) und/oder zyklische (Druck aber auch Biegung) belastet werden. Eine selbst außerhalb des Sensorarrays gelegene Korrosionsquelle konnte in einem Öltank eines Transportschiffes gefunden und auch geortet werden, siehe Bild3)

Zusammenfassung

Auf Basis der grundlegenden Untersuchungen im Labor und den mehrjährigen Prüfungen ist erwiesen, dass die Korrosionsprüfung mit Schallemission möglich ist. Dies gilt für die Beaufschlagung mit Druck zur Aktivierung der AE Quellen als auch des Prozesses an sich, wobei meist primäre und sekundäre Prozesse zusammenwirken.
Insbesondere die Eigenschaft der AT größere un- bzw. schwer besichtigbare Teile von metallischen Strukturen zu prüfen, stellt einen der großen Vorteile des Verfahren dar, wenn bedenkt welche katastrophalen Folgen unentdeckte Korrosion im weiteren Betrieb haben können. Man muss sich aber von Fall zu Fall auch über Grenzen des Verfahren im Klaren sein und die Prüfabläufe danach richten.

Eine der großen Vorteile des Verfahren stellt auch dar, dass zwei sehr wichtige Anwendungsbereiche in den jeweiligen Normen festgehalten sind und dass die Prüfung auch implizit nach der Druckgeräteprüfnorm EN 14584 angewendet werden kann.

Für die Zukunft muss aber darauf hingewiesen werden, dass die AT nur die zweitbeste Lösung ist, da ein AE Monitoring im Betrieb natürlich die beste Lösung wäre und sicherlich auch in der Zukunft aufgrund der hohen Kosten, die die Korrosionsschäden verursachen mehr und mehr Anwendung finden wird.

Beitrag zur Überwachung von Strahlverschleißprüfungen beschichteter Bauteile mittels Schallemissionsanalyse

[1] Prof. Dr. Burkhard ZIEGLER, [1] Dipl. Ing.(FH) Miriam DILL
[1] Technische Hochschule Mittelhessen, FB ME,
Wiesenstr. 14, 35390 Gießen

Kontakt E-Mail: Burkhard.Ziegler@me.thm.de

Kurzfassung

Ein Vergleich der Verschleißbeständigkeit beschichteter Bauteile bedarf der reproduzierbaren Beanspruchung der zu testenden Oberflächen. In der tribologischen Verschleißprüfung werden hierzu speziell konstruierte Mess- und Prüfapparate (kurz Tribometer) eingesetzt. Im Rahmen dieser Untersuchung soll eine handelsübliche (Sand-) Strahlanlage für den Einsatz in der Verschleißprüfung ertüchtigt werden. Bei diesen Anlagen wird die Menge des, aus einer definierten Strahldüse austretenden, Strahlmittels im Wesentlichen durch den Betriebsdruck der Strahlpistole bestimmt. Versuche haben ergeben, dass die Menge und die Geschwindigkeit des Strahlmittels, trotz konstantem Betriebsdruck, stark variieren. Für den originären Einsatzzweck der Strahlanlage stellt dies kein Problem dar, jedoch für die tribologische Verschleißprüfung, da sich dadurch die Beanspruchungen nicht reproduzieren lassen. Diese Untersuchung möchte einen Beitrag zur Überwachung von Strahlverschleißprüfungen mittels Schallemissionsanalyse leisten.

Beitrag zur Überwachung von Strahlverschleiß-prüfungen beschichteter Bauteile mittels Schallemissionsanalyse

Prof. Dr. Burkhard Ziegler
Dipl. Ing.(FH) Miriam Dill

TECHNISCHE HOCHSCHULE MITTELHESSEN THM CAMPUS GIESSEN
ME

21. Kolloquium Schallemission, Fulda 2017 – Vortrag 6

Inhalt

- Motivation
- Verwendetes Equipment
- Strahlmitteldosierung und -transport
- Strahlpistole / Strahldüse
- Massenstrombestimmung
- Versuchsaufbau Strahlversuche
- Strahlversuche und Ergebnisse
- Zusammenfassung und Ausblick
- Referenzen / Literatur

Prof. Dr. B. Ziegler, Dipl. Ing.(FH) M. Dill
21. Kolloquium Schallemission 2017

Motivation:

Ist mittels SEA eine handelsübliche (Sand-) Strahlanlage für den Gebrauch in der Verschleißprüfung zu befähigen?

Randbedingungen:

- Strahlanlage soll ihre Funktionalität behalten
- Einsatz von Standard (SE)–Messtechnik
- Reproduzierbare Strahlbeanspruchung der Proben
- Möglichkeit der Dokumentation des Beanspruchungsverlaufes

Verwendetes Equipment

SE-Messtechnik der Fa. Mistras:
- WD-Breitbandsensor
- Vorverstärker
- 1283-USB-AE Node™ Modul
- AEwin™ for USB:
  - Trigger 40dB
  - Bandpass: 100kHz-600kHz
  - Sample Rate 5MSPS
  - Parametrics 1; 50ms

Strahlanlage Fa. MHG GmbH
Typ SMG-45/1, siehe Bilder
Minipistole MH, Strahldüse d_i = 4mm

Strahlmittel: Normalkorund 44 - 74µm

Differenzdrucksensor
Fa. JUMO
Typ 4 ADI-10-010/83
Messbereich: 0 – 250mbar
Signalspannung: 0 – 10V

Strahlmitteldosierung und -transport

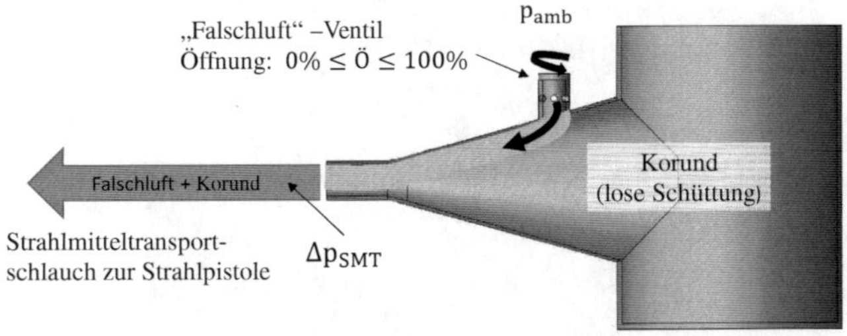

p_{amb} - Umgebungsdruck [mbar],
Δp_{SMT} - Unterdruck im Strahlmitteltransportschlauch [mbar],
Ö - Öffnung des Falschluftventils [%].

Prof. Dr. B. Ziegler, Dipl. Ing.(FH) M. Dill
21. Kolloquium Schallemission 2017

3

Strahlpistole / Strahldüse

Anschluss für den Verbindungsschlauch zum Differenzdrucksensor.
Durch die Anbohrung senkrecht zur Strömungsrichtung wird der Unterdruck im Strahlmitteltransportschlauch gemessen

$$0\text{mbar} \leq \Delta p_{SMT} \leq 50\text{mbar}$$
$$(\Delta p_{SMT,max} = 500\text{mbar})$$

Δp_{TM} - Überdruck des Treibmittels (Luft) [bar],
Δp_{SMT} - Unterdruck im Strahlmitteltransportschlauch [mbar],
c_{SM} - Mittlere Geschwindigkeit des Strahlmittels [m/s],
c_{TM} - Mittlere Geschwindigkeit des Treibmittels [m/s],
$\dot{m}_{SM}$ - Massenstrom des Strahlmittels (Korund) [g/120s].

Prof. Dr. B. Ziegler, Dipl. Ing.(FH) M. Dill
21. Kolloquium Schallemission 2017

4

Versuchsaufbau Massenstrombestimmung

15mm

Auffangrohr
d_i = 36mm

Zum Differenz-
drucksensor

Strahlmittel-
zufuhr

Treibmittel-
zufuhr

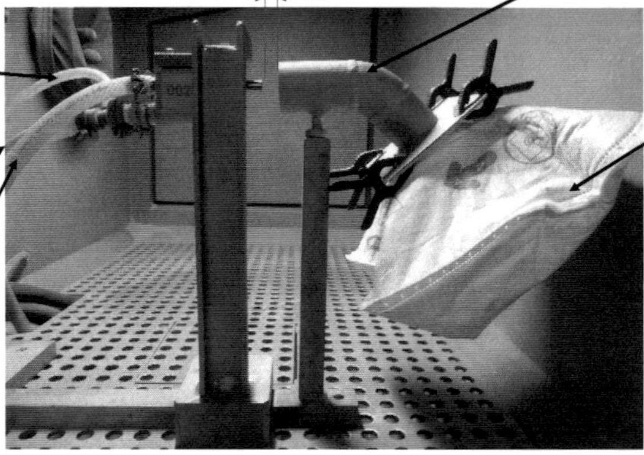

Staubbeutel
swirl Y101

Prof. Dr. B. Ziegler, Dipl. Ing.(FH) M. Dill
21. Kolloquium Schallemission 2017

5

Massenstrom und Unterdruck versus Treibmitteldruck

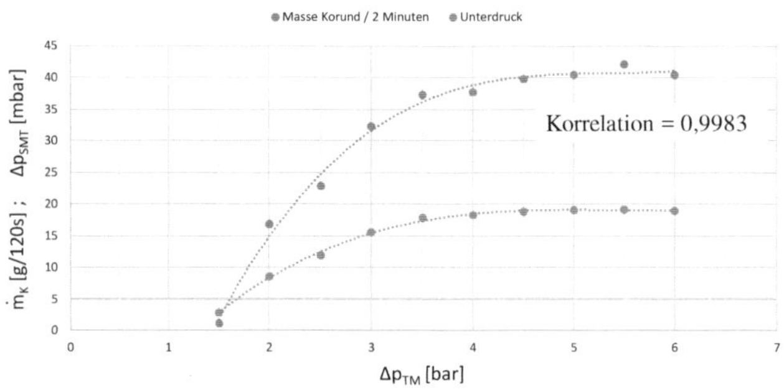

Prof. Dr. B. Ziegler, Dipl. Ing.(FH) M. Dill
21. Kolloquium Schallemission 2017

6

Versuchsaufbau Strahlversuche

Proben- und SE-Sensorhalterung

Die Korundpartikel treffen ungefähr senkrecht auf die Probenoberfläche:

→ Anstrahlwinkel $\alpha \approx 90°$ (Prallstrahlverschleiß)

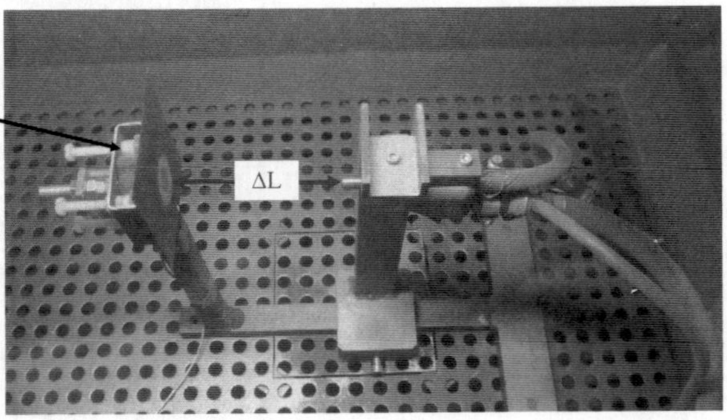

ΔL - Strahlabstand [mm],
α - Anstrahlwinkel [°].

Prof. Dr. B. Ziegler, Dipl. Ing.(FH) M. Dill
21. Kolloquium Schallemission 2017

7

Proben- und SE-Sensorhalterung

Probe:
verzinktes Stahlblech, schwarz lackiert ($100 \times 100 \times 1{,}5$mm)

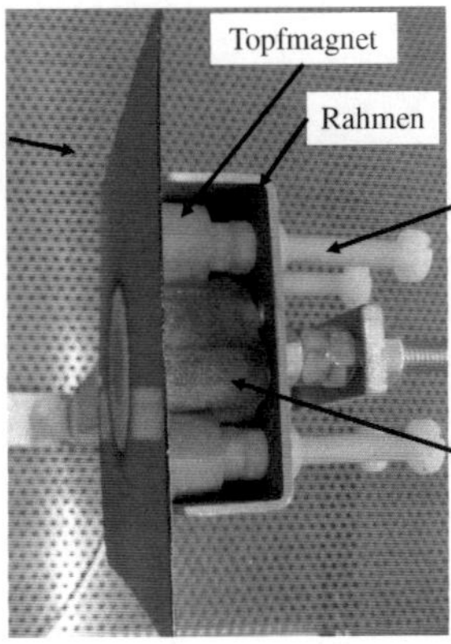

Polyamidschrauben und -muttern

SE-Sensor + Sanitärfett

Sensorhalterung (Schaumstoff + Pertinax® -Unterlage)

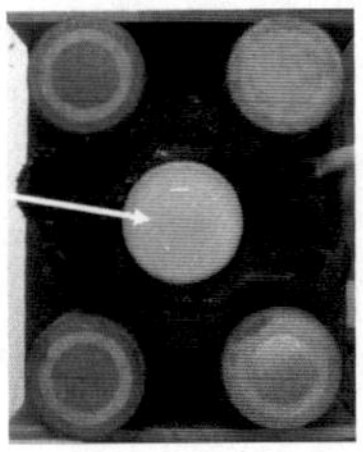

Ansicht ohne Probe

Prof. Dr. B. Ziegler, Dipl. Ing.(FH) M. Dill
21. Kolloquium Schallemission 2017

8

Versuche und Ergebnisse 1/6

Verschleißbilder

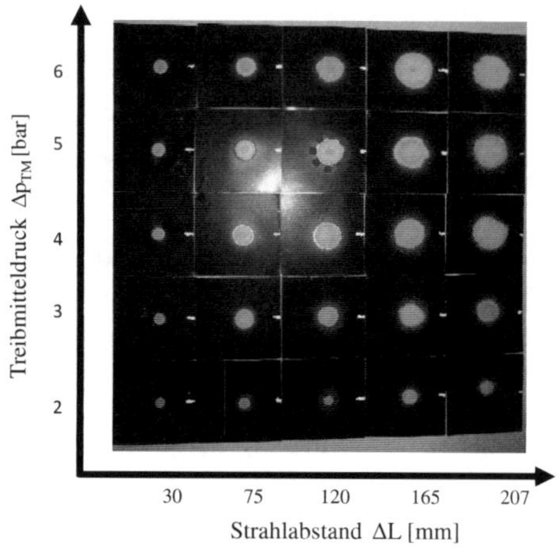

Versuchsparameter

Δp_{TM} = variabel
ΔL = variabel
Ö = 70% = konst.
α ≈ 90° = konst.
Probe: Stahlblech

Durchmesser = 32mm

Prof. Dr. B. Ziegler, Dipl. Ing.(FH) M. Dill
21. Kolloquium Schallemission 2017

9

Versuche und Ergebnisse 2/6

Treibmitteldruck

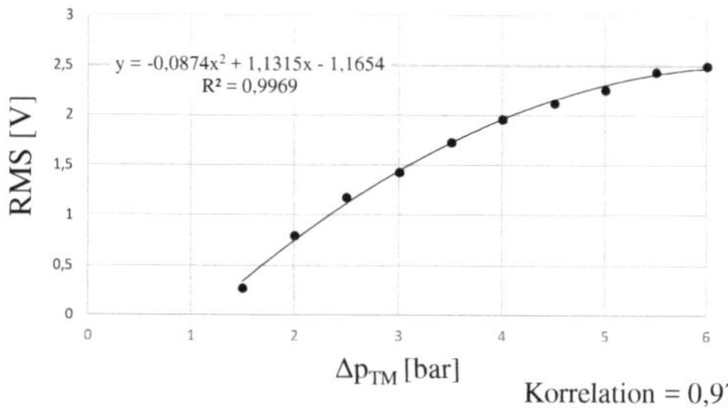

Korrelation = 0,9723

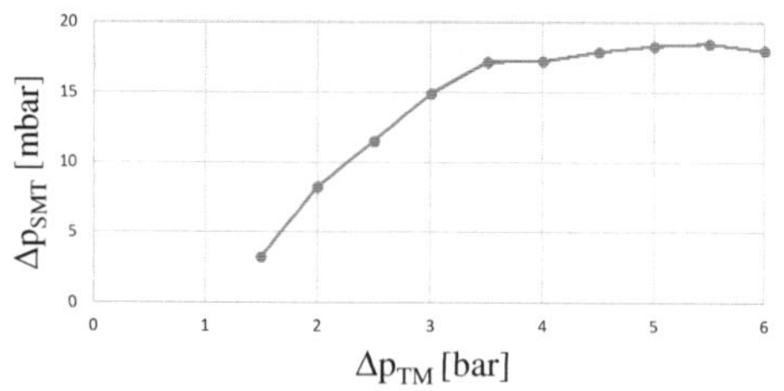

Versuchsparameter

Δp_{TM} = variabel
ΔL = 120mm = konst.
Ö = 70% = konst.
α ≈ 90° = konst.
Probe: Stahlblech

Prof. Dr. B. Ziegler, Dipl. Ing.(FH) M. Dill
21. Kolloquium Schallemission 2017

10

Versuche und Ergebnisse 3/6

Strahlabstand

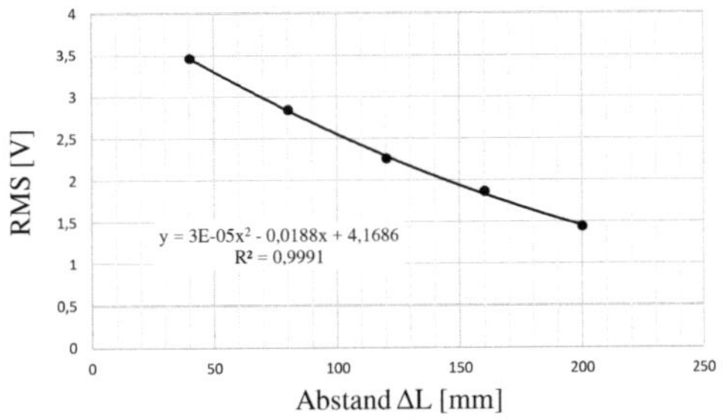

Versuchsparameter

ΔL = variabel
Δp_{TM} = 5bar = konst.
Ö = 70% = konst.
α ≈ 90° = konst.
Probe: Stahlblech

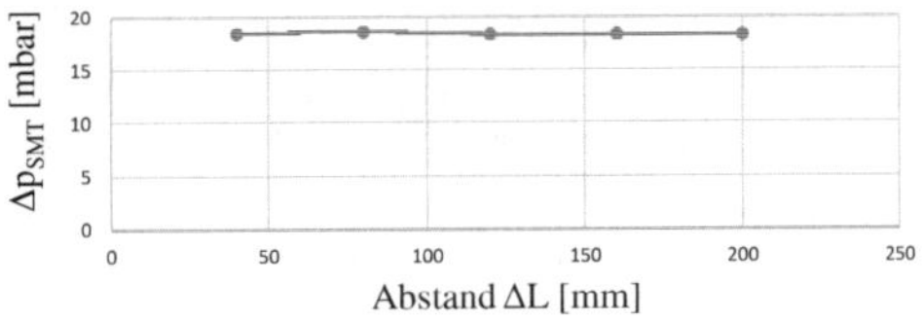

Prof. Dr. B. Ziegler, Dipl. Ing.(FH) M. Dill
21. Kolloquium Schallemission 2017

11

Versuche und Ergebnisse 4/6

Unterschiedliche Öffnung des Falschluftventils

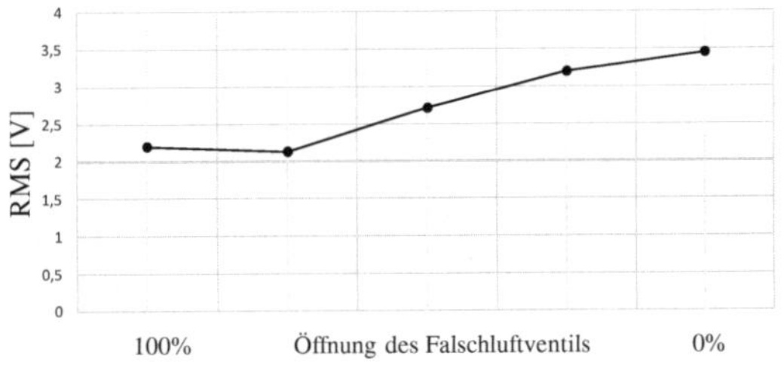

Korrelation = 0,9906

Versuchsparameter

Ö = variabel
ΔL = 120mm = konst.
Δp_{TM} = 5bar = konst.
α ≈ 90° = konst.
Probe: Stahlblech

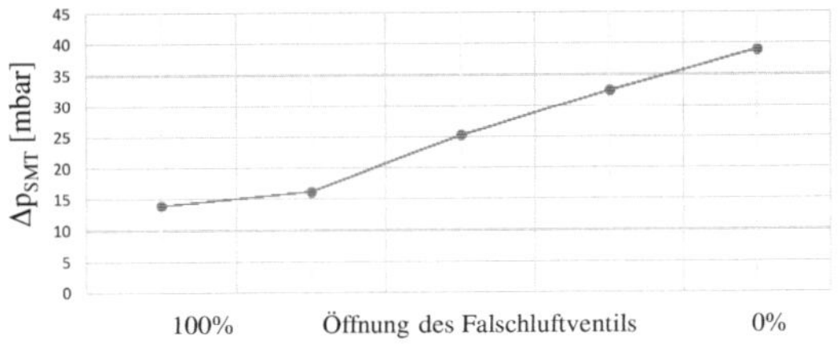

Prof. Dr. B. Ziegler, Dipl. Ing.(FH) M. Dill
21. Kolloquium Schallemission 2017

12

Versuche und Ergebnisse 5/6

Unterschiedliche Proben

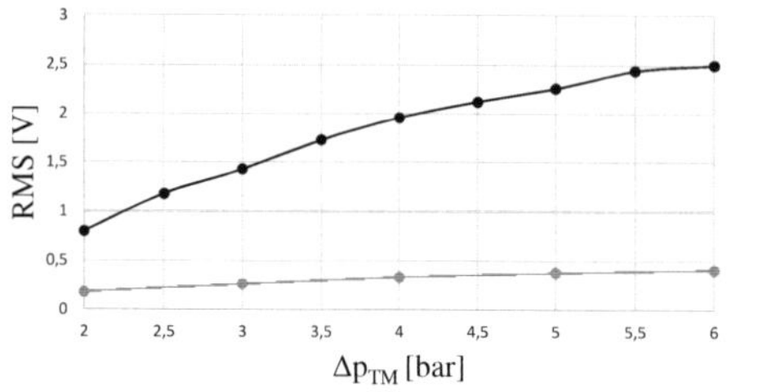

Korrelation = 0,9997

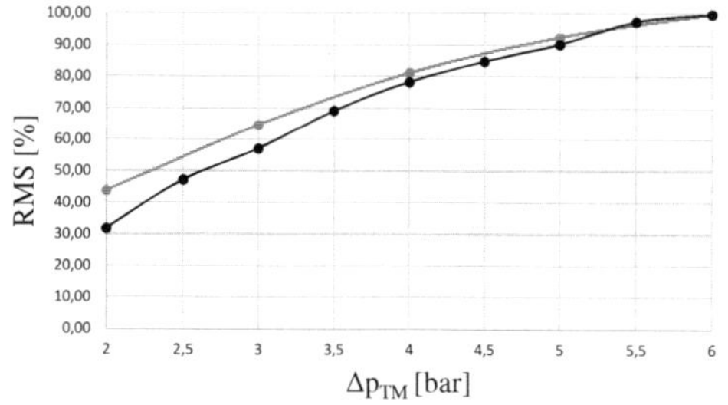

Versuchsparameter

ΔL = variabel
Δp_{TM} = 5bar = konst.
Ö = 70% = konst.
α ≈ 90° = konst.
Proben: Stahlblech
Graugussplatte

Versuche und Ergebnisse 6/6

Unterschiedliche Proben und Probengeometrien

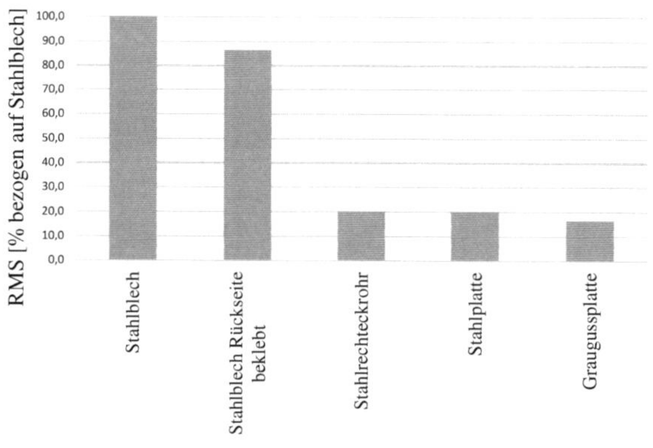

Versuchsparameter

Δp_{TM} = 5bar = konst.
ΔL = 120mm = konst.
Ö = 20% = konst.
α ≈ 90° = konst.

Proben:
- Stahlblech (100 × 100 × 1,5),
- Stahlblech, Rückseite beklebt mit Gewebeband (ohne Sensorfläche)
- Stahlrechteckrohr (80 × 40 × 2,5)
- Stahlplatte (100 × 140 × 20)
- Graugussplatte (56 × 62 × 7)

Zusammenfassung und Ausblick

- Der RMS-Wert reagiert reproduzierbar auf Änderungen des Treibmitteldrucks, des Strahlabstands oder des Massenstroms (Strahlmitteltransportdruck).
- Der Treibmitteldruck und der Apparat zur Strahlmitteldosierung (Falschluft) haben einen großen Einfluss auf den Massenstrom des Strahlmittels und damit auf den RMS-Wert.
- Unterschiedliche Proben (Werkstoff, Geometrie) ergeben unterschiedliche maximale RMS-Werte. Die RMS-Verläufe der einzelnen Proben korrelieren jedoch sehr stark.

➢ Nach Meinung der Verfasser ist die SEA im vorliegenden Fall zur reproduzierbare Einstellung und Dokumentation der Strahlbeanspruchung von Materialproben einsetzbar.
Der Verschleiß einer Materialprobe hängt bei konstanter Strahlbeanspruchung von deren Oberflächenzustand und deren Stoffeigenschaften ab.

❖ Der Einfluss des Probenverschleißes (auch einer evtl. Beschichtung), des Auftreffwinkels und des Strahlmittels auf die RMS-Werte bedürfen der weiteren Untersuchung.

Danksagung

Die vorliegende Untersuchung wurde innerhalb des Projektes opticoat realisiert.

LOEWE
Exzellente Forschung für Hessens Zukunft

Dieses Projekt (HA-Projekt-Nr. 488/15-30) wird im Rahmen von Hessen ModellProjekte aus Mitteln der LOEWE - Landes-Offensive zur Entwicklung Wissenschaftlich-ökonomischer Exzellenz, Förder-linie 3: KMU-Verbundvorhaben gefördert.

HESSEN
HessenAgentur
HA Hessen Agentur GmbH

Weitere Informationen unter
www.innovationsfoerderung-hessen.de

Die Verfasser danken für die Unterstützung.

Referenzen / Literatur

Czichos, H., Habig, K.-H., *Tribologie-Handbuch*, 3. Auflage, ISBN 978-3-8348-0017-6, Verlag Vieweg und Sohn Wiesbaden. 2010.

Kiess, *Grundlagen der Strahltechnik*, Fa. Kies, GmbH, Mühlheim/Ruhr, http://www.kiess.de/start/?L=02012, 2017

MHK, *Betriebsanleitung Strahlanlage Modell SMG*, Fa. MHG GmbH, Düsseldorf, 2012

Reuss, G., *Beitrag zur Überwachung des thermischen Spritzprozesses mittels Schallemissionsanalyse*, Diss. TU Dortmund, 2001.

Scheer, Ch., Brüggemann, P., Reimche, W., *Beurteilung des Entschichtungszustands beim Trockeneisstrahlen mittels Analyse und Ortung von Schallemissionssignalen*, Leibniz Universität Hannover, 16. Kolloquium Schallemission 2007

Zielke, R., Tillmann, W., Wang, G., Abdulgader, M. *Schallemissionsanalyse zur Prozessüberwachung beim thermischen Spritzen, Lehrstuhl für Werkstofftechnologie*, Technische Universität Dortmund, DGZfP DACH Jahrestagung Graz, 2012.

Prof. Dr. B. Ziegler, Dipl. Ing.(FH) M. Dill
21. Kolloquium Schallemission 2017

17

Bewertung mechanischer Belastbarkeit an Leichtbaustrukturen mit Hilfe der Schallemissionsanalyse SEA

Jörg SUBKE [1], Olaf NALIK [1], Udo WOLF [2], Hans-Joachim SCHWALBE [1], Gerd MANTHEI [1], Jörg GOLLNICK [1]
[1] THM Technische Hochschule Mittelhessen, Gießen
[2] Hochschule Fulda, Fulda
Kontakt E-Mail: joerg.subke@lse.thm.de

Kurzfassung. In der Entwicklung von Leichtbaumaterialien spielen die Materialkennwerte und der geometrische Aufbau der Strukturen eine wesentliche Rolle. Ziel dieser Studie ist es, bei einem Belastungsexperiment den Einfluss der Strukturgeometrie der Materialprobe zu untersuchen und die Rissdynamik mit Hilfe der Schallemissionsanalyse SEA zu dokumentieren.

Mit Hilfe von CAD-Tools wurde ein Probekörper entwickelt, der über einen dreischichtigen Aufbau verfügt; die erste Schicht besteht aus einer kompakten Materialschicht, während die anderen beiden Schichten mit Hohlraum-Konstruktionen aufgebaut sind. Die Hohlraum-Konstruktionen der beiden Schichten haben einen gleichartigen Aufbau, unterscheiden sich aber in der Kantenlänge.

Vorbild für die Materialprobe ist der Ausschnitt eines menschlichen Röhrenknochens, der im äußeren Bereich eine kompakte Struktur und im inneren Bereich eine Hohlraum-Struktur aufweist.

Um vergleichbare Proben für die Belastungstests zu erhalten, wurde zur Herstellung der Proben ein 3-dimensionales Druckverfahren gewählt, bei dem Acrylnitril-Butadien- Styrol-Material (ABS) als Druckmaterial verwendet wurde.

Die Belastung erfolgte in einer Vierpunktbiegevorrichtung im linear-elastischen Spannungs-Dehnungsbereich. Während der Belastung wurde die Schallemission der Probe erfasst. Die Korrekturfunktion zur Bestimmung des KIC-Wertes des Werkstoffes wurde über eine Compliance-Eichung ermittelt. Anschließend wurden die Proben bis zum Bruch belastet. In der Auswertung wurden die äußeren Kräfte und die Impulssumme der akustischen Risssignale der Dehnung gegenüber gestellt sowie der Verlauf des Risssystems betrachtet.

Die SEA dient der Bewertung der bruchmechanischen Versagensabläufe in den Proben und zum Vergleich, wie sich die Materialproben unterschiedlichen Aufbaus hinsichtlich der äußeren Belastung verhalten.

0. Einführung

In der Technik werden aus verschiedenen Gründen Leichtbaustrukturen verwendet, die zum Teil aus der Bionik abgeleitet werden. Die Leichtbaustrukturen zeichnen sich durch geringes Gewicht und hohe Stabilität aus.

In der Entwicklung von Leichtbaustrukturen stellt sich die Frage nach der Prüfung der Belastbarkeit. Zum einen wird die Finite Elemente Methode angewendet, um die

Belastungsgrenzen zu berechnen, zum anderen werden Probekörper auf Prüfständen bis zum Bruch belastet. Eine experimentelle Methode zur Dokumentation der Mechanismen des Versagens ist die Schallemissionsanalyse SEA, die zur Prüfung von uns entwickelten Leichtbauträger eingesetzt wird. Ziel der Arbeit ist es, eine Prozedur zur Bewertung für Leichtbauträger auf der Basis der SEA zu entwickeln. Ein erster Schritt ist das Verfahren ähnlich dem KIC-Verfahren aufzubauen, wie es zur Analyse von Verbundwerkstoffen von Schwalbe [1] eingesetzt worden ist.

1. Methode

1.1 Belastungsprobe der Leichtbaustruktur

Als bionisches Entwurfsvorbild wurde der prinzipielle Aufbau eines Röhrenknochens genommen, der aus einer kompakten äußeren Schicht und einer komplexen inneren Hohlraumstruktur besteht. Als Modellvorlage wurde ein Ausschnitt des kreisförmigen Querschnitts genommen und stark vereinfacht. Als erstes Probendesign wurde ein 3-schichtiges Modell gewählt, bei dem die erste Schicht als kompakter Körper und die beiden weiteren Schichten als unterschiedlich große rechteckige Hohlraumstrukturen mit der Wanddicke von 1mm gewählt wurden (Abb.1). Die äußeren Maße des Trägers (Tab. 1) wurden anhand der Geometrie einer vorgegebenen Prüfeinrichtung [2] ermittelt und mit einem CAD-Tool aufgebaut (Abb. 2).

Abb. 1. Querschnitt einer gedruckten Probe mit Halter (gelb).

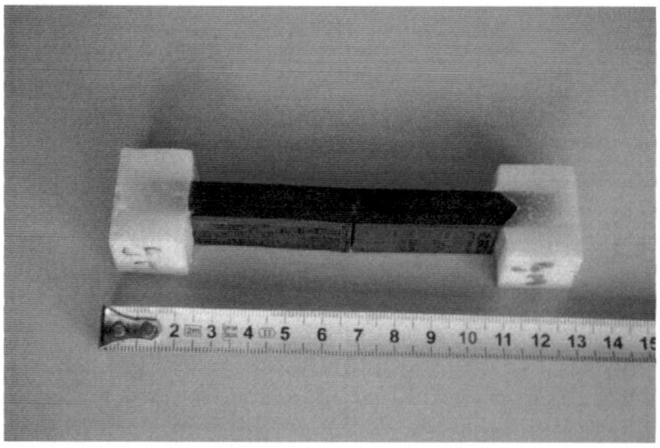

Abb. 2. Gedruckte Probe mit Technovit-Halter (gelb).

Tabelle 1. Probenkonstanten

Probenbreite B[mm]	Probenhöhe W[mm]	Länge L[mm]	Widerstandsmoment $W_B[mm^3]$
19	11	128	146,5

Ein weiterer Aspekt bei der Probenentwicklung war die Herstellung von gleichartigen Probekörpern, um eine Reproduzierbarkeit bei den Belastungsmessungen zu erreichen. Dazu wurde zur Probenherstellung ein 3D-Druckverfahren der Firma Sintermask (Modell Fabbster) gewählt, mit dem die feinen Strukturen der Hohlraumstruktur hergestellt werden können. Zum Druck der Proben wurde ein ABS-Material (ABS schwarz) mit einem durchschnittlichen E-Modul=2500MPa und Poissonzahl=0.3 eingesetzt. Für den Belastungstest in der K-Methode [3] wird bei den Proben eine Kerbe benötigt, die nach dem Druck der Probe zugefügt wurde. Bei der Versuchsreihe wurden 3 Proben verwendet, die eine Kerbtiefe a von 1mm, 2mm und 3mm aufwiesen.

Tabelle 2. Probenkerben und Verhältnis Kerbtiefe zu Probenhöhe

Probe	Kerbtiefe a[mm]	Verhältnis a/W
LP1	1	0,096
LP3	2	0,182
LP5	3	0,273

1.3 Schallemissionsmesssystem

Für die Dokumentation der emittierten Schallsignale wird ein Messsystem von Physical Acoustics Corporation verwendet (Abb. 3). Die Sonde hat einen Frequenzumfang von 0 bis 200 kHz, deren Amplitudenmaximum bei 50.78 kHz liegt. Mit dem Vorverstärker Power Preamplifier IL-LP-15D wird die Bandbreite der Signale auf 50 kHz bis 770 kHz eingeschränkt. Als weiteres Glied in der Messkette wurden die Filter auf Lower = 40 kHz und Upper=120 kHz eingestellt. Die Samplerate wurde auf 500 kSPS festgelegt und die Defaultwerte der Parameter Pretrigger, Length, PDT, HDT, HLT belassen. Zur besseren akustischen Ankoppelung der Sonde an die Probe wurde ein Ultraschallgel benutzt.

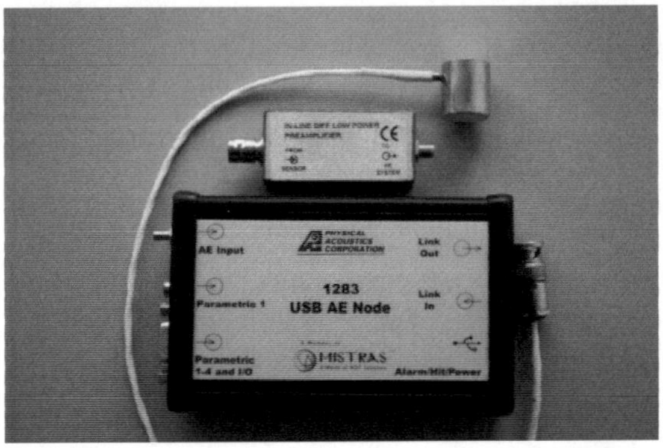

Abb. 3. SEA-Messsystem Physical Acoustics Corporation.

1.4 Belastungsprüfstand

Das Belastungsverfahren sieht eine Vierpunktbiegung des Probenkörpers vor, um die Probe mit einem konstanten Moment zu belasten (siehe Abb. 4). Links und rechts sind die Probenhalter, die jeweils über zwei Lager verfügen. Der Abstand der Lager an einem Halter entspricht dem Hebel, der zusammen mit der aufgebrachten Kraft das Drehmoment ergibt. Durch diese Anordnung wird ein Drehmoment erzeugt, das über die gesamte Länge des Probenkörpers gleichmäßig einwirkt. Die Halterungen der Vierpunktbiegevorrichtung wurden mit Pertinax-Platten versehen, bis der Schall der Prüfmaschinengeräusche abgekoppelt war.

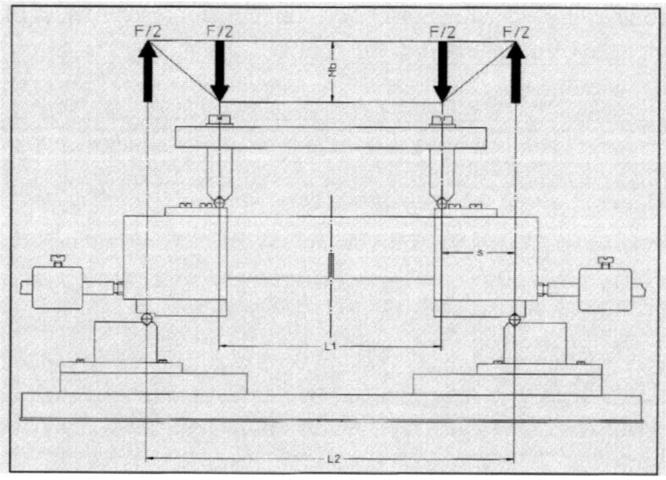

Abb. 4. Vierpunktbiegevorrichtung zur Belastung der Proben nach Burk [2].

Zur Belastung der Proben wurde eine servohydraulische Universal-Axialprüfmaschine PSA der Firma Schenk verwendet, die über eine Steuer- und Regelungseinheit, 4900 Digital Controller Pegasus verfügt. Die Kraft wurde mit einem Sensor PM 40 Rn (10V = 40 kN) und die Weglänge mit einen induktiven Sensor WA50, HBM (10V = 50mm) aufgenommen. Die kinematischen Einstellungen der dynamischen Belastung sind aus der folgenden Tabelle zu entnehmen.

Tabelle 3. Kinematische Einstellungen PSA (Einspannvorrichtung)

Proben	**Weglänge ΔL [mm]**	**Verfahrgeschwindigkeit [mm/sec]**
LP1, LP3, LP5	16,3	0,16

1.5 KIC-Verfahren

In der Bruchmechanik wird die K-Methode angewendet, um die charakteristischen Materialkennwerte zu bestimmen. Die Anwendung erfolgt nach dem Vorgehen von Schwalbe [1], der das Verfahren bei Verbundwerkstoffen aus Kunststoff und Fasern eingesetzt hat. Dabei ist zu beachten, dass die Anwendung dieser Methode auf den beschriebenen Leichtbauträger eine erste Näherung darstellt. Die experimentelle Bestimmung des Spannungsintensitätsfaktors sieht folgende Vorgehensweise vor:

Es werden gleichartige Proben mit unterschiedlichen Kerben versehen, die linear-elastisch in der Vierpunktbiegevorrichtung eingespannt werden. Durch die Änderung der Position der unteren Einspannvorrichtung wird eine Kraft auf die Vierpunktbiegevorrichtung erzeugt, die durch die Verdrehung der Probenhalter auf beiden Seiten ein konstantes Moment über die gesamte Länge der Probe bewirkt. Die Weglänge ΔL und die erzeugte Kraft F_B werden durch die Sensoren aufgenommen. Über die beiden gemessenen Größen wird die Compliance der einzelnen Proben berechnet und in Abhängigkeit der Kerbtiefe a, skaliert auf die Probenweite W dargestellt. Die Ableitung der Compliance dN/d(a/W) wird benötigt, um den Korrekturfaktor (G.3) für den Spannungsintensitätsfaktor KI (G.1) zu bestimmen [3]. Unter Berücksichtigung der Spannung σ, die zusätzlich vom Widerstandsmoment W_B abhängig ist (G.2), der Kerbtiefe a und des Korrekturfaktors f(a/W) wird der KI-Wert berechnet.

$$KI = \sigma \cdot \sqrt{\pi \cdot a} \cdot f(a/W) \tag{G.1}$$

$$\sigma = \frac{F_B \cdot s}{W_B} \tag{G.2}$$

$$f(a/W) = \sqrt{\frac{E}{1-n} \cdot \frac{W \cdot B}{2 \cdot a \cdot \pi} \cdot \frac{dN}{d(a/W)}} \tag{G.3}$$

Während des Belastungsvorgangs wird simultan die Schallemission der Probe aufgezeichnet. Nach Schwalbe [1] wird die Probe dreimal zyklisch bis zur der Wegposition, bei der das erste Burstsignal aufgetreten ist, belastet. Danach wird die Probe bis zum Bruch belastet und die Impulssumme der Schallsignale in Abhängigkeit der Wegänderung aufgezeichnet, die das Wachstum des Risssystems repräsentiert. Der KI-Wert beim Bruch wird als kritischer Faktor KIC bezeichnet.

2. Ergebnisse

2.1 Bestimmung der Compliance

Es wurden insgesamt 3 Proben untersucht. Für die Compliance wurde zuerst die Korrekturfunktion f(a/W) bestimmt. Dazu wurden die Kraft-Weg-Diagramme der 3 Proben im linear-elastischen Bereich bei der Kraft F= 40N zur Bestimmung der Weglängen ΔL_i (i=1, 2, 3) herangezogen, um die Compliance-Funktion $N=\Delta L/F$ in Abhängigkeit des Verhältnisses Kerbtiefe zu Probenhöhe a/W zu erhalten. Für die Ableitung der Compliance wurde die Trendkurve der Compliance-Funktion ermittelt, die ein Polynom 2. Grades ergab.

Unter Verwendung der Änderung der Compliance wird nach der K-Methode der Korrekturfaktor f(a/W) bestimmt. In diesen Faktor gehen zusätzlich zur Änderung der

Compliance das E-Modul, die Breite B, die Höhe W, die Kerbtiefe a und die Poisson-Zahl ν ein [3].

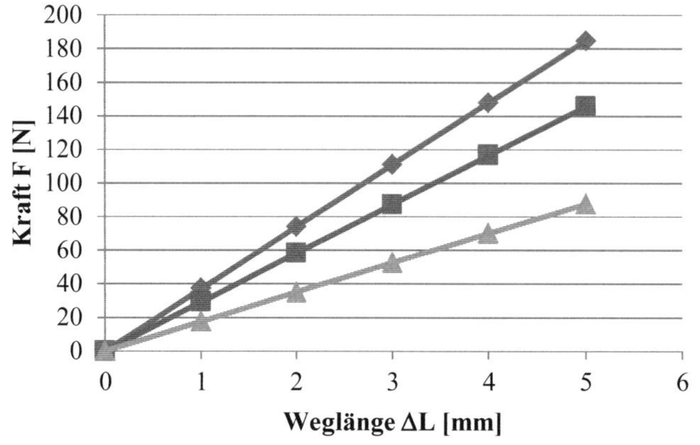

Abb. 5. Kraft-Weglängen-Verläufe der 3 Proben LP1 (Raute), LP3 (Quadrat), LP5 (Dreieck).

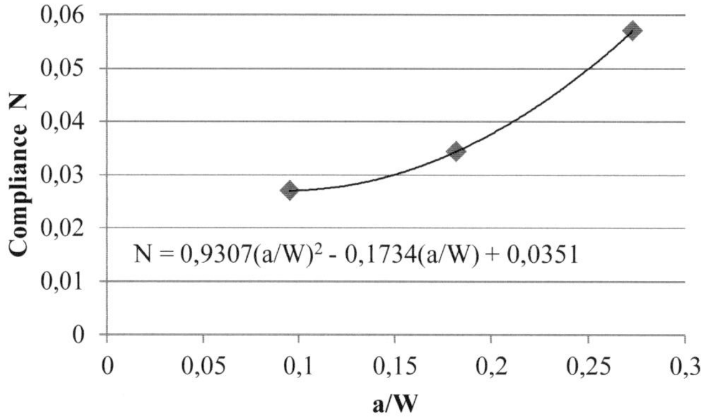

Abb. 6. Compliance N der Proben in Abhängigkeit der Kerbtiefe a skaliert auf die Probenhöhe W.

2.2 Bestimmung des kritischen KI-Faktors KIC

Anhand der SEA-Signale, die als Impulssumme dargestellt sind, sieht man den nichtlinearen Verlauf bei den einzelnen Proben. Der anfängliche, im Mittel lineare Anstieg der Impulssumme ändert sich zu einem exponentiellen Verlauf, der das Zusammenwachsen des Risssystems zeigt, das zum Bruch der Probe führt. Der KIC-Faktor wird am Ende der Impulssumme aus den o.g. Größen bestimmt. Als KIC-Zeit wurde bei den Proben der Zeitpunkt genommen, ab dem die plastische Verformung der Probe einsetzt (Abb. 7).

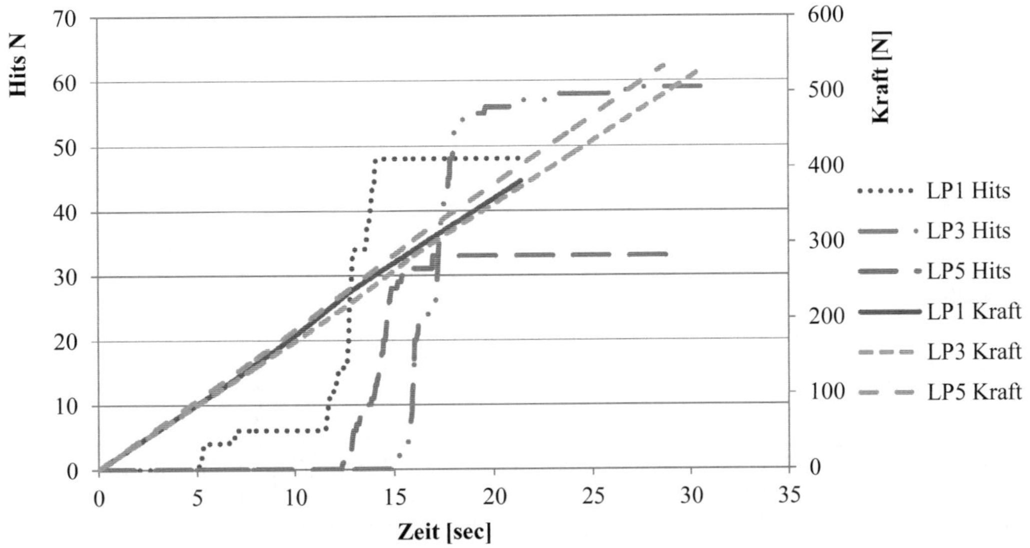

Abb. 7. Impulssummen der SEA-Signale und Kraftverläufe der Proben LP1, LP3, LP5.

Tabelle 4. Bestimmung des KI-Faktors beim Bruch (KIC)

Probe	Kerbtiefe[mm]	KIC Zeit [sec]	Kraft [N]	f(a/W)	KIC [N/mm$^{2/3}$]
LP1	1	14,08	257,57	5,97	429,32
LP3	2	18,08	318,86	37,03	4545,78
LP5	3	15,48	293,46	52,97	7291,88

3. Diskussion

Die Ergebnisse zeigen, dass die Nachgiebigkeit bzw. Compliance der Probe zunimmt, wenn die Probe tiefer gekerbt ist. D.h. im Kraft-Dehnungs-Diagramm nimmt die Steigung der Kurven bei zunehmender Kerbtiefe ab. Dies zeigt sich ebenfalls in der Darstellung der Compliance, die parabolisch in Abhängigkeit der Größe a/W ansteigt. Die Änderung der Compliance dN/d(a/W) zeigt bei diesen 3 Proben ein lineares Verhalten.

Betrachtet man die Impulssummen der Proben LP1, LP3 und LP5, erkennt man im Kurvenverlauf einen annähernd kontinuierlichen Verlauf sowie Stufen, die Hinweise auf einen nicht stetigen Rissverlauf geben, was mit dem inhomogen Querschnitt der Probe erklärt werden kann. Vergleicht man die Proben untereinander, so erkennt man, dass im Kurvenverlauf der Proben mit der tieferen Kerbe (LP3 und LP5) die Unstetigkeiten weniger stark ausgeprägt sind. Das Material geht annähernd kontinuierlich auseinander und verhält sich aufgrund zerstörter Inhomogenitäten in der Tragwerksstruktur tendenziell wie ein homogenes Material. Gegen Ende des Belastungsvorgangs zeigt sich bei den Proben kein vollständiger Bruch. Die Proben leisten noch einen gewissen Widerstand, der im zeitlichen Verlauf fast nicht mehr zu weiteren SEA-Signalen führt. Der Zeitpunkt, ab dem dieses o.g.

Verhalten einsetzt, wird als KIC-Zeit festgelegt und die zu diesem Zeitpunkt aufgenommenen Kraftgrößen zur Berechnung des KIC verwendet. Nach Tabelle 4 steigt der Wert des KIC mit der Tiefe der Probenkerbe.

Vergleicht man die Reihung der Proben nach Compliance mit der Reihung der Impulskurven, so stellt man fest, dass bei den Impulssummen die Proben anders gereiht sind. Die Erwartung, dass sich die Impulssummen nach der Tiefe der Kerbe der Proben reihen, wird nicht erfüllt.

4. Zusammenfassung und Ausblick

Im Vergleich zur Prüfung von genormten Proben nach ASTM [3, 4] liegen bei Leichtbaustrukturen Probekörper vor, bei denen sowohl das Material als auch der geometrische Aufbau der Probe entscheidend in den Versagensmechanismus eingehen. Bei komplexen Prüfkörpern, wie oben gewählt, gibt es Materialgebiete, in denen eine kontinuierliche Rissentwicklung und Materialgebiete, in denen aufgrund der Hohlraumkonstruktion eine diskontinuierliche Rissentwicklung stattfindet. Der Versagensprozess kann mit Hilfe der Schallemissionsanalyse verfolgt werden und liefert anhand des Verlaufes der Impulssumme eine Information darüber, wie die Leichtbaukonstruktion kollabiert. Die Anwendung der KIC-Methode stellt eine erste Näherung dar, die einen Anhaltspunkt für einen kritischen Materialwert liefert, der sowohl Material wie auch Geometrieabhängig ist. Das bedeutet, dass weitere Untersuchung bezüglich der Probengeometrie durchgeführt werden müssen, um z.B. in einer Hohlraum-Konstruktion den Zusammenbruch der Probe durch kritische Faktoren definieren zu können. Ebenso muss der Prozess der Probenherstellung über das 3D-Druckverfahren weiter optimiert werden.

Referenzen

[1] Schwalbe H-J. Rißzähigkeit glasfaserverstärkter Kunststoffe. Fakultät für Maschinenbau, Dissertation RWTH Aachen, 1981

[2] Burk O. Bruchmechanische Untersuchung am humanen Femur mit Hilfe der Schallemissionsanalyse. Diplomarbeit, Fachbereich Maschinenbau und Feinwerktechnik, Fachhochschule Gießen-Friedberg, 1998

[3] Heckel K. Einführung in die technische Anwendung der Bruchmechanik. Carl Hanser-Verlag, 1991

[4] Hahn HG. Bruchmechanik. Teubner Studienbücher. Stuttgart 1976

Einsatzmöglichkeiten der Schallemissions-analyse zur Feststellung des Befalls von Bauhölzern mit Trockenholzinsekten

Burkhard ZIEGLER [1]
[1] Technische Hochschule Mittelhessen, FB ME,
Wiesenstr. 14, 35390 Gießen

Kontakt E-Mail: Burkhard.Ziegler@me.thm.de

Kurzfassung Die Natur besetzt alle ökologischen Nischen, zum Beispiel auch Bauhölzer, die als Sparren oder Fetten in Dachkonstruktionen eingesetzt werden. Dieser Bericht befasst sich mit den Möglichkeiten der Schallemissionsanalyse zur Detektion und Lokalisation des Schadinsektes Hylotrupes bajulus, das als Hausbock oder fälschlicherweise als großer Holzwurm bezeichnet wird. Die Fraßgeräusche eines Hausbockes im Larvenstadium dienen hierbei als Schallemissionsquelle. Die in unterschiedlichen Entfernungen und Sensorpositionen von der SE-Quelle detektierten Signale werden mit den jeweiligen Aktivitäten der Larve korreliert. Ein Vergleich zwischen den Schallemissionssignalen und dem abgegebenen Hörschall (Lautstärkepegel und Sounddateien) schließt die Untersuchung ab.

1. Einleitung

Holz ist ein natürlicher Baustoff, der schon seit je her mannigfaltig eingesetzt wird. Wie alle organischen Materialien unterliegt auch das Holz dem Stoffkreislauf der Natur. Lebende Organismen (Pflanzen, Tiere) greifen es an und zerstören es. Zur Erhaltung der Nutzbarkeit, z.B. von Bauhölzern, ist es wichtig, diese vor den holzschädigenden Organismen zu schützen (Imprägnierung, Konservierung) oder falls sie befallen sind, dies frühzeitig zu erkennen [1]. Zu den tierische Holzschädlingen zählen vorrangig die Insektenarten, die verbautes Holz schädigen. Jede Insektenart befällt nur Holz, auf das sie sich spezialisiert hat, wichtige Parameter sind dabei z.B. Holzart, -feuchte und -temperatur. Auch die Position innerhalb des Stammquerschnittes, also im Kernholz oder im Splintholz, spielt eine Rolle [2]. Diese Untersuchung beschäftigt sich mit dem Hausbock. Er gilt mit Abstand als größter tierischer Zerstörer von verbautem Holz. Holzzerstörend ist dabei nicht das ausgewachsene Insekt (Imago), sondern ausschließlich die Larve, der das Holz bis zu 8 Jahre lang als Nahrung und Lebensraum dient. Zerfressen werden vorwiegend die weicheren Frühholzschichten, während die härteren Spätholzschichten lamellenartig stehen bleiben [3]. Die Larve zerstört das Splintholz bis kurz vor der Oberfläche und verlässt es erst nach ihrer Verpuppung als Käfer. Dazu nagt dieser sich ein typisches ovales Ausflugsloch. Die Erkennung eines Larvenbefalls wird auch dadurch erschwert, dass außerhalb des befallenen Holzes kein Holzmehl zu erkennen ist. Die genaue Kenntnis der spezifischen Holzparameter (s.o.) und der ehemaligen und aktuellen Raumnutzung lässt den Rückschluss auf eine bestimmte Larvenart zu [4]. Im Verdachtsfall kann man die oberflächennahen Holzschichten aufreißen oder wie in [5] beschrieben mit der Bohrwiderstandsmethode einen evtl. Larvenfraß erkennen. Auch wird das Auftreten von charakteristischen Nagegeräuschen als Befallsindikator genannt [6]. Ein Sensorsystem auf Basis der Körperschalldetektion (50Hz $\leq$ f $\leq$ 30kHz), das auch zum Erkennen des Hausbockes geeignet sein soll, wird in [7] vorgestellt. Nachdem ein Larvenbefall, wie auch immer, entdeckt worden ist, sollte dieser beseitigt werden. Als mögliche Bekämpfungsmethoden kommen dabei Kontaktbiozide [8], Heißluftverfahren, Mikrowellenverfahren [9] oder Unterdruckverfahren [10] zum Einsatz.

Diese Untersuchung soll einen Beitrag leisten, die Schallemissionsanalyse (SEA) zur Detektion und Lokalisation der Larve des Hausbockes nutzbar zu machen. Die Fraßgeräusche einer Larve dienen dabei als Schallemissionsquelle. Der natürliche Lebensraum der Larve war ein ca. 2m langes altes Holzbrett, welches als Stütze in einem Obstbaum diente. Der Verfasser wurde durch kurzzeitige Knackgeräusche aus dem Brett auf dieses aufmerksam. Am gekürzten Brett wurde testweise eine SE-Messung durchgeführt, die Sonde war dazu an der Stirnseite des Brettes mittels Ultraschallgel angekoppelt. Dabei konnten starke SE-Signale an der Stirnseite des Brettes und schwächere Signale an dessen Mantelflächen detektiert werden. Danach erfolgte vorsichtiges Separieren der, bis dahin unbekannten, Schallquelle aus dem Brett. Innerhalb des Brettes befanden sich sehr viele röhrenartige Hohlräume, die teilweise mit holzfarbenem, verdichtetem Pulver gefüllt waren, siehe Bild 1. Die SE-Quelle konnte als Hylotrupes Balujus im Larvenstadium (Länge ca. 20mm, Durchmesser ca. 6mm, Gewicht ca. 0,3gr) identifiziert werden. Anschließend Umsetzung der Larve in den Versuchsaufbau, siehe Kap. 3. Mehrere ovale bzw. runde Löcher in der Brettoberfläche zeigten an, dass dieses Brett auch schon von andern Hausböcken bzw. Holzwürmern frequentiert worden war.

Bild 1. Ursprünglicher Lebensraum der Hausbocklarve

2. Biologie der Larve

Die für diese Untersuchung wichtigsten „Teile" der Larve sind deren Mandiblen, mit denen sie kleine Holzspäne abnagt oder abschält, siehe Bild 2 nächste Seite. „Die einzelne Mandibel besteht aus Chitin, das in der Seitenansicht eine Dreiecksform aufweist......Die Hausbocklarve bewegt beim Nagen den Kopf fast stets von links nach rechts und höhlt eine Rinne oder Furche von geringer Tiefe aus; die abgeschälten Holzteilchen werden mit dem Mundhöhlenboden und den Tastern bei Seite geschoben. Etwa ein Millimeter über oder unter der Fraßfurche nagt die Larve weiter. Es entsteht ein charakteristisches Wellen- oder Riefenmuster auf der Holzoberfläche. Die celluläre Oberflächenstruktur deutet auf eine nur geringe Schärfe der Mandiblenschneide hin, zugleich auch auf einen erheblichen Kraftaufwand der Larve beim Ablösen der Nagespäne" [11] . Die Larve drückt die von ihr produzierten Nagespäne und Kotwalzen, nachfolgend unter „Genagsel" zusammengefasst, mit ihrem Kopf fest zusammen. Es zeigen sich auch dort Rippelstrukturen. Zum Säubern und Schärfen ihrer Fresswerkzeuge bewegt die Larve von Zeit zu Zeit nur eine Mandibel und führt sie an der Schneidekante der anderen Mandibel mehrmals vorbei: man hört dann deutlich „knipsende" Geräusche (vergleichbar dem Fingerschnipsen) [12].

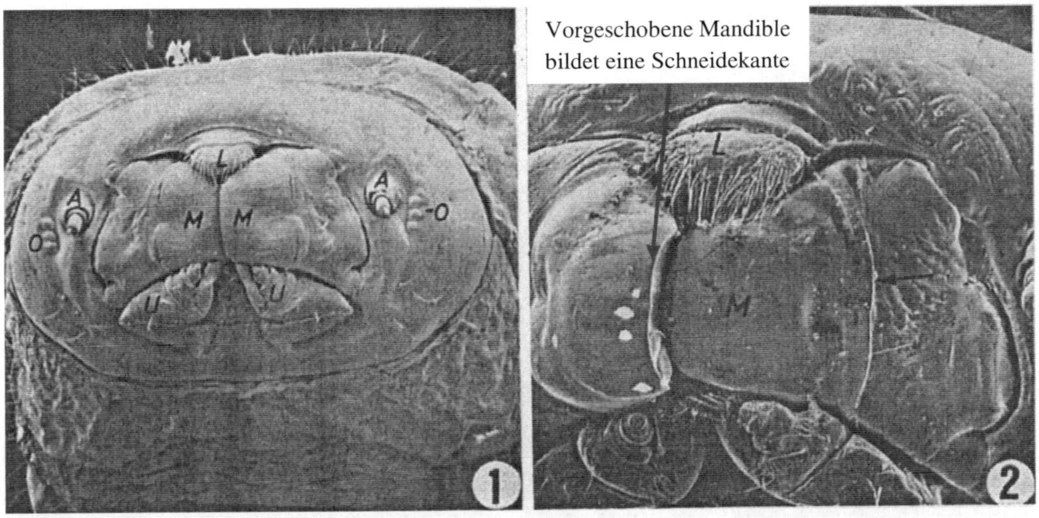

Bild 2. REM Aufnahme eines Larvenkopfes. Antennen, Mandiblen (Oberkiefer), Unterkiefertaster, Ocelen (Lichtsinnesorgane), Labrum („Oberlippe"). Nr. (1) ca. 22 fache, Nr. (2) ca. 42 fache Vergrößerung [11].

3. Versuchsaufbau

Der Beobachtungsraum des Versuchsaufbau bestand aus einem Glasrohr (d_i = 9,8mm, Länge = 200mm), in dem ein handelsüblicher Rundstab aus Kiefernholz (d_a = 9mm) eingebracht war, siehe Bild 3. Die der Raupe zugewandte Stirnseite des Rundstabes wurde hälftig ca. 45°

Bild 3. Die Larve sondiert den Versuchsaufbau mit abgeschrägtem Rundholz. Die schwarz gefärbten Mandiblen am Kopf sind deutlich zu erkennen.

Bild 4. Die Larve hat sich etwa zur Hälfte in das Holz genagt. Die dabei entstanden Nagespäne und Kotwalzen legt sie dabei hinter sich ab.

abgeschrägt um der Larve das Einbohren zu erleichtern. –In vivo legt das adulte Holzbockweibchen seine Eier in schmale Risse, von dort fressen sich die geschlüpften Larven in das Material.– Nachdem die Larve in den Beobachtungsraum verbracht worden war, begann sie unverzüglich damit, diesen zu erkunden und drückte dabei den zuerst verwendeten lose eingelegten Kunststoffstopfen aus dem Glasrohr. Daraufhin wurde fortan eine passenden Stahlschraube (M10×20) als Verschluss verwendet. Der Larve verblieb eine freie Raumlänge von ca. 30mm, die nach ca. 24 Stunden fast vollständig mit Nagespänen und Kotwalzen gefüllt war. Die Larve hatte sich in diesem Zeitraum etwa zur Hälfte ihrer Körperlänge in das Rundholz genagt, siehe Bild 4. Das aus dem Versuchsaufbau herausragende Ende des Rundstabes wurde mit SE-Sensoren instrumentiert, siehe Kap. 4.1.1.

4. Verwendetes Messequipment

4.1 Schallemissionsanalyse

4.1.1 Messtechnik

Die von der Larve generierten Schallemissionen wurden mit zwei identischen Messketten der Fa. Mistras detektiert. Jede Messkette bestand aus einem WD-Breitbandsensor, einem Vorverstärker (26dB) und einem 1283-USB-AE Node™ Modul. Die Software AEwin™ for USB diente der Steuerung der USB-AE Node Module sowie der Datenspeicherung,

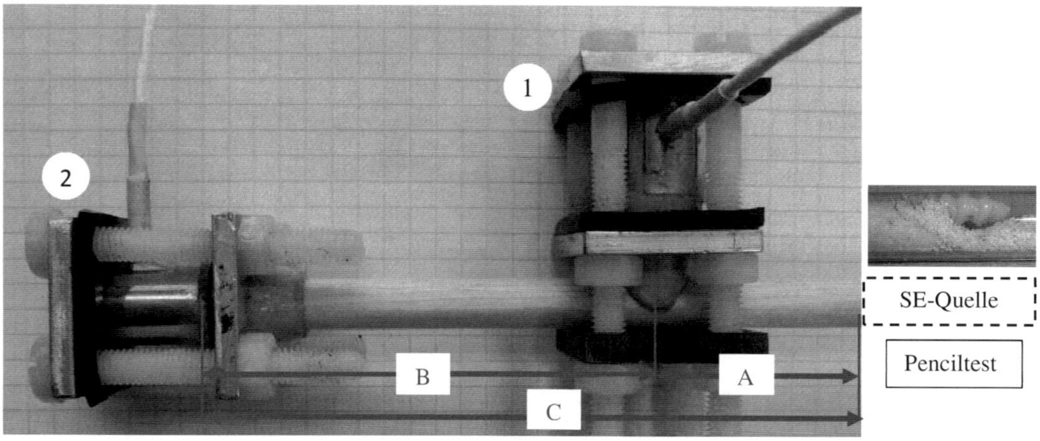

Bild 5. Ankoppelung der SE-Sensoren an den Kieferrundstab mittels Koni. Definition der Abstände zwischen den Sensoren und der SE-Quelle. Verwendete Schallemissionsquellen.

-verarbeitung und -darstellung. Folgender Hardware-Setup wurde bei beiden Kanälen verwendet: Auflösung 16Bit, feste Triggerschwelle 35dB, Bandpass 20kHz - 500kHz, Abtastrate 5MSPS, Pre-Trigger 50.000, Speichertiefe 7k. Die Timing Parameter (Definition, siehe [13, 14]) hatten folgende Werte: PDT 10µs, HDT 200µs, HLT 300µs. Die SE-Sensoren wurden jeweils mittels eines speziellen Konus´ aus Fichtenholz an den Rundstab angekoppelt. Wobei der SE-Sensor des ersten Kanals mit der Mantelfläche und der des zweiten Kanal mit der Stirnseite des Rundstabes gekoppelt war, siehe Bild 5. Sanitärfett an allen Kontaktflächen diente zur dämpfungsarmen Weiterleitung der SE-Signale zu den Sensoren. Die Abstände der Sensoren zur SE-Quelle und relativ zueinander wurden während der Versuche systematisch verändert.

4.1.2 Wellenleitung im Rundstab

Die Anisotropie des Holzes (axiale, radiale oder tangentiale Wachstumsrichtung) hat, je Wellenart, einen großen Einfluss auf die Schallgeschwindigkeit. Entlang einer Wachstumsrichtung breiten sich Ultraschallwellen quasi isotrop aus. Auch das in der Zellstruktur gebundene Wasser (Holzfeuchte) und hauptsächlich die Holzart beeinflussen die Schallgeschwindigkeit [15]. Die in dieser Untersuchung verwendeten Rundholzstäbe bestanden alle aus Kiefernholz und unterlagen im Mittel einer konstanten Raumlufttemperatur und Luftfeuchtigkeit, so dass von konstanten Schallgeschwindigkeiten auszugehen ist.

4.2 Hörschall

Für die Messung des von der Oberfläche des Rundstabes über die Luft weitergeleiteten und vom Menschen detektierbaren Hörschalls kamen folgende Geräte bzw. Software der Fa. Norsonic zum Einsatz: Schallanalysator Nor140, Verbindungskabel, Mikrophon Typ 1225,

Datenübertragungs- und Konvertierungssoftware NorXfer, Analyseprogramm NorReview, siehe [16]. Der energieäquivalente Schallpegel LAeq [dB(A)] wurde fortwährend im Sekundenintervall gespeichert. Synchron dazu wurden Tonaufnahmen beim Überschreiten eines Schallpegels von 35dB(A) angelegt.

5. Durchgeführte Versuche

5.1 Korrelation der Larvenaktivität mit der detektierten Schallemission

Nachdem die Larve sich mit ihrem künstlichen Lebensraum vertraut gemacht hatte, siehe Bild 3, begann sie an dem abgeschrägten Rundstab zu nagen. Die Larve benötigte ca. 48 Stunden, um sich der Länge nach in das Holz zu nagen. In [11] werden dafür nur ca. 10 Stunden angegeben. Erklärbar ist dies durch die ungünstigeren Umgebungsbedingungen in dieser Untersuchung. Die Korrelation zwischen der Beobachtung der Larvenaktivität und der dabei gemessenen Schallemissionssignale ergab eine eindeutige Zuordnung der gemessenen Burstsignale während der Fraßaktivität der Larve, siehe Bild 6. Die SE-Sonde Nr. 2 wurde dabei an der Stirnseite des Rundholzes positioniert.

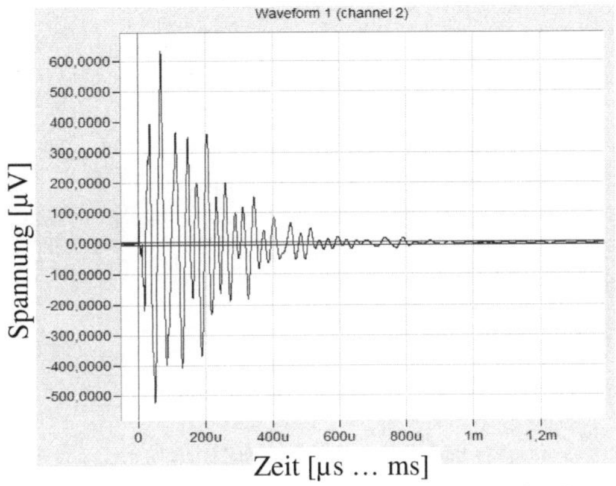

Bild 6. SE-Signal, erzeugt durch das Nagen der Larve am Holz.

Der Abstand C gemäß Bild 5 betrug 100mm. Die Grundfrequenz der Burstsignale lag bei ca. 25kHz. Es wurden auch schwächere SE-Signale (oberhalb der Triggerschwelle), als das in Bild 6 dargestellte, detektiert. Der Signaltyp Burst (Definition, siehe z.B. [17]) blieb dabei jedoch erhalten, alle überschritten die Triggerschwelle von 35dB. Andere beobachtete Aktivitäten der Holzbocklarve, wie z.B. Vorwärts- bzw. Rückwärtsbewegungen, 180° Richtungsänderungen oder das Verdichten des Genagsels, siehe Bild 7, generierten keine auswertbaren Schallemissionssignale.

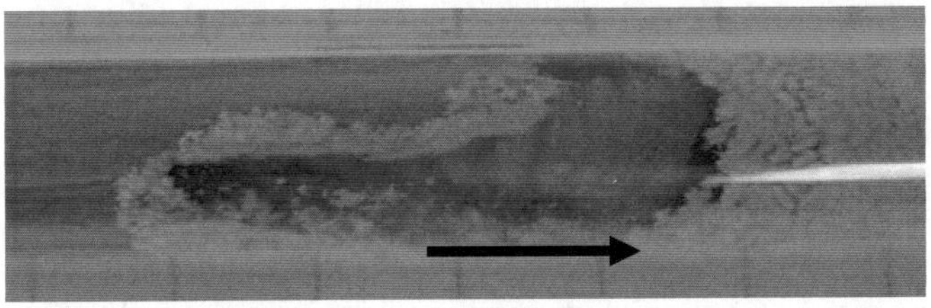

Bild 7. Larve verdichtet das „Genagsel", dabei wurden keine Schallemissionssignale detektiert.

5.2 Langzeitmessungen

Aus den Langzeitmessungen (bis zu 42 Stunden) der von der Larve generierten Schallemission konnte ein sehr regelmäßiges Aktivitätsmuster abgeleitet werden, siehe Bild 8.

Bild 8. Generierung von Schallemission durch die Larve

Die in den rot markierten Zeiträumen dargestellte SE-Aktivität lässt sich aufgrund der Ergebnisse von Kap. 5.1 eindeutig der Fraßaktivität der Larve zuordnen. In den schwarz markierten Zeiträumen trat Schallemission nur sporadisch und mit geringer Energie auf. Dieser Rhythmus wiederholt sich im Mittel alle 8 Stunden. Die Larve lässt sich nur durch sehr starke Erschütterungen (Klopfen auf das Rundholz mit dem Schraubendreher) von ihrer Fraßaktivität abbringen. Nach ungefähr 10 Minuten fängt sie wieder an zu fressen.

In den überwiegend sehr aktiven Fressphasen der Larve konnten SE-Burst-Cluster im mittleren Abstand von 1,5 Sekunden gemessen werden, siehe Bild 9. Die Cluster bestanden jeweils aus ca. 5-6 einzelnen Burstsignalen. Der Verfasser ordnet die SE-Cluster dem Abschälen von Holzteilchen durch eine Kopfbewegung der Larve zu, siehe Kap. 2.

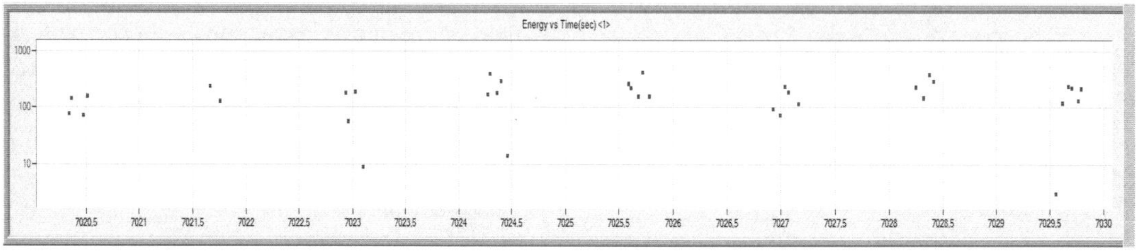

Bild 9. Cluster-Bildung der detektieren SE-Bursts in der Fressphase der Larve

5.3 Bestimmung des maximalen Detektionsabstandes

Der maximale Abstand zwischen der SE-Quelle und dem SE-Sensor, bei dem noch eindeutig zuordenbare SE-Signale gemessen konnten, betrug 4,3m. Die Länge des Rundstabes wurde dabei von 2,3m durch das stirnseitige Ankoppeln eines zweiten Rundstabes auf 4,6m vergrößert. Anschließend erfolgte die Ankoppelung der SE-Sensoren gemäß Bild 5, mit A = 0,1m = konst., der Abstand C wurde von 4,6m schrittweise verkleinert, bis Kanal 2 definierte Messsignale lieferte. Die Korrelation beider Messkanäle erlaubte die eindeutige Identifizierung der propagierenden SE-Signale. Der Laufzeitunterschied zwischen Sensor 2 und 1 betrug dabei durchschnittlich $8{,}348 \cdot 10^{-4}$s. Die Schallgeschwindigkeit demzufolge ca. 5151,56m/s, die einer Longitudinalwelle zuzuordnen ist. Die Maximalamplituden der Burstsignale des Sensors 2 waren dabei im Vergleich zu denen des Sensors 1 ca. 40-mal kleiner.

5.4 Abschätzung der relativen Signalstärke beim Larvenfraß

Die Maximalamplitude der Bursts während der Fraßaktiviät der Larve wurde mit der beim Abbrechen einer Bleistiftmine (Penciltest) verglichen. Aufgrund des relativ geringen Durchmessers (0,3mm) der Minen, die für die Penciltest verwendet werden, im Vergleich zum Durchmesser des Rundstabes konnte nicht davon ausgegangen werden, dass alle Schallleitungsbahnen (Frühholz, Spätholz) vom SE-Impuls erfasst werden. Abhilfe schaffte hier eine dünnes, kreisrundes Metallplättchen das auf die Stirnseite eines Rundstabes geklebt wurde. Die Abstände, gemäß Bild 5, bei diesen Messungen war wie folgt: A = 0,1m, C = 2,0m. Die Larve als SE-Quelle generierte hierbei eine ca. 2,5 fach kleinere Maximalamplitude als der Bleistiftminenbruch.

5.5 Korrelation zwischen Hörschall und Schallemission

Die von der nagenden Larve generierten SE-Wellen werden durch das Rundholz zu den SE-Sensoren geleitet. Zur Klärung, ob dabei auch gleichzeitig Hörschall über die Mantelfläche des Rundholz abgegeben wird, ließ sich mit der Erweiterung des Messaufbaus mit den in Kap. 4.2 beschrieben Geräten erreichen. Das verwendet Mikrofon war dabei senkrecht zur Mittelachse des Rundstabes (Fraßposition der Larve) im Abstand von 1cm von dessen Oberfläche positioniert; es konnte nur Luftschall detektieren. Ein schalldämmendes Gehäuse hielt weitgehend Störgeräusche vom Messaufbau fern, zusätzlich wurden die Messungen nur zwischen 20.00 Uhr und 6.00 Uhr durchgeführt. Folgendes Bild 10 zeigt einen Vergleich zwischen den synchron detektierten Hörschall und der Energy der Schallemission innerhalb eines Zeitbereiches von 1800 Sekunden. Grundsätzlich korrelieren die Messergebnisse des Hörschallbereich und der Schallemission sehr stark. In den Bereichen in denen viele SE-Signale mit hoher Energie detektiert wurden, werden auch relativ hohe Schallpegel gemessen. In den Pausen mit gelegentlich auftretenden, schwachen Schallemissionssignalen

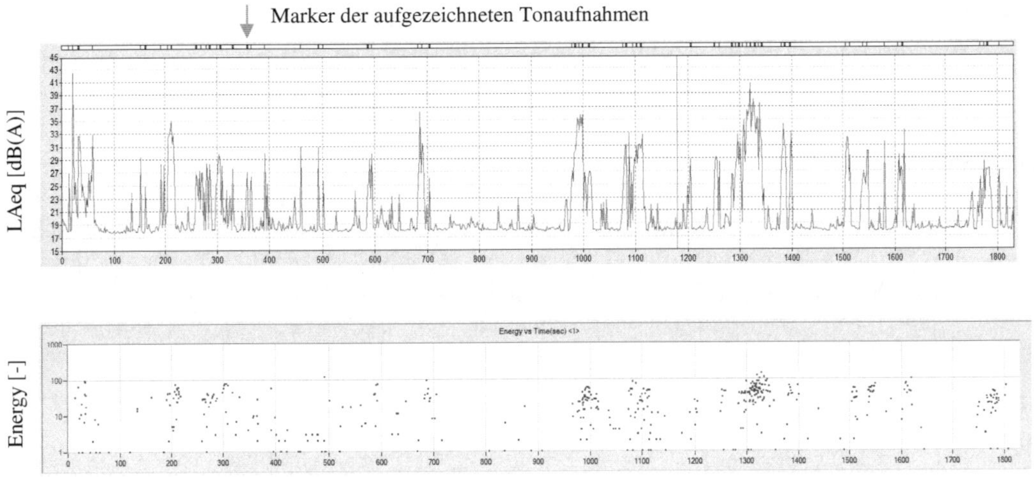

Bild 10. Bild oben, Tonaufnahmen und energieäquivalenter Hörschallpegel (LAeq) vs. Zeit [s]. Bild unten, Schallemission (Energy) vs. Zeit [s]. Die Daten wurden synchron gemessen.

entsprechend kleine Hörschallpegel, die meist nicht das Grundrauschen überschreiten.

Die Auswertung der Tonaufnahmen ergab unterschiedliche Geräuschmuster, mehrheitlich konnten diese der Fraßaktivität der Larve zugeordnet werden. Auf wenigen Tonaufnahmen lassen sich Geräusche finden, die sowohl lauter als auch impulshaltiger als die Fraßgeräusche sind. Diese treten in großen Zeitabständen (ca. 2 – 4 Stunden) auf und werden vom Verfasser dem Säubern und Schärfen der Mandiblen der Larve, siehe Kap. 2, zugeordnet. Während dieser aufgeführten Signalfolgen im Hörschallbereich wurde keine oder nur relativ geringe Schallemission gemessen, dies lässt sich durch die Unterbrechung der Festkörperschalleitung erklären. Die Mandiblen der Larve haben beim Schärfen oder Säubern keinen Kontakt zum Rundholz. Der generierte Hörschall konnte aber problemlos die verbleibende „papierdünne“ Holzschicht durchdringen (Das Innere des Rundstabes wurde restlos von der Larve zerstört). Beim Zurückfedern der gespannten Mandibel wird kurzzeitig eine relativ hohe Lautstärke erzeugt, die sich aber wegen der zeitlichen Mittelung des Hörschallpegels nicht signifikant auf diesen auswirkt.

6 Zusammenfassung und Ausblick

Die Einsatzmöglichkeit der SEA zur Feststellung des Befalls der Larve des Hausbockes in einem Kieferrundholz wurde erforscht. Dank ihrer hohen Fraßaktivität stellte die Larve eine zuverlässig SE-Quelle dar. Die generierten SE-Signale und SE-Muster konnten eindeutig zugeordnet werden. Unter den vorliegenden Versuchsbedingungen ließ sich die Larve bis zu einer axialen Distanz von 4,3m eindeutig mit Standard SE-Equipment nachweisen. Die Larve generiert SE-Bursts mit einer etwa 2,5 Fach kleinere Maximalamplitude als ein Penciltest. Im Hörschallbereich konnte die Larve nur unter Laborbedingungen reproduzierbar detektiert werden. Ohne Messtechnik lässt sich die Larve nur während dem zufälligen Schärfen ihrer Mandiblen und ohne störende Geräusche wahrnehmen. Zwischen den SE-Signalen und der

Hörschallaktivität besteht grundsätzlich eine positive Korrelation.

Auf Grundlage der vorliegenden Untersuchung ist der Verfasser von der Einsatzfähigkeit der Schallmissionsanalyse zur Feststellung des Befalls von Bauhölzern mit den Larven des Hausbockes überzeugt.Für die praktische Umsetzung des Verfahrens sind die folgenden Untersuchungen geplant:

- Umsetzung der Larve in einen Holzbalken (6×12cm, L= 6m) aus Kiefernholz.
- Verfolgung der Larvenentwicklung bis zum Imago und Ausflug aus dem Balken.
- Wiederholung der Versuche mit frisch geschlüpften Larven.

7 Danksagung

Der Verfasser bedankt sich hiermit ausdrücklich beim Fachbereich Bau der Technischen Hochschule Mittelhessen, speziell bei Herrn me. Thomas Reinhold für die technische Beratung und die vertrauensvolle Überlassung der Norsonic® Hard- und Software.

8 Referenzen

[1] Hausstein, T., Zur Diagnose und integrierten Bekämpfung Holz zerstörender Insekten unter besonderer Berücksichtigung der Buntkäfer (Coleoptera, Cleridae) als deren natürliche Gegenspieler in historischen Gebäuden, Dissertation Universität Rostock, 2010.

[2] Liebetreu, J., Die Darstellung biogener Holzschädlinge in Nord- und Mitteleuropa hinsichtlich des Lebensraumes, der Schadensbilder und Bekämpfungsmethoden. Bachelorthesis, FH Hildesheim / Holzminden / Göttingen, Fakultät Erhaltung von Kunst und Kulturgut, 2008.

[3] Radovic, B., Unempfindlichkeit von technisch getrocknetem Holz gegen Insekten, Informationsdienst-Holz, www.informationsdienst-holz.de, 2008.

[4] Kempe, K., Holzschädlinge Vermeiden Erkennen Bekämpfen, Fraunhofer IRB Verlag: ISBN 978-3-8167-7982-7, 2009.

[5] Hasenstab, A., Krause, M., Lutz, J., Hillemeier, B., Rieck, C., Niederfrequente Ultralschall-Echo-Verfahren und Bohrwiderstandsmessung zur Untersuchung von Holzbauteilen, DGZfP-Berichtsband 94-CD, 2005.

[6] Rüpke, H-J., Kürsten, E, Sachverständigenbüro für Holzschutz, www.Holzfragen.de, 2016.

[7] Laar WD60, Produktbeschreibung, http://www.vonlaarmedia.de/html/vibrationsdetektion.html#WD60 .

[8] Umweltbundesamt, Biozidinfo, http://www.biozid.info/deutsch/schaedlingsratgeber/alle-organismen/hausbockkaefer-umgangssprachlich-auch-grosser-holzwurm-oder-hausbock-genannt/detail/, 2016.

[9] Makovine, I., et al., Control of house longhorn beetle (Hylotrupes Bajulus) larvae by microwave heating. Wood research, 57(2) 179 188, 2012.

[10] Zhangjin, C., et al., Low-pressure vacuum to control larvae of hylotrupes bajulus, Proceedings of the Fifth International Conference on Urban Pests, 2005.

[11] Schmidt, H., Parameswaran, N., Mandiblen des Hausbockkäfers (Hylotrupes bajulus) und Fraßstruktur des Holzes im Rasterelektronenmikroskop, ISSN 0040-2240 / ASTM-Coden ZANEAE, 1977.

[12] Schmidt, H., Buchholz, G., Über die Mandibeln der Larve des (Hausbockkäfers (Hylotrupes bajulus) im Zusammenhang mit der Zerstörung des Holzes, nicht datiert.

[13] USB-AE Node™ & AEwin™ for USB™ Software Users's Manual, Mistras Group Inc, USA, 2010.

[14] Löhr, M., Santner, E., Spaltmann, D,.Woydt, M., Binkowski, S.: In-situ Acoustic Emission for wear-life detection of Diamond-Like Carbon coatings during slip-rolling friction, WEAR, Elsevier Verlag, Vol. 260, 469-478, 2005

[15] Körper, S., Göller, S. Krause, M., Stephan, I., Feuchteabhängigkeit der Ultraschallgeschwindigkeit und des Biegeelastizitätsmoduls für Holz, DGZfP-Jahrestagung – Poster 4, 2011.

[16] Norsonic, Nor140 Bedienungsanleitung, Norsonic Tippkeper GmbH, 59032 Oelde-Stromberg, 2013.

[17] Ziegler B., Contribution of Acoustic Emission into optimal bearing lubrication, Journal of Kones, Vol. 14, Nr: 4, Pages 571 – 578, ISSN 123135-4005, Permanent Committee of KONES, Warsaw 2007.

Entwicklung von Kunstknochen zur mechanischen Belastungsprüfung von Knochenstrukturen mittels Schallemissionsanalyse SEA

Olaf NALIK [1], Miriam DILL [1], Alexander JAHNKE [2], Udo WOLF [3], Gerd MANTHEI [1], Jörg GOLLNICK [1], Markus RICKERT [2], Hans-Joachim SCHWALBE [4], Jörg SUBKE [1]

[1] THM Technische Hochschule Mittelhessen, Gießen

[2] Klinik und Poliklinik für Orthopädie und Orthopädische Chirurgie, Giessen

[3] Hochschule Fulda, Fulda

[4] BoneDias, Greifenstein

Kontakt E-Mail: joerg.subke@lse.thm.de

Kurzfassung. Das Monitoring der Festigkeit und Stabilität von knöchernen Strukturen und den Verbindungen zu implantiertem Material ist für verschiedene Zweige der Medizin von großem Interesse. Z.B. in der Orthopädie, um die Integrität der Verbindung von Endoprothesen mit dem Knochen überwachen zu können.

Speziell in der Hüftendoprothetik rechnet man mit einer durchschnittlichen Haltbarkeit eines künstlichen Gelenks von 10 Jahren. Mehr als zwei Operationen sind nur selten möglich, so dass nach ca. 20 Jahren die Prognose für die Lebensqualität der Patienten nicht gut ist. Ziel ist es, auf der Basis der Schallemissionsanalyse ein nicht-invasives Verfahren zu entwickeln, dass die Beurteilung des Integritätszustands ermöglicht.

Zu diesem Zweck sind Grundlagenexperimente durchzuführen, die Aufschluss über die Stabilität und die Bruchmechanik solcher heterogener Strukturen geben. Ein erster Schritt in dieser Studie ist die Entwicklung von Kunstknochen, die in erster Näherung Röhrenknochen des Oberschenkels mit der dichten äußeren Schicht der Kompakta und der inneren schwammartigen Schicht der Spongiosa nachbilden.

Die künstlichen Knochen werden mit einem Pedilen®-Schaum aus der Orthopädietechnik (Ottobock Healthcare) aufgebaut und einer typischen natürlichen Belastung in der unteren menschlichen Extremität unterzogen, die einer Torsions-Biegebelastung entspricht (s. hierzu [1]).

Die Riss-Struktur und die aufgezeichnete Impulssumme der SEA des Kunstknochen-Probekörpers wurden mit der Struktur (mit Variation der Dichte der Spongiosa-Ersatzstruktur) und dem lastabhängigen Verlauf der Schallemission SE und somit der Risskinetik eines natürlichen Knochens verglichen.

0. Einführung

Die Entwicklung eines Diagnosesystems für die Gonarthrose mittels Schallemissionsanalyse hat gezeigt, dass die Belastungsvorgänge im menschlichen Knie akustisch im Ultraschallbereich zu einer Bewertung der Gelenkoberflächen eingesetzt werden kann. Der Vorteil der Schallemissionsanalyse ist, dass die Belastungsvorgänge im Körper als Bruch- und Reibegeräusche hochaufgelöst detektiert werden können. Daraus lässt sich für die orthopädische Diagnose im Bereich der Hüft-Endoprothese ein Verfahren ableiten, mit dem die Stabilität der Verbindung zwischen Endoprothese und Femurknochen gemessen werden kann. Dazu sind grundlegende Versuche durchzuführen, die eine Korrelation zwischen den akustischen Signalen und den mechanischen Vorgängen zwischen dem Femurknochen und der Endoprothese aufzeigen. Hinsichtlich der mechanischen Belastungen und bruchmechanischen Vorgänge sind die Grenzflächenphänomene zwischen dem Femurknochen und der Endoprothese zu untersuchen. Aus ethischen Gründen sollen eigens zur Bestimmung der Grenzflächenphänomene Kunstknochen eingesetzt werden, die annähernd die Eigenschaften von Knochen wiedergeben.

1. Methode

1.1 Aufbau des Kunstknochens

Der Aufbau eines Röhrenknochens kann anatomisch gesehen in zwei Strukturen unterteilt werden; die Kompakta im Knochenquerschnitt gesehen ist der feste äußere Ring und die Spongiosa, die schwammartige innerer Struktur des Knochens. Nach Wolff [2] bildet der Knochen als Antwort auf die äußeren Belastungen die schwammartige Struktur in der Weise aus, dass sich die knöcheren Streben (Trabekel) vornehmlich in Richtung der Druck- und Zugbelastungen ausrichten.

Von Kellotat [3] wurde ein erster Kunstknochen entwickelt, der aus einem Hohlzylinder (künstliche Kompakta) und einem ausgeschäumten Kern bestand. Es wurde als Material Pedilen (E-Modul 36,2 MPa nach [3]) verwendet, das typischerweise in der Orthopädietechnik eingesetzt wird. Die ersten Versuche zeigten, dass mit diesem Kunstknochen das typische Bruchsystem hergestellt werden konnte, aber die Impulssumme der Schallsignale des Versagens noch nicht mit dem natürlichen Knochen vergleichbar war. Aus diesem Grund wurde der Aufbau variiert, indem in den ausgeschäumten Kern ein Hohlraum eingebaut wurde, der den anatomischen Verhältnissen vergleichbar ist [4]. Durch Zumischung unterschiedlicher Wasseranteile (2%, 4%, 6%) wurden drei verschiedene Knochenproben erzeugt (siehe Abb.1 und Tabelle 1).

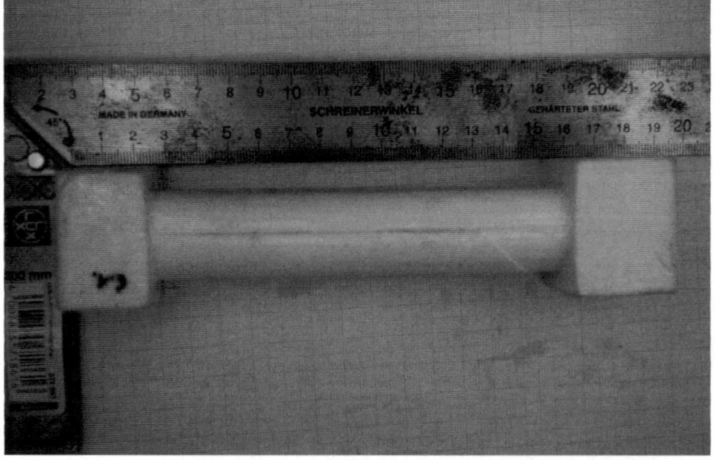

Abb. 1. Kunstknochen aus Pedilen; Länge=126mm, Durchmesser=27mm, Kortikalisdicke=6mm.

Tabelle 1. Kunstknochen

Probennummer	Mischung H_2O	Länge	Durchmesser	Hohlraummaße
P_2	2%	126mm	27mm	Länge 55mm, Breite 15mm
P_4	4%	126mm	27mm	Länge 55mm, Breite 15mm
P_6	6%	126mm	27mm	Länge 55mm, Breite 15mm

Zur Aufnahme in die Prüfmaschine wurden die Proben an den Enden mit einer Halterung versehen, die einen quadratischen Querschnitt 40mm x 40mm und eine Dicke von 28mm aufwies.

1.2 Belastungseinheit

Die Proben des Kunstknochens wurden in einer Torsions-Biegevorrichtung belastet (Abb. 2), die im Rahmen der Diplomarbeit für Femurknochen-Proben entwickelt worden ist [5]. Die in der Belastungsvorrichtung vorgegebene Bewegung der Probe aus Torsion und Biegung entspricht im weitesten der natürlichen biomechanischen Belastung des Oberschenkelknochens beim Menschen.

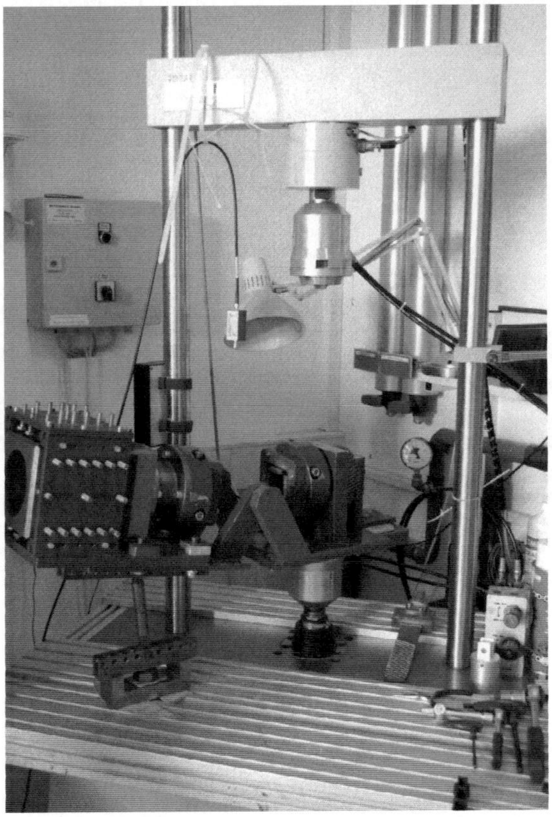

Abb. 2. Belastungseinheit nach Schmidt [5] mit Schenk Hydropuls Prüfmaschine PSA.

Die Torsions-Biegevorrichtung wird an die servohydraulische Universal-Axialprüfmaschine PSA der Firma Schenk angekoppelt und mittels einer Steuer- und Regelungseinheit (4900 Digital Controller Pegasus) über eine Zahnstange weggesteuert. Die Vorrichtung besteht aus zwei Bauteilgruppen, die über ein Scharniergelenk in der Mitte verbunden sind. Die rechte Bauteilgruppe besteht aus einer Spannbacke, die durch die Prüfmaschine in Rotation gebracht wird. Diese Spannbacke wird gleichzeitig angehoben und bewegt die Vorrichtung um das Scharniergelenk, so dass die Probe eine Torsion und Biegung gleichzeitig erfährt. Die Kraft wurde mit einem Sensor PM 40 Rn (10V = 40 kN) und die Weglänge mit einen induktiven Sensor WA50, HBM (10V = 50mm) aufgenommen. Für das Bruchexperiment wurde die Weglänge schrittweise um 1mm bis zum Bruch erhöht.

1.3 Messkette Schallemissionsanalyse

Zur Aufnahme der Schallsignale wurde das Messsystem 1283 USB AE Node von Physical Acoustics Corporation, Mistras Group mit der Sonde AE R6D und Software AEWIN USB E5.32 verwendet (Abb. 3). Die Sonde AE R6D hat einen Frequenzumfang von 0.0 bis 0.2 MHz und weist im Bereich von 50.78 kHz das Amplitudenmaximum von 78.55 dB auf. Mit dem Vorverstärker Power Preamplifier IL-LP-15D wird die Bandbreite auf 50 kHz bis 770 kHz eingeschränkt. In der Software AEWIN wurden die analogen Filter auf Lower = 40 kHz und Upper=120 kHz eingestellt. Als Samplerate wurde 500 kSPS gewählt. Für die weiteren Parameter (Pretrigger, Length, PDT, HDT, HLT) wurden die Default-Werte übernommen.

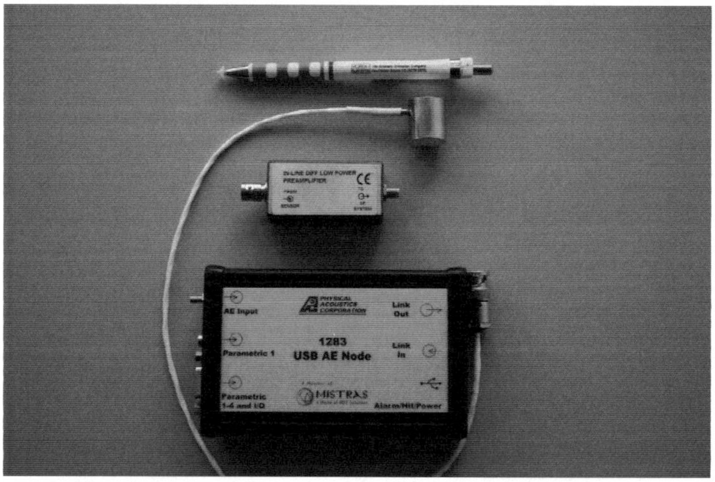

Abb. 3. Komponenten der SEA-Messkette und Hsu-Nielsen-Tester.

Um die biologischen Verhältnisse um den Knochen nachzubilden, wurde ein Stück Schweinefilet als Koppelmaterial zwischen Kunstknochen und Schallsonde verwendet (Abb. 4). Die Funktionstüchtigkeit des Messsystems wurde über den Standard-Penciltest Hsu-Nielsen Source 0.5 geprüft.

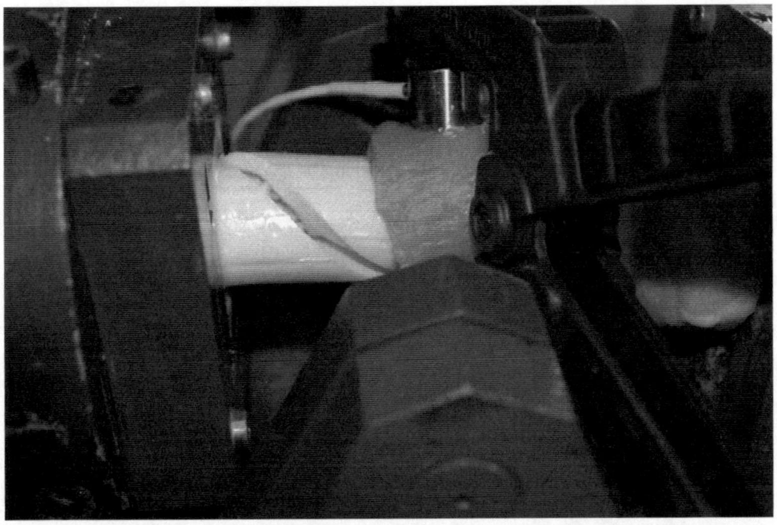

Abb. 4. Ankopplung der Sonde an den Kunstknochen mittels Schweinefilet.

1.4 Belastungsprozedur

Für die Analyse der Proben wurden die Weglängenänderung, die Kraft, und die Schallsignale mit den o.g. Sensoren und Messsystemen aufgenommen. Die Proben wurden nach Schwalbe [6] dreimal zyklisch bis zur der Wegposition belastet, bei der das erste Burstsignal im 1. Zyklus aufgetreten ist, um kleine Verspannungen, die bei der Herstellung der Proben im Material entstanden sind, abzubauen. Anschließend wurden die Proben bis zum Bruch belastet (Abb. 5). Die Optimierung der Prozedur wurde von Nalik [7] vorgenommen.

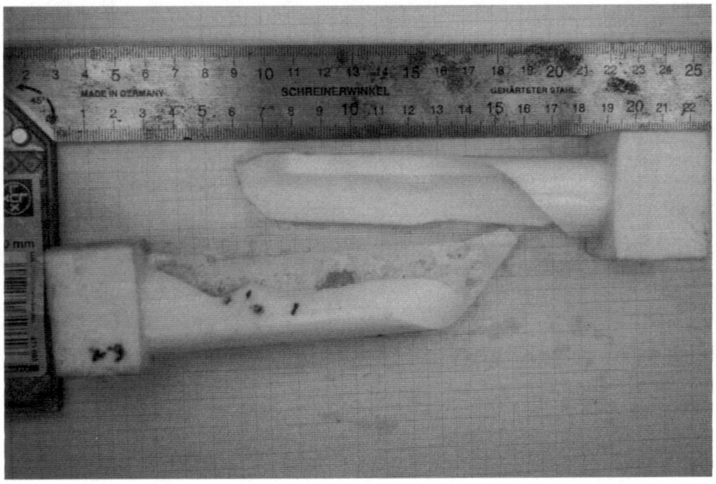

Abb. 5. Bruchstücke der belasteten Probe P_6.

2. Ergebnisse

Zur Analyse der Kunstknochenproben wurden die zeitlichen Verläufe der durch die Wegsteuerung entstandenen Kraft und die Emission der Schallsignale betrachtet. Um die unterschiedlichen Proben miteinander vergleichen zu können, wurden die Kraftwerte der einzelnen Proben auf die maximale Kraft beim Bruch der jeweiligen Probe skaliert. Dasselbe wurde bei der Darstellung der Anzahl der Schallsignale (Hits) berücksichtigt (Abb. 6).

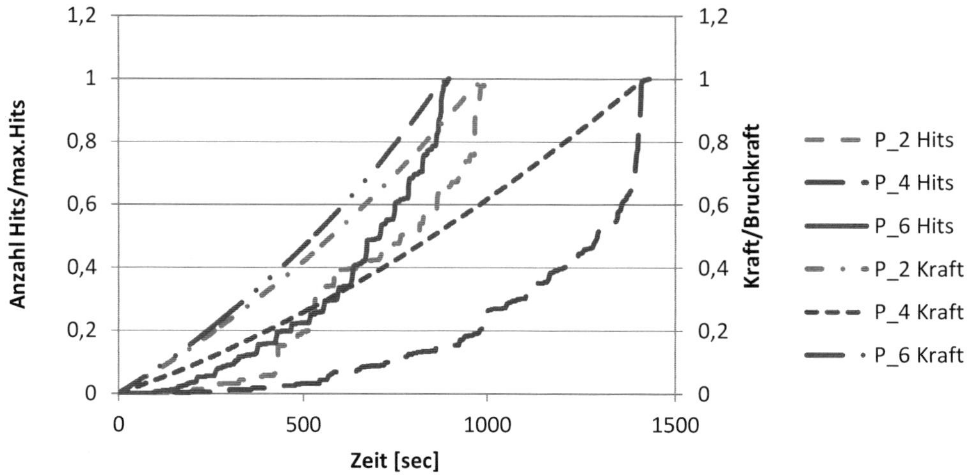

Abb. 6. Zeitliche Verläufe der durch die Wegsteuerung erzeugten Kräfte, auf die Bruchlast skaliert, im Vergleich mit den Impulssummen der SEA-Signale (Hits / max. Hits).

3. Diskussion

Unter Beachtung der Veränderung der Position der unteren Spannbackeneinrichtung der Prüfmaschine erkennt man in Abbildung 6 deutlich das unterschiedliche Verhalten der Proben in Bezug auf den Kraftverlauf. Die Probe P_6 zeigt den größeren Widerstand gegenüber der Weglängenänderung als Probe P_2; Probe P_4 hingegen zeigt sich als schwächste Probe. Betrachtet man die Reihenfolge der Steigungen der Kraftkurven, entsteht die Reihenfolge P_2, P_6, P_4. Das Gleiche gilt für die Reihung des Bruchereignisses der Proben. Für den Prozentanteil H_2O bei der Herstellung der Proben entsteht die Reihung P_2. P_4, P_6. D.h. dass die bei der Herstellung der Kunstknochen durch die Beimischung von H20 erwartete Änderung des Materials sich nicht im Bruchverhalten dieser Proben wiederspiegelt. Hingegen zeigen alle Proben das typische Risssystem, das sich beim Brechen realer Knochen ergibt.

4. Zusammenfassung und Ausblick

Für die Herstellung von Kunstknochen werden zwei Forderungen gestellt:

1. Der Kunstknochen soll nach der Belastung bis zum Bruch das typische Risssystem zeigen.
2. Der Kunstknochen soll den Mechanismus des Versagens mittels Schallsignalen wiedergeben.

Bei den bisherigen Versuchen konnte die erste Forderung erfüllt werden. Die zweite Forderung konnte bisher noch nicht erfüllt werden. In dieser Untersuchung wurde der

Parameter Material betrachtet. Dazu wurde bei der Herstellung der Proben der Parameter H_2O variiert.
Die Erwartungen, die durch den Parameter H_2O-Anteil bei der Herstellung an das Bruchverhalten gestellt wurden, wurden bisher noch nicht erfüllt.

Bei der Herstellung von Kunstknochen zeigen sich verfahrenstechnische Schwierigkeiten und neue Fragenstellungen, die durch weitere Experimente untersucht werden müssen. Die ersten Ergebnisse zeigen, in welchen Größenordnungen die Belastungsdaten der Kunstknochenproben liegen. Ein Thema ist der Aufbau der schwammartigen Struktur, deren Modifikation im nächsten Schritt vorgenommen werden soll. Das zweite Thema ist, das Material, die Mischungsverhältnisse der Komponenten für die nächsten Versuche, zu planen.

Referenzen

[1] Burk O. Bruchmechanische Untersuchung am humanen Femur mit Hilfe der Schallemissionsanalyse. Fachbereich Maschinenbau und Feinwerktechnik, Fachhochschule Gießen-Friedberg, 1998

[2] Wolff, J. Das Gesetz der Transformation der Knochen - 1892. Reprint: Pro Business, Berlin 2010, ISBN 978-3-86805-648-8.

[3] Kellotat A. Entwicklung und Herstellung eines künstlichen Femurs zur Reproduktion des Knochenschalls. Bachelorarbeit, Fachbereich Life Science Engineering, THM 2014

[4] Dill M. Interner Bericht. Biomechanik-Labor, Fachbereich Life Science Engineering, THM 2016

[5] Schmidt H-O. Zerstörungsfreie Prüfung am menschlichen Femur. Fachbereich Maschinenbau und Feinwerktechnik, Fachhochschule Gießen-Friedberg, 1997

[6] Schwalbe H-J. Rißzähigkeit glasfaserverstärkter Kunststoffe. Fakultät für Maschinenbau, Dissertation RWTH Aachen, 1981

[7] Nalik O. Bestimmung der Rissbildungsgrenze bei osteoporotischen Knochen und Kunstknochen mittels Schallanalyse. Bachelorarbeit, Fachbereich Life Science Engineering, THM 2016

Neuartiges optisches Messverfahren für Schall. Applikationsbeispiel: Ermüdungsprüfung

Thomas HEINE [1], Thomas HERBST [1], Balthasar FISCHER [1]
[1] XARION Laser Acoustics GmbH, Wien, Österreich
Kontakt E-Mail: t.heine@xarion.com

Kurzfassung

Die XARION Laser Acoustics GmbH hat ein neuartiges Sensorsystem entwickelt, das auf einem bisher in der Schallmesstechnik nicht verwendeten, optischen Messprinzip beruht. Eine akustische Druckwelle die in Luft, Gasen oder Flüssigkeiten propagiert ändert den optischen Brechungsindex dieses Mediums und beeinflusst damit die Wellenlänge des Lichts. Dieser Effekt betrifft auch die Wellenlänge des im Optischen Mikrofon verwendeten Lasers. Solch kleine Änderungen der Wellenlänge lassen sich mit Hilfe von optischer Interferenz in einem miniaturisierten Interferometer (2mm) sehr gut sichtbar machen und liefern eine zur Druckamplitude proportionale Helligkeitsänderung. Klassische Sensoren beruhen auf beweglichen mechanischen Teilen wie oszillierenden Membranen oder Auslenkungen von Objektoberflächen und kämpfen mit der Trägheit dieser Massen. Beim Optischen Mikrofon hingegen wird die Druckwelle durch die optische Welle unbeeinflusst, störungsfrei und impulstreu gemessen.

Dadurch kann ein Messverfahren angeboten werden, das erlaubt mit nur einem Sensor den kompletten Frequenzbereich des Hörschalls und Ultraschalls abzudecken (5Hz bis 1MHz). Das Messprinzip des Optische Mikrofons kann nicht nur im Medium Luft sondern auch in Flüssigkeiten eingesetzt werden. In diesen können, im Gegensatz zur Luft, auch Frequenzen über 1MHz propagieren und erlauben dadurch einen erweiterten Frequenzbereich bis 25MHz.

Neben Anwendungen in der klassischen technischen Schallmessung im Hörbereich eröffnet die neue Technologie durch die große Frequenzbandbreite insbesondere im Bereich der zerstörungsfreien Prüfung, der Prozesskontrolle, der Schallemission und der durch Kurzpulslaser angeregten Schallemission von Proben neue Anwendungsfelder. Eine weitere Anwendungsmöglichkeit, welche hier exemplarisch vorgestellt werden soll, ist die Ermüdungsprüfung. Durch das ‚Zuhören‘ im sehr hohen Luft-Ultraschallbereich bei rund 500kHz lässt sich der Zustand des Bauteiles zuverlässig und kontaktfrei überwachen.

Neuartiges optisches Messverfahren für Schall
Applikationsbeispiel: Ermüdungsprüfung

DGZfP, Fulda
9. März 2017

Thomas Heine, Thomas Herbst, Balthasar Fischer
XARION Laser Acoustics GmbH

moving sounds without moving parts

xarion laser acoustics

Konventionelle Mikrofone

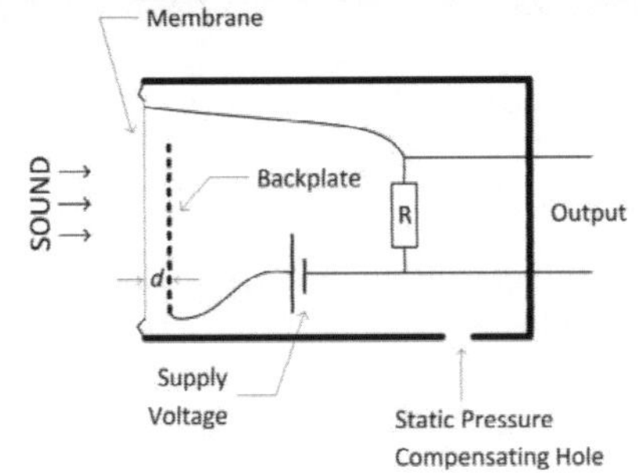

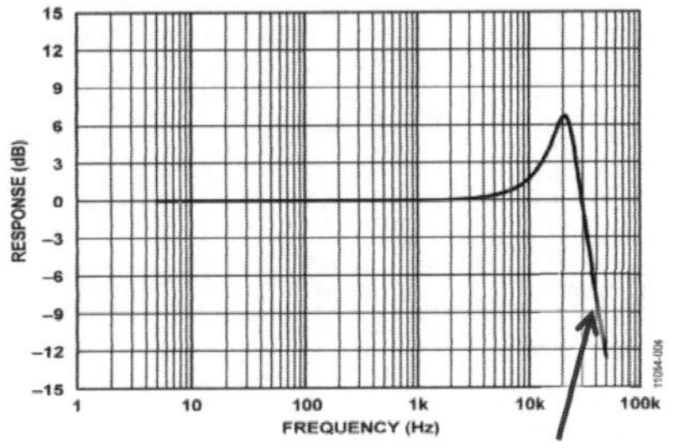

Begrenzter Frequenzumfang

- ⊕ Etablierte Technologie
- ⊕ Großer Signal-zu-Rausch-Abstand

- ⊖ Begrenzter Frequenzumfang
- ⊖ Nichtlinearitäten
- ⊖ Empfindlichkeit auf elektromagnetische Störfelder

xarion laser acoustics 1

Piezoelektrische Wandler: Luftultraschall

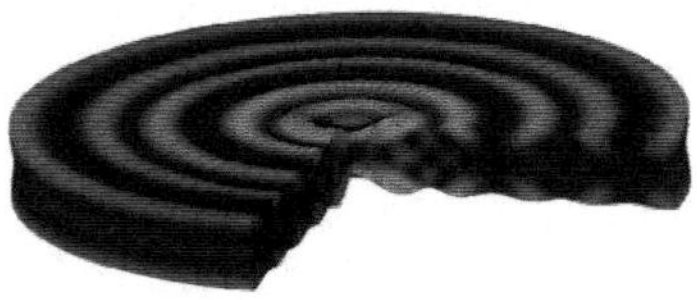

Höhere Eigenmode 1mm Piezo Scheibe

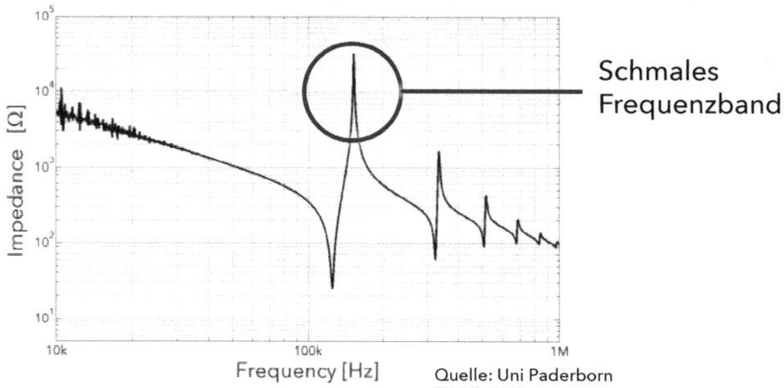

Quelle: Uni Paderborn EIM-E, EMT

- ⊕ Großer Signal-zu-Rausch-Abstand
- ⊕ Fokussierbarkeit

- ⊖ Schmales Frequenzband
- ⊖ Nichtlinearitäten
- ⊖ Empfindlichkeit auf elektromagnetische Störfelder

xarion laser acoustics 2

Membranfreies Optisches Mikrofon: Akustik trifft Optik

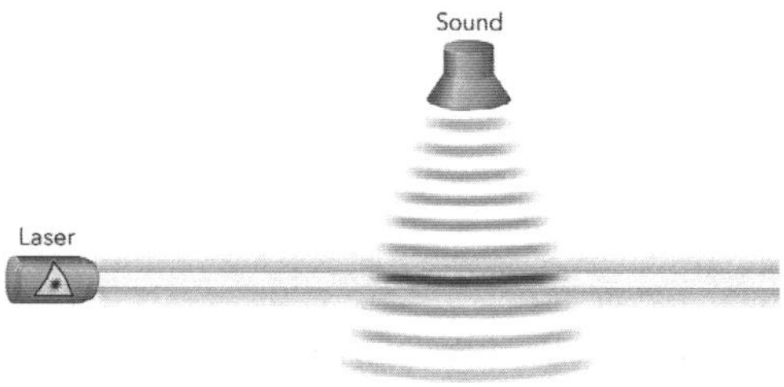

Wellenlänge (Licht) ∝ Schalldruck

Akustik:

- Schallwelle ist eine Druckwelle

Optik:

- Brechungsindex (n) der Luft ist proportional zum Schalldruck (p)
- Brechungsindex (n) ändert die Wellenlänge (λ) des Lichts im "Medium" Luft

- **Membranfreies Optisches Mikrofon:** Messung der Lichtwellenlänge, die im Schallfeld proportional zur Druckamplitude variiert
- Akinetisches Messprinzip (keine beweglichen Teile)

xarion laser acoustics 3

Interferometrie: Hochgenaue Wellenlängenmessung

Brechungsindex:

	Vakuum	$n = 1$
	Luft	$n = 1.00027$
	Änderung	$\Delta n = \Delta p * 3 \cdot 10^{-9}/\text{Pa}$

Interferometer (starres Etalon):
2 planparallele Spiegel

- Wellenlängenänderung ist sehr gering
- Interferometrisches Messverfahren kann diese aber auflösen!

- Im Interferometer (starres Etalon) bildet sich eine stehende Lichtwelle aus
- Konstruktive Interferenz und maximale Helligkeit im Etalon: Vielfaches (m) der halben Lichtwellenlänge (λ) ist gleich der Etalonlänge (L): $m * \lambda/2 = L$
- Vielfache konstruktive Interferenz: Abweichungen von der resonanten Wellenlänge addieren sich auf und können als Helligkeitsänderung im Etalon gemessen werden

xarion laser acoustics 4

Membranloses Optisches Mikrofon

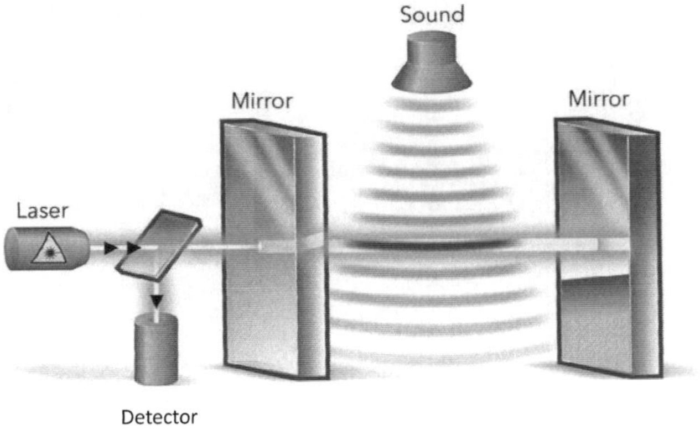

Funktionsprinzip im Überblick

- Durch die Wellenlänge des Lichts läßt sich störungsfrei die akustische Druckwelle messen

- Interferenz in einem starren Etalon: Helligkeitsänderung proportional zur Luftdruckänderung

xarion laser acoustics 5

Schallmessung ohne mechanisches Feder-Masse-System

Konventionelles, membranbasiertes Mikrofon oder piezoelektrische Wandler:

Akustische Größe → Mechanische Größe → Elektrisches Signal

Optisches Mikrofon:

Akustische Größe → Optische Größe → Elektrisches Signal

xarion laser acoustics 6

Membranloses Optisches Mikrofon: Eta250 Ultra

Datasheet

Eta250 Ultra

Acoustic

Transducer type	Membrane-free, optical
Frequency range	5Hz .. 1MHz
Dynamic range	100 dB
Self-noise	70 µPa, in 1Hz-BW
Self-noise, in full bandwidth	70 mPa, in 1MHz-BW
Max. sound pressure for THD <3%	400 Pa
Max. sound pressure level for THD <3%	146 dB rel. 20 µPa
Damage threshold	>194 dB rel. 20 µPa
Sensitivity	10 mV/Pa @ 1kHz (0 dB gain, 50 Ohm)
Polar pattern	Omnidirectional
Sound field optimization	Free field and pressure field
Calibration compatible with pistonphone or calibrator	Yes, standard calibrators (with adapter)

General

Sensor output voltage	±15 V (high impedance), ± 7.5V (50 Ohm)
Sensor output voltage connector (signal conditioning unit)	BNC
Sensor output impedance	50 Ohm
Size of sensor head	diameter: 5 mm; length: 33 mm
Weight of sensor head	10 g
Fiber cable length	5 m (other upon request)
Size of control unit	22 cm × 33 cm; height: 9.5 cm
Weight of control unit	8 kg
Power supply (signal conditioning unit)	230 V ± 10%; 50 / 60 Hz
Power consumption	< 50 W

Environmental

Storage temperature	0° C to 60° C (30 F to 140 F)
Operating temperature: sensor head	5° C to 60° C (40 F to 140 F)
Operating temperature: control unit	15° C to 30° C (60 F to 85 F)
Environmental humidity	non condensing

xarion laser acoustics 7

Zusammenfassung — Membranfreies Optisches Mikrofon

- Neuartiges, laserbasiertes Messverfahren für Schallwellen
- Frequenzbandbreite 5Hz bis 1MHz (Hörakustik und Luftultraschall)
  - Konventionelle Mikrofone: 5Hz – 20kHz (140kHz)
  - Piezoelektrische Wandler Luftultraschall: ~ Zentrumsfrequenz +/- 5% (z.B.: 500kHz..550kHz)
- 100dB Dynamik
- Hervorragende Impulsantwort (keine beweglichen Teile)
- Rein optischer Aufbau:
  Unempfindlich auf elektromagnetische Störfelder
- Sehr kompakter Sensor: 5mm Durchmesser, 33mm Länge
- Große Kabellängen möglich
  (Abschwächung optische Faser: 0.3dB/km)
- Sensor kann in Luft, Gasen und Flüssigkeiten
  eingesetzt werden

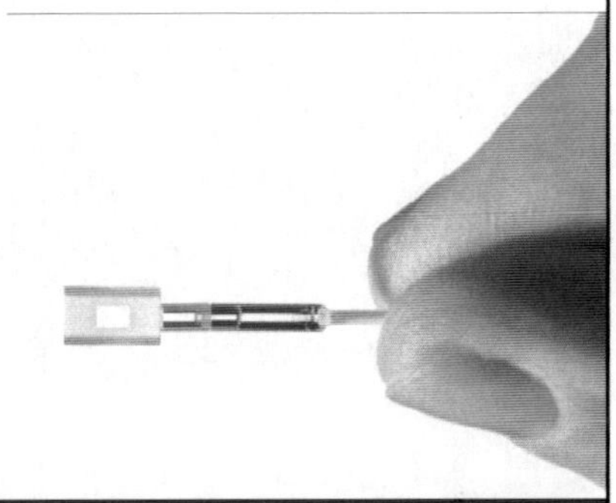

xarion laser acoustics 8

Nur ein Mikrofon? Applikationen

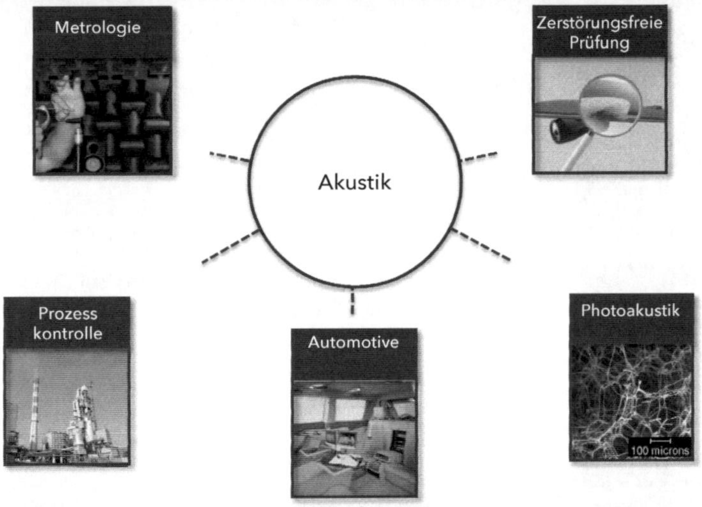

xarion laser acoustics 9

Applikationsbeispiel:

Prozessüberwachung mit Luftultraschall: Beschleunigte Ermüdungsprüfung von CFK Proben

Messungen an der TU Kaiserslautern,
Gruppe Professor Dr. Balle

xarion laser acoustics 10

Messaufbau: 20kHz Belastungsprüfstand

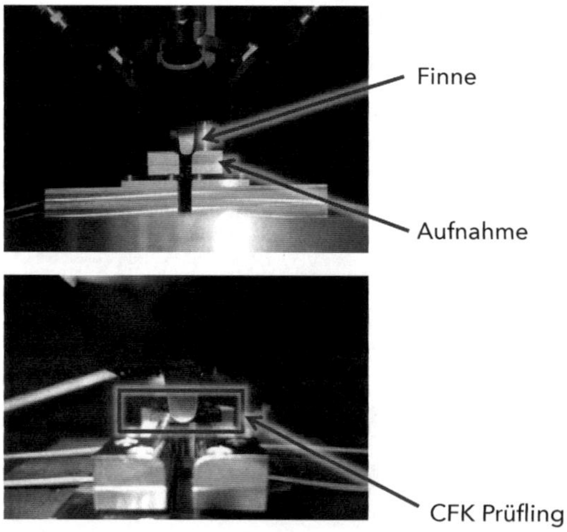

Messaufbau:

- CFK Prüfling wird zwischen Aufnahme und Finne unter Vorspannung montiert
- Der Prüfling verbiegt sich unter der Vorspannung leicht

- Finne wird mit einer Frequenz von 20kHz auf und ab bewegt und damit die Vorspannnung auf den Prüfling moduliert
- Wärmeentwicklung im Prüfling und den Halterungen. Wird mit Druckluft gekühlt
- Starke Lärmentwicklung im oberen Frequenzbereich der Hörakustik

xarion laser acoustics 11

Schallemissionsanalyse bei der Ermüdungsprüfung

Optisches Mikrofon

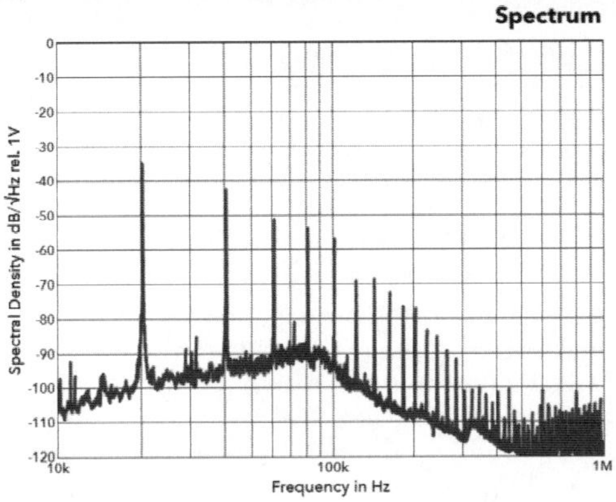

- Ausgangsspektrum: neuwertiger Prüfling
- Anregungsfrequenz (20kHz) und Harmonische deutlich sichtbar

xarion laser acoustics 12

Prozessüberwachung: Zustandssignatur bei Ultraschall-Frequenzen

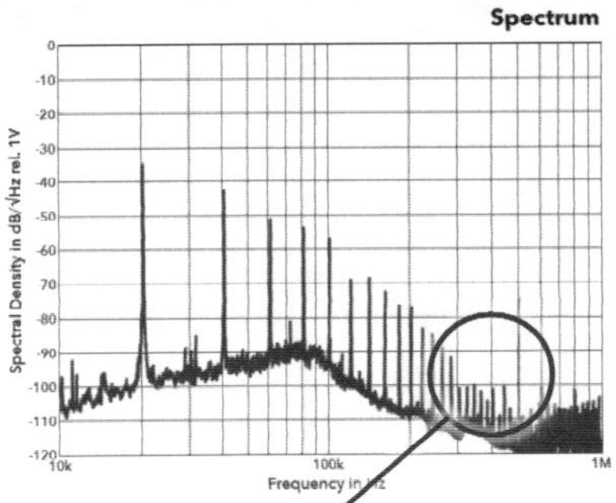

Neuwertiger Prüfling

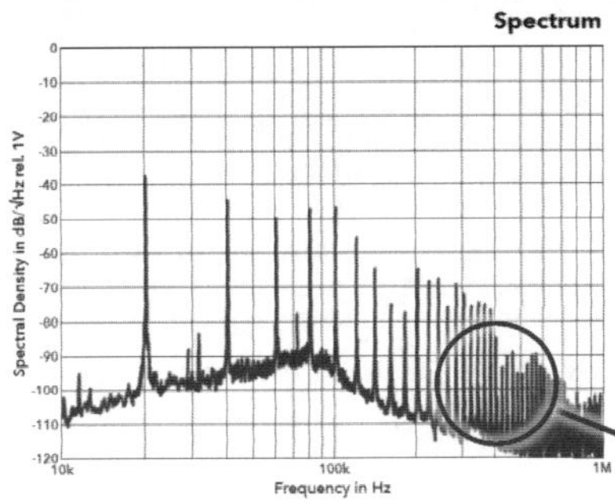

Beschädigter Prüfling

- Deutlicher Unterschied zwischen einem neuwertigen und einem geschädigten Prüfling im Frequenzbereich 300kHz - 800kHz

xarion laser acoustics 13

Zusammenfassung

- Das optische Mikrofon konnte auch in dieser Anwengung unter erschwerten Umwelt-Bedingungen erfolgreich eingesetzt werden
- Mit Hilfe des großen Frequenzumfangs läßt sich eine klare Zustandssignatur des CFK Prüflings messen
- Weitere detaillierte Untersuchungen nötig, insbesondere um verschiedene Schädigungen sicher von einem unbeschädigten Prüfling zu unterscheiden

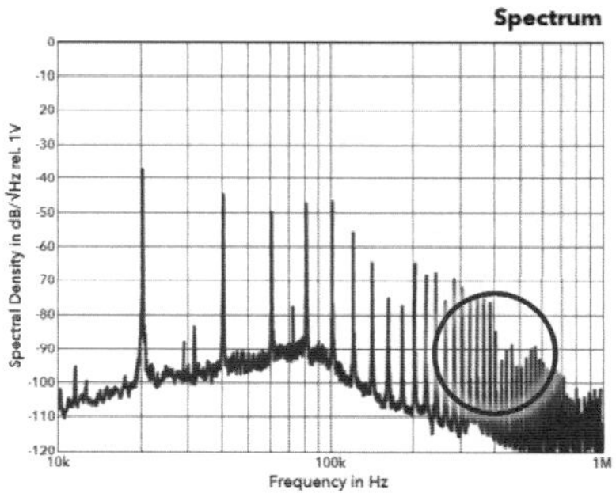

Ausblick

- Vortrag 21 am Freitag um 10:55 Uhr
  Wolfgang Rohringer: Breitbandige Erfassung von Ultraschallemissionen mit einem laserinterferometrischen Sensor
  Fokus: Weitere Anwendungen des Optischen Mikrofons
- Membranfreies Optisches Mikrofon in Aktion:
  Geräteausstellung
- **Wir freuen uns auf Ihren Besuch!**

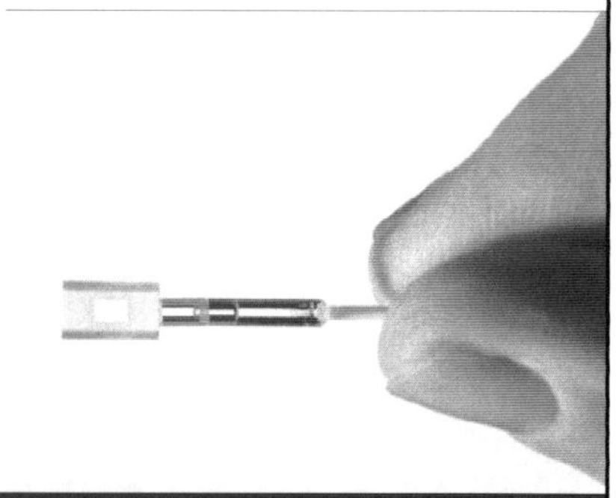

When AE (Acoustic Emission) meets AI (Artificial Intelligence)

Kilian WASMER[1], Fatemeh SAEIDI[1], Bastian MEYLAN[1], Farzad VAKILI-FARAHANI[1] and Sergey A. SHEVCHIK [1]
[1] Swiss Federal Laboratories for Materials Science and Technology (Empa), Thun, Switzerland

Contact e-mail: kilian.wasmer@empa.ch

Abstract. On the one hand, in recent years, artificial intelligence is a new trend that showed itself as a very powerful tool to overcome both the complexity and/or the large amount of data to be treated. On the other hand, acoustic emission has been proven to be an effective tool for monitoring and control in multiple processes. In this contribution, we presents three examples from completely different fields where acoustic emission technique is combined with artificial intelligence to make a significant step forward for process monitoring and quality control.

The first example shows the possibility to predict failure in lubricated surfaces using acoustic time-frequency features and random forest algorithm. Although scuffing is a stochastic failure mechanism, we can predict it 5 mins before it takes place. We proved this for a grey cast iron - hardened 42CrMo6 steel tribo-pair.

The second example depicts an *in situ* and real-time monitoring electrical discharge in solids, where the induced mechanical damage is estimated by acoustics.

The last example addresses the quality control in additive manufacturing and laser welding, which are at the centre of attention for years. We will show how acoustic emission combined with artificial intelligence can be used for differentiating the type of weld and detecting some type of defects.

Introduction

Acoustic Emission (AE) analysis is one of the most effective monitoring methods with high sensitivity and reliability in detection of changes in materials. Consequently, AE has been used successfully in many engineering applications and for a broad variety of materials, material compositions and structures [1]. The engineering applications include tribology [2], failure of components [3] and, more recently, laser welding and/or additive manufacturing [4, 5]. However, despite the technical simplicity in collecting of AE data, its processing is not a trivial task. The reason is that each specific application requires a specific interpretation of the acoustic signals in terms of the underlying physical phenomena. Artificial intelligence (AI) makes such interpretation by correlating the acquired AE with the real events. In real life conditions and industrial environment, the collected data is distinguished for intricate dependencies between inputs/outputs and the presence of intensive background noises. This is an inherent problem, especially in tribology, facture mechanics, laser welding and additive manufacturing.

In tribology and fracture mechanics, the AE signals during friction of solids can be generated by at least nine factors: (1) elastic interaction & impacts; (2) changes in stress-strain state of a local volume of slid surface layer; (3) plastic deformation and damage; (4) generation, motion and interaction of dislocation; (5) energy liberation at repeated deformation or phase hardening-weakening and damage of surface layer; (6) changes in friction surface structure; (7) formation of micro-cracks, micro-pores and new surfaces because of wear; (8) appearance of wear debris and (9) surface spalling and formation of fatigue pit [2].

Laser welding and additive manufacturing are similar in many aspects. In both processes, the content of AE includes the echoes from material changes, melt dynamics and solidification processes. The latter is distinguished by the formation of crack that also have unique acoustic signatures. This means that AE content is affected by the substrate characteristics (e.g. chemical constituents, surface quality, environments) and process parameters (e.g. laser type, spot size, laser power, scan speed, and scan line spacing). In addition, the AE is enriched by components, generated from the pores, balling, unfused materials, and cracking. All aforementioned factors are impossible to predict and the process dynamics is dependant from a large amount of parameters.

With all mentioned above, the relation between the AE content in relation and the real underlying physical event is of extreme complexity and is not always possible to do. In many cases, the solution requires very expensive equipment like synchrotron, where the necessary information is accessible *in situ* and in real-time. Unfortunately, such experiments are time-consuming, costly and with some limitations such as the sample size. The latter, despite getting a fundamental understanding of the AE event, the experimental results may not be transferable to real life conditions. The other investigation methods are based on a post-mortem analysis which always includes a certain level of uncertainties. AI methods allow bypassing these constraints by using high non-linear data transforms that allows reducing the effect of noises, complex data structure and even the non-accuracies in preparations of training sets.

Wavelet decomposition

The monitoring of the evolution of AE signals in time allows understanding the dynamics of the underlying process. Fast Fourier transform (FFT) spectrum [6] and Short-Time Fourier Transform (STFT) [7]-[8] are often used for such an analysis. Unfortunately, FFT is principally limited to stationary and time invariant signals and it does not retain the time domain information [6]. STFT [7]-[8] is intrinsically limited due to a resolution problem [6]. As an alternative approach and unlike the Fourier transform, the wavelet transform (WT) provides simultaneous description of a signal on both time and frequency domains [9]. WT can specify the frequency of the signals and the time associated to those frequencies.

According to the discrete wavelet transform (DWT) principle [6]-[10], at each decomposition level, part of the frequency components (starting from the maximum acquired frequency) is extracted from the original signal in a sequential order. The extracted parts are the so-called *details* whereas the remained signal is named *approximation*. The *approximation* signal can be further decomposed into a next level, so that the signal is broken down into lower frequency components [6]-[11]. Based on the theory of wavelet decomposition, the signal after n-th decomposition level is expressed as:

$$S = A_n + \sum_{i=1}^{n} D_i + \varepsilon \tag{1}$$

where S is the signal, A and D are the reconstructed *approximation* and *details*, respectively, while ε represents the approximation error which depends on the type of the mother wavelet (modulation function) used to decompose the signal. The decomposition tree at multiple levels for the given signal S is shown in Fig. 1 .

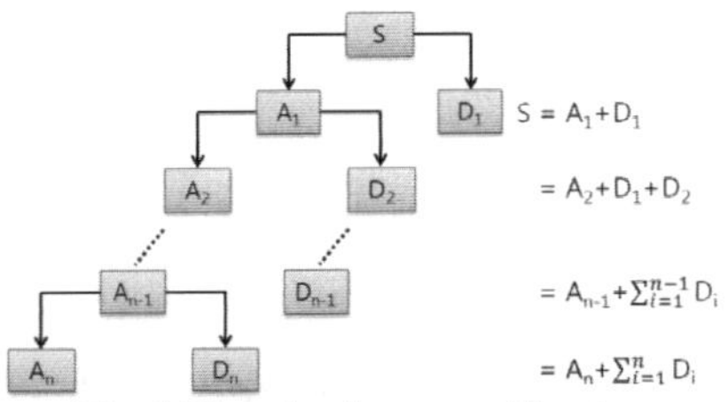

Fig. 1 Wavelet decomposition tree

Many families of wavelet exist (e.g. Daubechies, Symlet, Coiflets, BiorSplines, Meyer, Gaussian, Mexican hat, Morlet). In these works, the mother wavelet having the minimum error of the reconstructed signal in Eq. 1 was used. Apart from that, we use the data adaptive wavelets to minimize the approximation error if none from the standard wavelets provide with acceptable approximation accuracy. The same specialised wavelets are used here for detection of separate patterns within the signals.

1. Example: AE meets AI in the field of tribology

The example explained below was reported with details in [12]. In this work, an SRV reciprocating tribometer schematically illustrated in Fig. 2 was used. An environmental control unit helps to keep the test conditions in the chamber constant with a temperature of 35 °C and a relative humidity of 30%. The test configuration is flat-on-flat as it is known to be problematic and, therefore, a special holder was used to prevent the inclination of the counter-body and to ensure flat-on-flat conditions.

The counter-body (42CrMo4 steel) was oscillating with a stroke of 4 mm at a frequency of 6 Hz with an estimated sliding time of 54 ms for each stroke as seen from Fig. 3. A constant load of 600 N, giving a nominal pressure of 24 MPa, was applied on the contact surface. The coefficient of friction (COF), the sample temperature, the applied load and the stroke were continuously monitored and recorded by the tribometer software. The sampling rate was 16 ms for the COF and 2 s for the other parameters. A representative curve for one forward and back stroke taken from SRV tribometer software is illustrated in Fig. 3. Fig. 4 demonstrates how well the COF correlates with the AE RMS data.

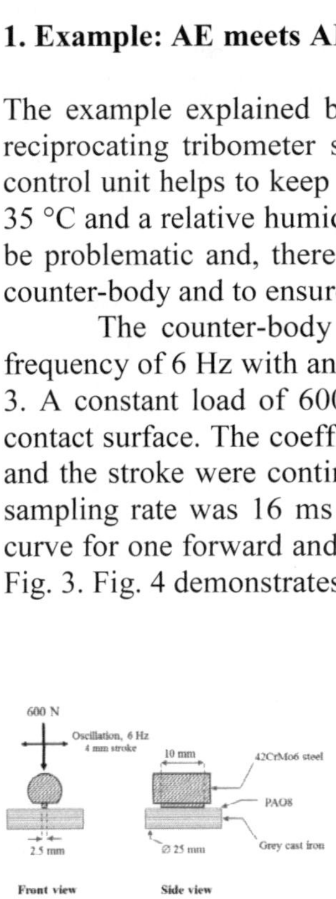

Fig. 2. Tribo-test set-up (a) Reciprocating tribometer (SRV® III), and (b) schematic diagram of the counter-body and the bottom sample

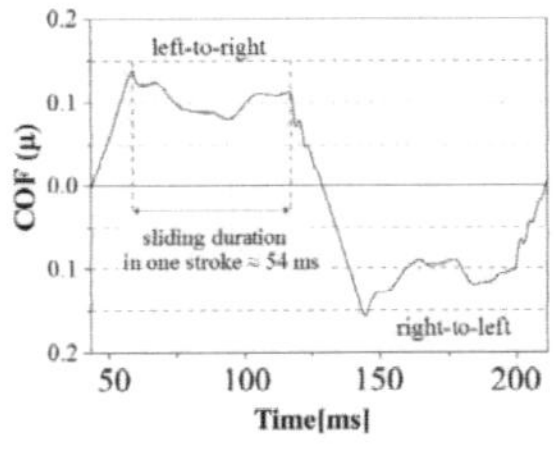

Fig. 3. Values of friction coefficients for one forward and back strokes

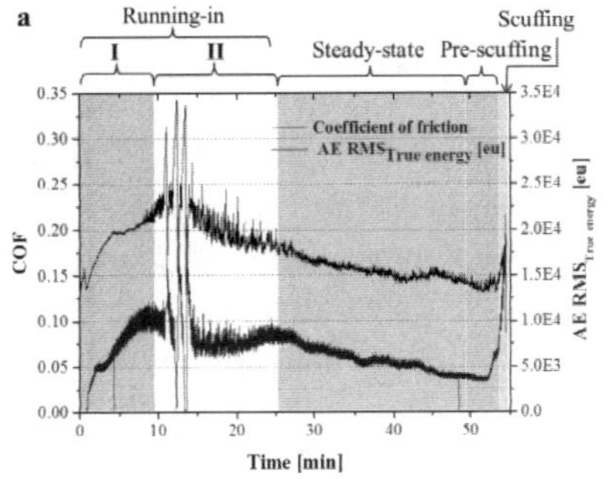

Fig. 4. Variation of the AE *RMS* and COF with time and the friction regimes: running-in, steady-state, pre-scuffing and scuffing

In order to achieve the starved lubrication conditions and consequently scuffing, the lubrication of the cast iron surface was performed by spraying a small quantity (0.4 μl/cm2) of pure poly-alpha-olefin oil (PAO) with a viscosity of 8 cSt using a high precision spraying machine. The weight of the sprayed oil was controlled by an accurate weighing (±0.1 mg).

On specific tribo-tests, an acoustic emission (AE) sensor was mounted close to the cast iron sample with a thin layer of grease and fixed with a paper tape. The signals were recorded using a Vallen acquisition system and a PAC WD sensor. The selected sensor has a broadband response range from 100 kHz to 1 MHz. The pre-amplifier had a fixed gain setting of 34 dB. The sampling rate was 1 MHz with a record duration of 65 ms to cover a complete stroke. To eliminate the noise from the tribometer, the best threshold was found at 29 dB. Fig. 5 shows a typical AE signal (waveform) collected by the AE system.

In the present work, all AE signals were decomposed with the wavelet packet transform using the Daubeshies wavelet with ten vanishing moments (known as db10 in Matlab 2012). Db10 showed to be the most suitable wavelet for the collected AE signals as it provides the minimum approximation errors for the collected signals.

The changes in the AE content were employed to describe the momentary surface modifications. The changes were extracted from two consecutive AE signals obtained from the current and the previous strokes. The entire dataset was processed using the following procedure: Each signal is decomposed and a set of WP is extracted using Daubeshies wavelet. The corresponding time-frequency content was then divided into separate non-overlapping frames (F). Each F is a two-dimensional structure that bounds a limited set of WP. This set is defined by the height (N) that corresponds to the number of scales j (see Eq. (1)) and a width (M) that corresponds to a fixed time span. The time span for different frames within the signal is adjusted to compensate the acceleration and deceleration of the counter-body relative to the sample surface. The analysis of the separate frames allows localizing spatially the surface asperity modifications due to friction, and the number of frames defines the spatial resolution of the present method.

Random forest (RF) is a recent classification/regression technique introduced by L. Breiman [13]. It has some advantages regarding the friction problem. In particular, RF does not require any preliminary knowledge about the data distribution in the training datasets. In the present work, the input data is a statistical sequence with highly complex distributions. Involvement of the ensemble of classifiers/regressors makes the RF robust to the presence of outliers and noises, as well as makes it stable to overfitting. Considering that friction is a response of the contact between surfaces with a random configuration of asperities, it is evident that the input data are subjected to high variations, containing a lot of outliers and noise. RF is a non-parametric framework, which is adaptable to a variety of different conditions with a minimum effort. This implies its adaption to real life applications with a minimum effort.

The variation of the COF during sliding is taken as the ground truth for the estimation of the failure time. The dynamics of the COF, as shown in Fig. 4, includes three major regimes: the running-in, steady-state and scuffing. The running-in is defined as the first 50 minutes of the operating time during which the COF fluctuates extensively as the contact surfaces adjusted themselves. After the running-in, the steady-state is characterized by the fact that the mean COF is almost stable until a sharp upsurge and failure. The sharp increase in the COF of this lubricated tribo-system is called scuffing.

The prediction time interval τ was varied in multiple test-runs starting at 10 s, incrementally increased by step of 10 s, up to 310 s, when the predicted scuffing time was found to be later than the real one. Fig. 6 shows a smoothed curve of the real data (red curve) versus the predicted smoothed curves for different prediction time intervals (blues curves) of two samples. The figure includes only the prediction results of the last part of the trajectory including pre-scuffing and scuffing. This part is actually the most critical for the RF regression due to the rapid changes in the features behaviour, especially in the transition between pre-scuffing and scuffing. By scrutinizing Fig. 6, we see that the predicted and real curves are close to each other during the pre-scuffing regime. This brings confidence this regime can be forecasted up to 5 minutes before its occurrence.

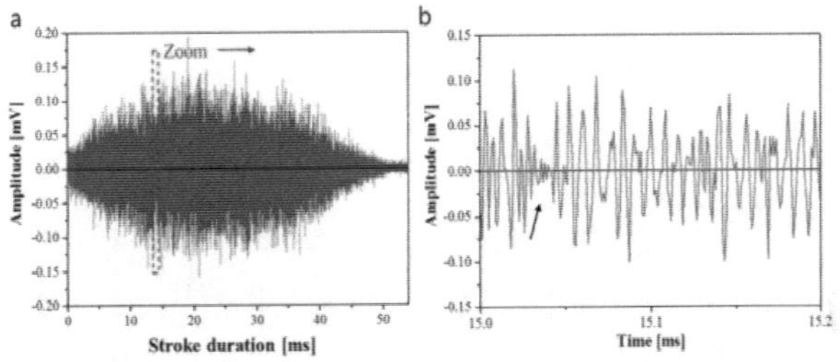

Fig. 5. (a) Typical acoustic emission (AE) signal for one stroke of the reciprocal movement and (b) zooming in of signal showing the non-stationary behavior caused by local modification of asperities.

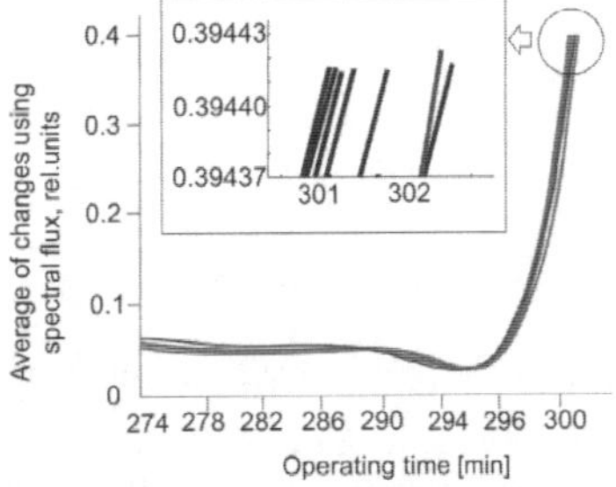

Fig. 6. The real smoothed versions of predicted data for different time intervals (blue) vs. the original data (red) for Sample 3.

2. Example: AE meets AI in the field of fracture mechanics

The example explained below was reported with details in [14]. Pre-weakening of solid materials using electric discharge is a new technique aiming at reducing the costs and energy consumption of raw materials processing in mining and recycling industries. However, the absence of an effective pre-weakening quality control prohibits its introduction into a wide practice. This work aims to present a promising solution to fulfil this gap by demonstrating the applicability of discharge pre-weakening by means of acoustic emission.

To simplify the pre-weakening quality monitoring, this study was carried out using transparent artificial samples (TAS) that allowed visual monitoring of the cracks formation induced by the electric discharge.

The TAS samples were made of poly-methyl-methacrylate (PMMA). The dielectric constant of PMMA is around 3 which fits within the range of dielectric constants of most natural solid materials that are between 3 and 20 [15].

The discharge events inside the TAS were initiated using a big scale voltage generator. The operating voltage and storage capacitance were in the range of 90 – 200 kV and 2.5 – 38 nF, respectively. The voltage exposure of the TAS was carried out in a chamber filled with water. The setup is a standard industrial environment to provoke discharge preferentially inside the solid materials in a given voltage range and it is schematically represented in Fig. 7. Such machines and process are very noisy.

All TAS were exposed to electrical pulses and the corresponding AE signals were recorded. The detection of the acoustic signals was made directly inside the water filled chamber using an acoustic hydrophone sensor R30UC. It was placed at a distance of 20 cm from the electrode gap (See Fig. 7). The AE signals were recorded with a 10 MHz sampling rate and an electrical signal amplification of 20 dB. The recording time was 16 ms and the record was synchronized with the discharge start.

In this work, we defined 3 categories and they are presented in Fig. 8. The category ***Discharge in TAS*** includes the AE that describes the pre-weakening due to the electric discharge propagation inside the TAS medium. The category ***Discharge fail*** includes partial or no discharge. The category ***Surface discharge*** contains the AE signals when the discharge occurred in the surrounding water environment or along the sample surface.

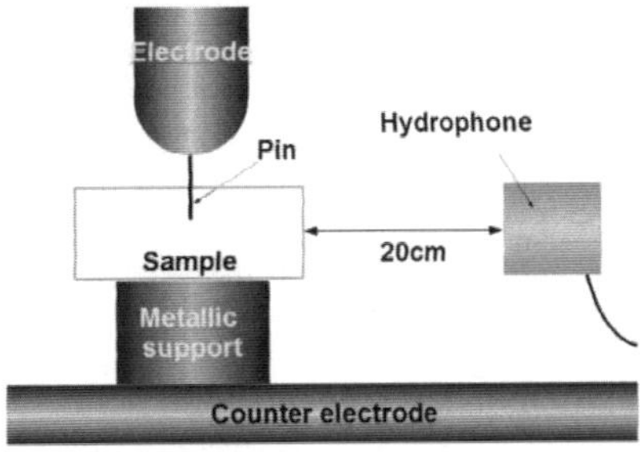

Fig. 7. Schematic view of the sample location in the discharge chamber, filled with water.

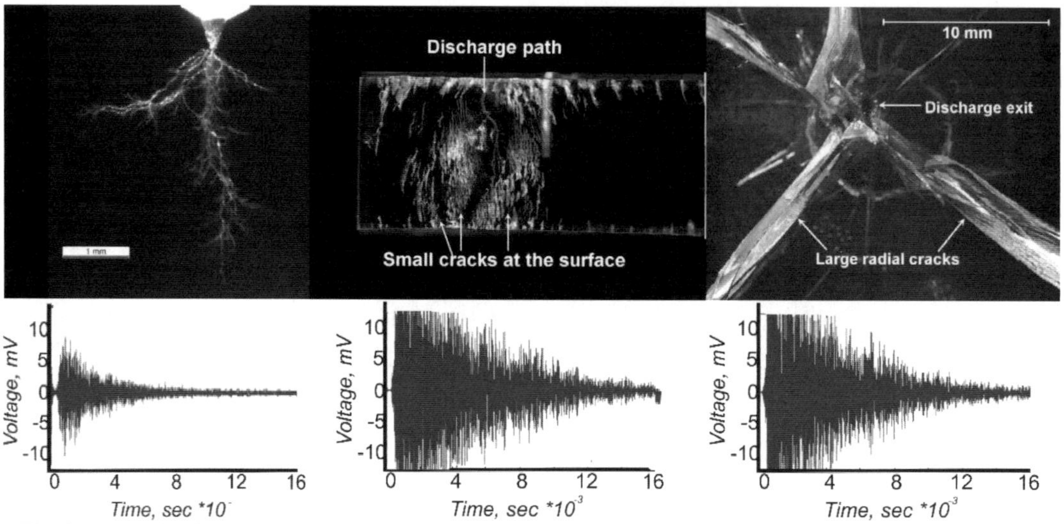

Fig. 8. Example of solid materials processed using electric discharge. A metal pin electrode is placed at the centre of the TAS. Top is an optical microscope view of TAS subjected to an electric discharge and below is its respective AE signal recorded. The figure on the left is a side view of the pin electrode area of a TAS made of PMMA for the category *Discharge fail*. The figure in the middle is a side view of a TAS made of PMMA from the category *Surface discharge*. The sample on the right is a top view of TAS made of epoxy from the category *Discharge in TAS*.

We used the method proposed by Gupta *et al.* [16] for wavelet construction for three main reasons. First, this method adapts the *M*-band wavelets to the signal in a statistical manner taking into account the diversity of the signals content. Second, it also exploits the self-similarity as a global likelihood criterion between wavelet approximation and the original signal. Finally, it supports the construction of both orthogonal and bio-orthogonal bases.

Before classification, only the most informative features are selected using the principal component analysis (PCA) [17]. The disposal of non-informative features decreases the noise in the classification and additionally reduces the computational complexity [17].
The classification was performed using support vector machine (SVM), a statistical machine learning technique proposed by Cortes and Vapnik [18].

The classification results are presented in Table 1 and, despite the noisy experiment, the event are classify with a confidence higher than 80% which is excellent. In the case of ***discharge in TAS***, no additional discharge is required. For ***discharge fail*** and ***surface discharge***, an additional discharge is required and the error with discharge in TAS is very limited having a low impact on the industrial process.

Table 1. Classification test accuracy results*

	Test results accuracy in % for:		
Ground truth reference	***Discharge in TAS***	***Discharge fail***	***Surface discharge***
Discharge in TAS	**87**	3	10
Discharge fail	7	**93**	-
Surface discharge	15	1	**84**

*Dark and light grey highlight the classification match with the ground truth and classification mistakes.

3. Example: AE meets AI in the field of laser welding or additive manufacturing

This last example presents the use of acoustic emission as a powerful tool for monitoring *in situ* and in real-time the quality of molten materials by a laser. The typical applications are laser welding or additive manufacturing.

At present, the quality control in laser welding and additive manufacturing has been diligently based on temperature or high resolution imaging of the process zone. For this, various sensors such as pyrometers, photo diodes and matrix CCD detectors are used. Unfortunately, these methods have large limitations either in temperature measurement precision or spatial resolution.

A single-mode fibre laser source StarFiber 150 P with a 1070 nm wavelength was used in this work. The laser beam went through a single-mode optical fibre with a 12 μm core diameter and focused at the surface of the sample by a focusing lens with a 170 mm focal length. This setup provides a spot size of about 30 μm diameter at the focal point ($2w_0$).

The welding trials were performed on 2 mm-thick plates of Ti_6Al_4V alloy (Grade 5) due to the ease of the microstructural characterization of the different zones such as the fusion zone, heat affected zone (HAZ) and base material.

Fig. 9 presents optical pictures (top view and cross-section) of the weld with its corresponding laser power. As seen in Fig. 9 (c), the laser illumination starts at a time of about 4 ms and lasts until 54 ms (i.e. the pulse width is 50 ms). During the process, the sample is moved with a velocity of 100 mm/s. Thus, it produces a SHADOW weld of a 5 mm length. In addition, the experiments were carried out in a controlled environment (e.g. a welding chamber filled with inert gas) to prevent any potential weld contamination such as oxidation.

AE signals were recorded with a PICO sensor with frequencies between 200-750 kHz and being in contact with the work piece. The recording sampling rate was 10 MHz.

In this study, we defined four categories. ***No illumination*** is when no laser is activated. ***Conduction welding*** is for shallow welding; ***Keyhole with defects*** and ***Keyhole*** are deep penetration welds with and without defects.

In this contribution, we used a similar approach to the pre-weakening of solid materials via electrical discharge. *M*-band wavelet decomposition of recorded signals is carried out and relative energies of narrow frequency bands are taken as descriptive features. The correlation of extracted features and the real welding quality is carried out using Laplacian graph support vector machine (lapSVM) classifier [19].

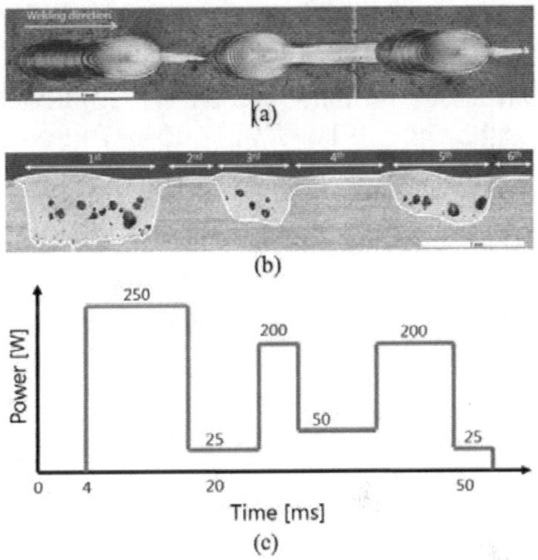

Fig. 9. Typical results of a modulated SHADOW welding on a Ti_6Al_4V alloy sample; (a) top surface, (b) longitudinal cross-section, (c) the laser pulse shape.

Table 2. Classification test accuracy results*

	Test results accuracy in % for:			
Ground truth reference	***No illumination***	***Conduction welding***	***Keyhole***	***Keyhole with defects***
No illumination	**100**	-	-	-
Conduction welding	-	**86**	14	-
Keyhole	-	14	**80**	6
Keyhole with defects	-	-	16	**84**

*Dark and light grey highlight the classification match with the ground truth and classification mistakes.

Table 2 shows the accuracy results in the classification which is higher or equal than 90%. The less reliable results are for the category ***keyhole***. The reason is due to a transition between ***keyhole*** and ***conduction welding*** which is hard to quantify experimentally.

Conclusions

In this contribution, we presented three examples where acoustic emission meets artificial intelligence. We showed that by combining AE signals with a state-of-the-art signal processing, it is possible to address highly complex industrial processes. We demonstrated that, even in very noisy and dirty environments, we are able to achieve reliable classification of investigated events. This makes this methodology very effective for industrial applications even though it does not explains the nature of the AE signals, but this is planned as the future work.

Acknowledgements

The authors thank the Swiss Commission for Technology and Innovation (CTI- projects N° 12358.1 PFIW-IW; 16024.1 PFEN-IW; 16697.1 PFIW-IW) for the financial support.

References

[1] C.U. Grosse and M. Ohtsu "Acoustic emission testing" Eds Springer-Verlag, 2008.
[2] V.M. Baranov, E.M. Kudryavtsev, G.A. Sarychev, V.M. Schavelin, "Acoustic emission in friction", Vol. 53. Elsevier, 2011.
[3] The Japanese Society for Non-Destructive Inspection, "Practical acoustic emission testing", Eds Springer-Verlag, 2016.
[4] B.M. Sharratt, "Non-Destructive Techniques and Technologies for Qualification of Additive Manufactured Parts and Processes: A Literature Review", Contract Report DRDC-RDDC-2015-C03
[5] D. S. Cerniglia, Michele; Pantano, Antonio; Lopatka, Rafal, "Laser Ultrasonic Technique for Laser Poweder Deposi-tion Inspection", 13th Int. Symp. Nondestructive Characterization of Materials, Le Mans, France, 2013.
[6] J. Gomes, and L. Velho, "From fourier analysis to wavelets" Vol. 3: Springer, 2015.
[7] X.Gao, R. Wang, and Y. Yang, Y. "Time-frequency Characteristics Clustering of Metallic Plume during High Power Disk Laser Welding", Proceedings of The world congress on engineering and computer science, 24-26, 2012.
[8] A.S. Sun, E. Kannatey-Asibu Jr, W.J. Williams and M. Gartner "Time-frequency analysis of laser weld signature", International Symposium on Optical Science and Technology, 103-114, 2001.
[9] I. Daubechies "Ten lectures on wavelets" Society for Industrial and Applied Mathematics, 1992.
[10] D.P. Radunovic "Wavelets: From Math to Practice" Springer Publishing Company, Incorporated, 2009.
[11] R. Polikar, "The Wavelet Tutorial", ed. Department of Electrical and Computer Engineering, Rowan University, 1996.
[12] S.A. Shevichk, F. Saeidi, B. Meylan, and K. Wasmer, "Prediction of Failure in Lubricated Surfaces Using Acoustic Time-Frequency Features and Random Forest Algorithm", IEEE Transaction on Industrial Informatics, 2016, DOI: 10.1109/TII.2016.2635082.
[13] L. Breiman, "Random forests", Machine Learning, pp. 5-32, 2001.
[14] S.A. Shevchik, B. Meylan, A. Mosaddeghi, and K. Wasmer, "Acoustic Characterization of Solid Materials Pre-weakening Using Electric Discharge", *submitted to Journal of Cleaner Production.*
[15] W.M. Telford, L.P. Geldart, and R.E. Sheriff, Applied geophysics; Cambridge university press, 2nd Edition, p.283-292, 1990.
[16] A. Gupta, S.D. Joshi, and S. Prasad, A new approach for estimation of statistically matched wavelet; IEEE transactions on signal processing, vol. 563, 5, p.1778-1793, 2005.
[17] I.T. Jolliffe, Principal Component Analysis, second edition (Springer), 2002.
[18] C. Cortes, and V. Vapnik, Support-vector networks, Machine Learning 20 (3): 273, 1995.
[19] M. Belkin, Q. Que, Z. Wang, and X. Zhou, Toward understanding complex spaces: graph Laplacians on manifolds with singularities and boundaries, JMLR workshop and conference proceedings, vol. 23, 2013.

Noesis - Advanced Data Analysis, Pattern Recognition & Neural Networks Software for Acoustic Emission Applications

Spilios KATTIS [1]
[1] Mistras Group Hellas A.B.E.E., Athens, Greece

Contact e-mail: spilios.kattis@mistrasgroup.gr

Abstract. The complexity of Acoustic Emission (AE) can be overwhelming, if the appropriate tools are not available to the analyst. The main tool used for AE data analysis has traditionally been feature correlation graphs. These have allowed experienced users to investigate the data structure, decide on the origin of the data, apply appropriate filters and investigate the validity of the result. This task is very difficult and time consuming especially in novel applications. The NOESIS™ is a software application for advanced Acoustic Emission data analysis, pattern recognition & neural networks. It offers powerful tools to aid and improve data analysis, ranging from drastically improved graphics with numerous options to view the data in new and different ways, to mathematical algorithms for signal processing, event location, data discrimination, classification and manipulation after or during acquisition. All NOESIS™ functions are available to the user in a friendly way resulting in the most time effective means of treating AE data for any application. Noesis™, has been recognized by industry and research institutions, as the most advanced tool for AE data analysis and it is currently used in a large number of AE applications world-wide, from industrial inspections to aerospace research. It provides all the tools an analyst would like to use in industrial applications as well as for research purposes with its very advanced data manipulation functions. NOESIS™ successfully solved many challenging and innovative applications like granulation end point prediction of pharmaceutical products, crack detection of high noise areas in roller coasters, in-flight helicopter gear boxes and gas turbine stator cracking.

Introduction

The complexity of Acoustic Emission (AE) (and in fact of any data) can, at times, be overwhelming, if the appropriate tools are not available to the analyst. The main tool used for AE data analysis has traditionally been feature correlation graphs. These have allowed experienced users to investigate the data structure, decide on the origin of the data, apply appropriate filters and investigate the validity of the result. Noesis™, is an Advanced Data Analysis software featuring Pattern Recognition and Neural Networks, with powerful tools to aid and improve data analysis, ranging from drastically improved graphics with numerous options to view the data in new and different ways, to mathematical algorithms for signal/data discrimination and data classification and manipulation during acquisition.

Noesis™ is a data visualization and handling software with very advanced Pattern Recognition functions and extensive viewing, filtering and handling capabilities. It is designed for use with Acoustic Emission data (hit and time driven data) and waveforms and it includes a large array of functions and commands allowing users to manipulate data in any manner. In addition, Noesis™ is available for data classification and processing after or during acquisition (real-time). Noesis™ offers unique advantages when analysing AE data as it has been specifically designed for this purpose. Noesis™ Pattern recognition option (both Unsupervised and Supervised) provide very powerful data discrimination algorithms (effectively separating similar data into groups).

1. Main Features of the Software

1.1 Data support

Noesis™ offers full support for Physical Acoustics (DTA and TDA) acoustic emission data files from Spartan, Mistras, DiSP, Samos, PCI-2, Express-8, Pocket-AE and USB Node systems, with save and export capabilities. Also, it supports AE Wave Streaming Data (WFS) from PCI-2 and Express-8 systems, with save and export capabilities. Additional, Noesis™ offers text Files import and export support for hits, time driven and waveform data. Supplementary, Noesis™ supports Audio Files (wav) with import and export for waveform data.

1.2 Advanced Data Viewing

Noesis™ uses an advanced page creation and graph arranging method. Each page can support graphs (scatter, density, bar, cumulative, line, 3D etc.) with unique customization options. In addition, statistics, data tables, waveforms, FFT, RMS, Autocorrelation and many more data views can be on screen simultaneously. The graphs and other views are active in the sense that the user can zoom and pan to closely view the data, apply graphical filtering to each graph individually, select data with the mouse or user defined functions and view the selection in all other graphs (hit correspondence) and do much more. These functions alone render Noesis™ a superior analysis tool as the user gets a new and deeper look into the data. The simplicity and user friendliness that such complex data viewing is achieved can be compared to typing a text document.

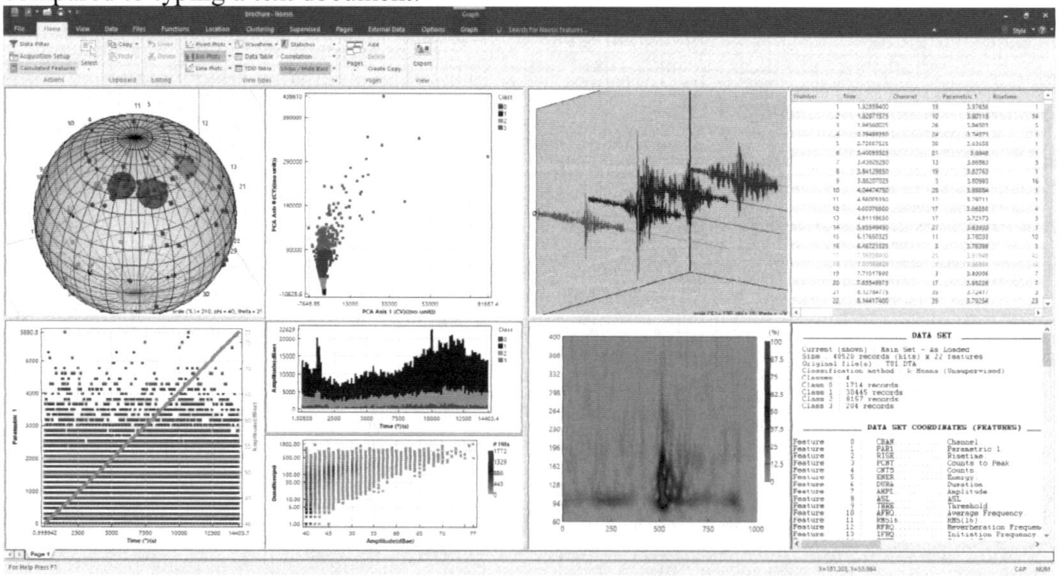

Fig. 1. Typical Noesis view containing different types of data representation.

The general Noesis™ View can contain the following types of graphs (see typical example above in Figure 1):

- Plot (e.g. scatter, bar), including also background plots
- Text (e.g. statistics),
- Waveform/DSP (e.g. waveform, FFT).
- HDD Table (data view).
- TDD Table (data view).
- Periodic Statistics
- Hierarchical and Parallel Coordinates diagrams

1.3 Data Grouping & Multi-Dimensional Sorting

A Cluster or Class is a group of signals/data, which can be selected and defined by the user, according to their similarity or correspondence to physical phenomena, so as to distinguish from other data. Creating data clusters drastically enhances the way the user can view the data. Different clusters can have different color and symbol so that they can easily be distinguished in any graph or other view (tables, waveforms, etc.). The user can get separate statistics for each cluster (class), compare clusters, view cluster comparative and evolution statistics etc. The user can simply drag the mouse over a plot and select some data from multiple plots with logical AND/OR operations, or apply advanced multi-dimensional filtering. As data are usually grouped according to their similarity Noesis™ offers much more than manual, user defined, selections and clustering (which are limited to the user's observation capabilities in 2D or 3D space), although these tools alone can provide great power, ease, confidence and speed in data analysis.

1.4 Other Advanced Tools

Data viewing is only the beginning in Noesis™. The data structure can be investigated using advanced statistics (e.g. feature discriminant, class discriminant etc.), feature correlation matrices and dendrograms (to investigate feature correlation – see Figure 2), principal component analysis and data projections (to investigate the data in a mathematically defined space), feature extraction from waveforms (to get new unique signal features and use them in the analysis), calculated features (to get computed features from the existing ones) and other small functions that will make data analysis a new process.

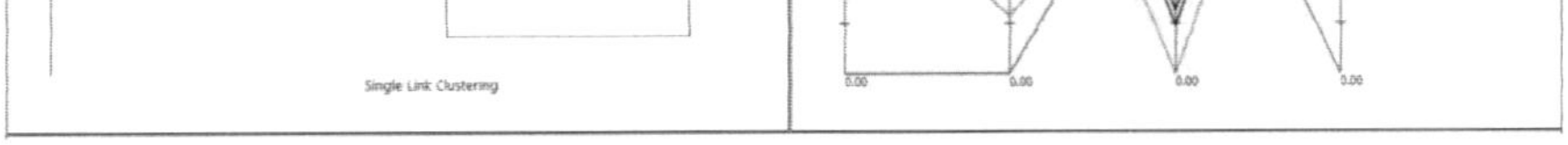

Fig. 2. Typical Dendrogram of Features and Parallel Coordinates Diagram.

1.5 Feature Extraction

This function allows the user to extract features for records with waveforms in the data file(s). The user can either use the original settings, as these apply to each file and channel, or use a custom, global, setup for all files and channels having control over certain extraction parameters. In total, the user could extract up to 51 features that listed in the Table 1.

Table 1. Feature Extraction Options.

Feature Name	Description	Feature Name	Description
Amplitude (dBae)	Signal Max Amplitude in dBae	**Frequency Centroid**	Measures the average frequency weighted by amplitude
Amplitude (mV)	Signal Max Amplitude in mV	**Partial Powers**	There are up to 8 Partial Powers. Any number of which can be used. They represent the percentage of energy contained in a certain frequency range.
Duration (μsec)	Signal Duration	**Peak Frequency**	Maximum frequency determined from FFT Power Spectrum
Rise Time (μsec)	Time from signal start to max amplitude	**Peak Power**	Maximum power determined from FFT Power Spectrum
Counts to Peak (#)	Cycles from start to max ampl.	**Threshold**	Fixed or dynamic threshold determined from peak amplitude.
Counts (#)	Cycles from start to end	**RA Value**	The ratio between Rise Time and Amplitude
Rise Angle (rad)	Angle from start to max ampl.	**STFFT Max**	Max. magnitude of Short Time FFT
Decay Angle (rad)	Angle from end to max ampl.	**STFFT Max Time (μsec)**	Time of max. magnitude of Short Time FFT
Energy (EC#)	Energy Counts	**STFFT Max Frequency (kHz)**	Frequency of max. magnitude of Short Time FFT
Signal Strength (pVsec)	Area under signal envelope		
Absolute Energy (aJ)	Signal Energy	**DWT Max**	Max. magnitude of Discrete Wavelet
Average Frequency (kHz)	Average Frequency	**DWT Max Time (μsec)**	Time of max. magnitude of Discrete Wavelet
Initiation Frequency (kHz)	Average frequency from start to max ampl.	**DWT Max Wavelet Scale**	Scale (base 2) of max. magnitude of Discrete Wavelet
Reverberation Frequency (kHz)	Average frequency from max ampl. to end	**CWT Max**	Max. magnitude of Continuous Wavelet
Non-Dimensional Amplitude (-)	Ratio of Max to Mean signal amplitude	**CWT Max Time (μsec)**	Time of max. magnitude of Continuous Wavelet.
Zero Crossings (#)	Zero crossings from start to end	**Second Peak Frequency (kHz)**	The frequency of the second peak value of the FFT Magnitude
Zero Crossings Frequency (kHz)	Av. Freq. Based on Zero Crossings	**Third Peak Frequency (kHz)**	The frequency of the third peak value of the FFT Magnitude
FFT Amplitude (V/Hz or Vrms)	Max. amplitude of the Amplitude Spectrum magnitude	**Wave Onset Time (μsec)**	The onset time of the waveform
FFT Width at 10% max ampl. (kHz)	Band width over 10% max amplitude	**Amp Onset Time (μsec)**	The time of the first peak value after the onset time
FFT Width at 30% max ampl. (kHz)	Band width over 30% max amplitude	**Amp Onset Value (V)**	The amplitude of the first peak value after the onset time
FFT Crossings at 30% max ampl. (kHz)	FFT magnitude 30% max ampl. crossings		

For AE Wave Streaming Data (WFS), Noesis™ offers the option to extract features and arrival times of multiple transient signals in a streamed waveform, based on threshold or length. See a typical example in the Figure 3 below.

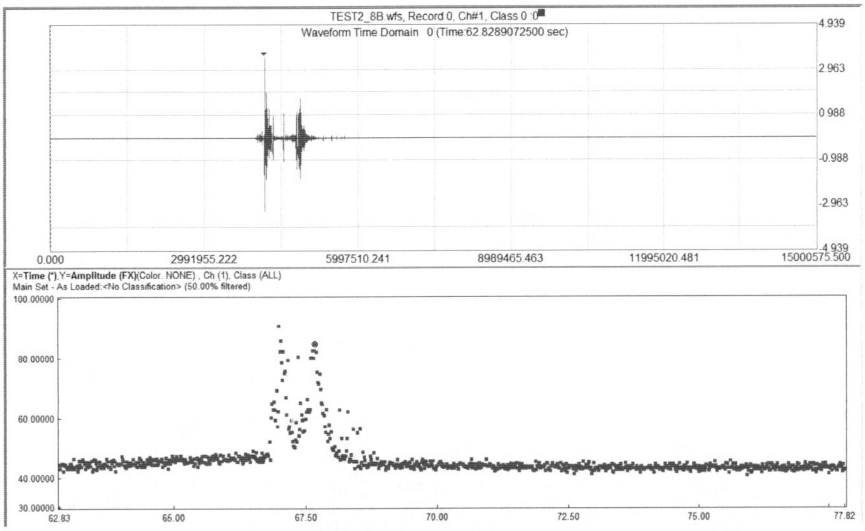

Fig. 3. Feature Extractions for AE Wave Streaming Data (WFS).

1.6 Interactive Advanced Data Clustering

Apart from manual clustering ™ offers a number of algorithms to automatically classify data. The Interactive Advanced Data Clustering is known as Unsupervised Pattern Recognition (UPR) and incorporates mathematical algorithms and Neural Networks. As its name suggests this process investigates the data to find and Recognize Patterns in the data and group them accordingly. These algorithms provide the user with an interactive way to classify data according to their similarity. Traditional analysis of 2D or 3D graphs has limited analysts. Unsupervised Pattern Recognition lets the user set a limited number of parameters and get an automatic classification based on these parameters. The results of the classification will depend on user input (e.g. features to be used, desired clusters, algorithm used etc.) but most importantly they will depend on the quality of the data. Thus, Noesis™ allows signal/data similarity to be compared on Multi-Dimensional space (can be 10D or 20D even) that an analyst could not even begin to imagine due to the complexity of the problem. The results of any classification of data will be immediately visible on all graphs and views as different colors for each class (group of data) are automatically assigned. The data structure can then be further investigated using graphs, tables, statistics, correlation plots and all the tools available in Noesis™.

1.7 Fully Automated Advanced Data Classification

Unsupervised Pattern Recognition is a process requiring some user input to allow data grouping in some unknown data. The Fully Automated Data Classification functions, known as Supervised Pattern Recognition (SPR), incorporates mathematical algorithms and Neural Networks that can be trained from known data or data clustered by UPR (see Interactive Advanced Data Clustering) and then automatically classify similar unknown data, even during acquisition! The user needs some data and decide on their classification (data groups). Once this is finalized an SPR algorithm can be trained to recognize the defined patterns in the data. The algorithm can then be applied to unknown data and it will classify the signals into the predefined groups (classes).

1.8 Dynamic Interface between Unsupervised and Supervised algorithms

In the Figure 4 (see below), the Overall Strategy for clustering of data using Unsupervised and Supervised algorithms is presented:

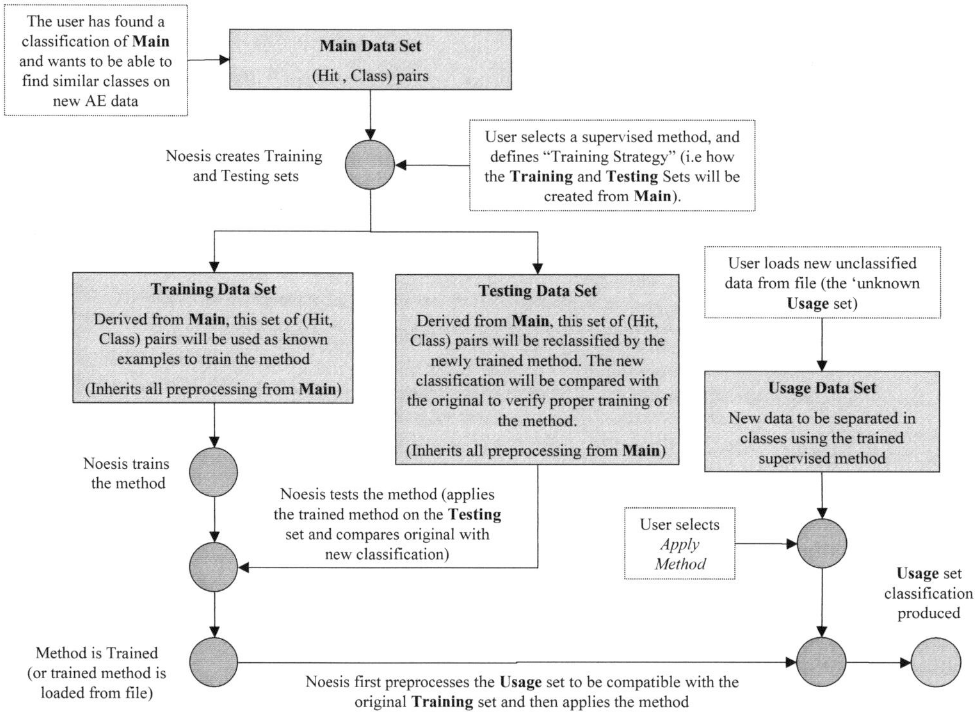

Fig. 4. Overall Strategy for Cluster Analysis.

1.9 Classification during Acquisition

Noesis™ offers the option to apply Supervised Classification during acquisition. When this option is used, Noesis allows real-time feature extraction and classification of data from DTA or WFS files with graphs, statistics and all other Noesis™ functions. In this case, a very useful functionality is the Periodic Statistics. This function allows the user to monitor various statistics relating to clusters and to other classification parameters and features. These can be set-up and run during a Live-SPR session to provide real-time information about clustering and will provide information about the evolution of the data acquisition and clustering process. In general, Periodic Statistics use two classes and measure distances and class evolution (e.g. velocity and class size) between them. To achieve this there is a reference class, which is the measurement's origin, and a target class which is the point to measure to. Periodic data are shown on graphs with the color and symbol of the target class.

2. Use of Noesis in Applications

NOESIS™ successfully solved many challenging and innovative applications. There are more than 1000 active users worldwide that they use Noesis in different areas of Acoustic Emission. A representative list of applications using Noesis™ capabilities is listed below:

- In the work of Etiemble at al. [1], "On the Use of the Acoustic Emission Technique for In-situ Monitoring of the Pulverization of Battery Electrodes", the Acoustic emission coupled with electrochemical measurements have been successfully applied for the in situ monitoring of the cracking upon cycling of metal hydride electrodes for Ni-MH batteries and Si-based electrode for Li-ion batteries. Noesis™ used for classification of the AE signals. The analysis of the AE signals made by Noesis™ which had identify the most discriminate acoustic parameter which in this case was the peak frequency.

- In the work of Kalicka [2], "Acoustic Emission as a Monitoring Method in Prestressed Concrete Bridges Health Condition Evaluation", an acoustic emission (AE) monitoring technique has been used for monitoring of prestressed and post-tensioned concrete bridges. Noesis™ used for classification of different AE sources corresponding to the level of damage severity.
- In the work of Ramadan et al. [3], "Contribution of Acoustic Emission to Evaluate Cable Stress Corrosion Cracking in Simulated Concrete Pore Solution", the applicability of acoustic emission (AE) technique for evaluation and detection of stress-corrosion cracking and localized corrosion of steel cables in simulated concrete-pore solution was studied. Noesis™ used for AE data clustering by applying principal component analysis (PCA) and separation of AE signals released during corrosion stages (localized corrosion and SCC) on steel surfaces by the K-mean clustering algorithm.
- In the work of Sause et al. [4], "Acoustic Emission Investigation of Coating Fracture and Delamination in Hybrid Carbon Fiber Reinforced Plastic Structures", Nickel-copper-coated and uncoated carbon-fiber reinforced plastic specimens were investigated by acoustic emission (AE) analysis during four-point bending tests and subsequently characterized by scanning electron microscopy. The combination of pattern recognition techniques and advanced frequency-spectrum analysis used to distinguish between different failure mechanisms. Noesis™ used for data reduction and application of unsupervised pattern recognition techniques to separate the AE of different failure mechanisms.
- In the work of Anastasopoulos [5], "Pattern Recognition Techniques for Acoustic Emission Based Condition Assessment of Unfired Pressure Vessels", the basic principles of supervised and unsupervised pattern recognition (PR) techniques for classification of acoustic emission (AE) data were successful applied for AE condition-assessment of unfired pressure vessels. Noesis™ used for data pre-processing, features selection and application of unsupervised and supervised pattern recognition techniques identify, separate and validate the AE of different data sources (simulated and real).
- In the work of Zacharias et al. [6], "Signature Analysis of Acoustic Emission Data Obtained during Proof Pressure Test of 15CDV6 Pressure Vessel", they present the details on the analysis carried out on AE data obtained during the proof pressure testing of 15CDV6 steel alloy pressure vessels. In this work, Noesis™ was used extensively. Pattern recognition based on clustering methods was applied on the AE data was found beneficial in noise filtering of internally resin coated pressure tanks. AE features of five case studies are compiled to find the range AE features form epoxy resin coating. Supervised method can effectively separate signals of different sources and can be effectively used to filter the noise signals due to the micro cracking internally coated of epoxy resin to aid in real time structural integrity assessment.
- In the work of Didem et al. [6], "Damage Assessment of Gearbox Operating in High Noisy Environment using Waveform Streaming Approach", the application of waveform streaming used on detecting corrosion pitting on gear teeth under a high background noise environment. The Noesis™ software used, in the first stage, for his option to extract features and arrival times of multiple transient signals in a streamed waveform, based on threshold or length and in a second stage for the option to apply Digital Filters in the transient signals. In the next, Feature Extraction was applied and in the result dataset was

applied data pre-processing, features selection and application of unsupervised pattern recognition techniques identify, separate and validate the AE of different data sources.

- In the work of Kostopoulos et al. [8], "Fracture behavior and damage mechanisms identification of SiC/glass ceramic composites using AE monitoring", Ceramic glass matrix composites was investigated by using DEN specimens under tensile loading conditions with in situ Acoustic Emission monitoring. The AE data were successfully classified using Noesis™ Unsupervised Pattern Recognition Algorithms and the resulted clusters were correlated to the dominant damage mechanisms of the material.
- In the work of Bollas et al. [9], "Acoustic Emission Inspection of Rail Wheels", extensive acoustic emission (AE) measurements have been performed on various trains and trams. Noesis™ used for Waveform processing, Feature Extraction and Unsupervised Pattern Recognition.

References

[1] Aurélien Etiemble, Hassane Idrissi and Lionel Roué, On the Use of the Acoustic Emission Technique for In-situ Monitoring of the Pulverization of Battery Electrodes, J. Acoustic Emission, 30 (2012), p. 54-63.

[2] Małgorzata Kalicka, Acoustic Emission as a Monitoring Method in Prestressed Concrete Bridges Health Condition Evaluation, J. Acoustic Emission, 27 (2009), p. 18-26.

[3] S. Ramadan, L. Gaillet, C. Tessier and H. Idrissi, Contribution of Acoustic Emission to Evaluate Cable Stress Corrosion Cracking in Simulated Concrete Pore Solution, J. Acoustic Emission, 27 (2009), p. 254-262.

[4] Markus G. R. Sause, Daniel Schultheiß and Siegfried Horn, Acoustic Emission Investigation of Coating Fracture and Delamination in Hybrid Carbon Fiber Reinforced Plastic Structures, J. Acoustic Emission, 26 (2008), p. 1-13.

[5] Athanasios Anastasopoulos, Pattern Recognition Techniques for Acoustic Emission Based Condition Assessment of Unfired Pressure Vessels, J. Acoustic Emission, 23 (2005), p. 318-330.

[6] Anto Zacharias, Jeby Philip, Toney Varghese and Amal Jyothi, Signature Analysis of Acoustic Emission Data Obtained during Proof Pressure Test of 15CDV6 Pressure Vessel, International Journal of Science, Engineering and Technology Research (IJSETR), Volume 3, Issue 10, October 2014, p. 2855-2860.

[7] Didem Ozevin, Jason Dong, Valery Godinez and Mark Carlos, Damage Assessment of Gearbox Operating in High Noisy Environment using Waveform Streaming Approach, J. Acoustic Emission, 25 (2007), p. 355-363.

[8] V. Kostopoulos, T. Loutas and K. Dassios, Fracture behavior and damage mechanisms identification of SiC/glass ceramic composites using AE monitoring, Composites Science and Technology 67 (2007) p. 1740–1746.

[9] K. Bollas, D. Papasalouros, D. Kourousis and A. Anastasopoulos, Acoustic Emission Inspection of Rail Wheels, J. Acoustic Emission, 28 (2010), p. 215-228.

Herausforderungen und Perspektiven schlecht konditionierter Ortungsprobleme

Daniel ALTMANN [1], Thomas THENIKL [1]
[1] Vallen Systeme GmbH, Schäftlarner Weg 26a, 82057 Icking
Kontakt E-Mail: daniel.altmann@vallen.de, thomas.thenikl@vallen.de

Kurzfassung. Wie in vielen anderen Bereichen, in denen die TDOA-Ortung (Time Difference of Arrival) zur Anwendung kommt, ist auch die Analyse von Schallemissionsdaten von schlecht konditionierten Ortungsproblemen betroffen. Eine Arbeit von Ge und Mottahead [1] aus dem Bereich der Mikroseismik schlägt eine Art Qualitätsprotokoll vor und beschreibt eine Idee zum Umgang mit unterschiedlichen Wellentypen bei schwellwertbasierter Ankunftszeitbestimmung ohne dabei auf TR-Daten zuzugreifen. Wir möchten diese Idee im deutschsprachigen Raum populär machen und aufzeigen, daß mit diesen Ideen und vergleichsweise geringem Aufwand bereits Verbesserungen in der Ortung erzielt werden können.

Struktur der Arbeit

Diese Arbeit gliedert sich in zwei Teile; beide sind inspiriert von Ge und Mottahead [1]. Der Gedanke ist, die strukturellen Elemente der Datenanalyse, wie sie in der Mikroseismik verwendet werden, auf die Schallemission zu übertragen.

Im ersten Teil möchten wir auf bereits bekannte Probleme der Ortung von Schallemissionsquellen in der industriellen Praxis hinweisen. Uns ist klar, daß viele einzelne Aspekte bereits in der Forschungsliteratur abgehandelt wurden, diese sind jedoch nicht in der industriellen Praxis verbreitet. Um ganz konkret zu werden, hat beispielsweise die Genauigkeit und die Qualität eines Ortungsresultates keinen festen Platz in der automatisierten Analyse gefunden. Damit meinen wir nicht die Größe von Clustern, sondern vielmehr die Approximationsgüte zwischen den gemessenen Ankunftszeiten und denen des zugrundeliegenden Ortungsmodells. D.h. also: Die Antwort auf die Frage, wie gut die gemessenen Ankunftszeiten erklärt werden konnten, wird häufig nicht evaluiert. Die Idee, nach Gesichtspunkten der Fehlerrechnung und Statistik (und vor allen Dingen ohne Nutzung der TR-Daten), eine Verbesserung der Ortungsresultate zu erreichen, kommt von [1]. Die Analyse des Fehlers selbst wurde schon mit Nachdruck von [2] gefordert („Wir dürfen uns nicht mit der Berechnung […] begnügen, ohne uns ein Urteil über die erreichte Genauigkeit respektive über die mittleren befürchteten Fehler […] dieser Größen gebildet zu haben“) und von [2, 3] und vielen anderen durchgeführt. Eine mathematische Analyse, die unterschiedliche Wellentypen miteinbezieht, ist uns nicht bekannt.

Im zweiten Teil möchten wir als *proof of concept* (POC) eine Variante des USBM-Algorithmus vorstellen, die Ge und Mottahead [1] eventuell bereits bekannt ist; in der Arbeit wurde jedoch kein Pseudocode veröffentlicht. Unsere Implementierung ist ein simples *trial and error* - Verfahren, dem bestimmte Filterbedingungen bezüglich der Zielfunktion zugrunde liegen.

Herausforderungen bei der Ortung von Schallemissionsquellen in der aktuellen industriellen Praxis

Die Ortung von Schallemissionsquellen hat viele Gemeinsamkeiten mit der Satellitennavigation, der Ortung von Erdbeben [2] oder mikroseismischen Aktivitäten. Gemeinsamkeiten mit den Geowissenschaften finden sich in der Präsenz unterschiedlicher Wellentypen und Moden im Signal und dem Phänomen der Plattenwellen. Ein wesentlicher Unterschied zur Satellitennavigation ist, daß man im AE-Bereich niemals über einen Zeitstempel des Emitters verfügt. Daher hat sich die Methode etabliert, die absolute Ankunftszeit herauszurechnen bzw. zu ignorieren, also *Zeitdifferenzen* zu betrachten – daher kommt der Name TDOA (*time differences of* arrival). Typische (lineare) Transformationen **D** der Ankunftszeit im Falle von drei Sensoren wären

$$\mathbf{D} = \begin{bmatrix} -1 & 1 & 0 \\ -1 & 0 & 1 \end{bmatrix}$$

(hier wird die Ankunftszeit des erstgetroffenen Kanals von allen anderen abgezogen) oder

$$\mathbf{D} = \begin{bmatrix} -1 & 1 & 0 \\ 0 & -1 & 1 \end{bmatrix}$$

(hier werden paarweise Differenzen gebildet). Gibt man eine bestimmte Emitterposition **e** vor, so liegt folgende Notation nahe:

$$\mathbf{D}\vec{\mathbf{t}}(\mathbf{e}) = \Delta\vec{\mathbf{t}}(\mathbf{e}).$$

Dabei ist $\vec{\mathbf{t}}(\mathbf{e})$ der Vektor der Ankunftszeiten. Hiermit ist natürlich der *theoretische* Zusammenhang gemeint. Bei einer realen Messung ergeben sich Ankunftszeitvektoren $\vec{\mathbf{t}}$, die keine exakte theoretische Entsprechung haben. Es gibt viele Varianten hier Ähnlichkeitsmaße $d(.,.)$ zu definieren, die auch von der Transformation **D** abhängen können. Meist steht am Ende der theoretischen Überlegungen ein Minimierungsproblem der Form

$$\text{minimiere } d(\Delta\vec{\mathbf{t}}, \Delta\vec{\mathbf{t}}(\mathbf{e})) \text{ für } \mathbf{e},$$

wobei das erste $\Delta\vec{\mathbf{t}}$ den Meßwerten entspricht und das zweite $\Delta\vec{\mathbf{t}}(\mathbf{e})$ theoretischer Natur ist. In der akademischen Literatur sind seit längerem einige Sachverhalte bekannt:

1. Das klassische Ortungsproblem für drei Sensoren ist nicht für jede Geometrie eindeutig lösbar, d.h. selbst bei perfekten Ankunftszeiten gibt es mehrere Lösungen [3, 4]. Das Phänomen heißt in der Literatur *flip ambiguity*.
2. Auch bei vier oder mehr Sensoren kann es vorkommen, daß von realen Meßdaten verfälschte Ankunftszeiten dafür sorgen, daß es mehrere *lokale* Minima gibt. Wir haben hier keine Referenz, aber praktische Erfahrung mit der Zielfunktion aus [5]

und realen Daten. Das Problem taucht vor allem in der Nähe von Sensoren auf und ist unserer Ansicht nach inhärent. Ein Beispielplot folgt weiter unten.

3. Zusätzlich hat man es sowohl in der Schallemission als auch in der Geologie mit unterschiedlichen Wellentypen zu tun, die eine stark unterschiedliche Ausbreitungsgeschwindigkeit haben. Dieses Problem wird von dem pragmatischen Ansatz der schwellwertbasierten Ankunftszeitbestimmung verschärft, da dieser alleine keinen weiteren Anhaltspunkt zur Diskriminierung liefert.

Für das erste Problem gibt es ein Provisorium: Man schränkt die Ortung auf einen Bereich ein, in dem das Problem eindeutig lösbar ist. Damit verliert man einen Teil der Überdeckung. Hierbei sei angemerkt, daß es nicht ausreichend ist, die konvexe Hülle der Sensoren zu betrachten [3, 4]. Ansonsten kann man das Problem lediglich durch mehr Sensoren oder die Diskriminierung von Wellentypen anhand von TR-Daten vermeiden.

Das zweite Problem tritt vor allem dann zutage, wenn iterative Algorithmen zum Einsatz kommen, die mit *einem oder wenigen* Startpunkten arbeiten. Es ist technisch möglich globale Verfahren anzuwenden (differential evolution, particle swarm o.a.), die aber tendenziell zeitaufwendig sind und daher nicht zu jeder Applikation passen. Die folgenden beiden Aspekte müssen gegeneinander abgewogen werden:

- Der Anspruch an die Qualität der Ortungsergebnisse.
- Die erwartete Hitrate in Verbindung mit den Echtzeitanforderungen der Anwendung.

Wir sind noch einen Beispielplot schuldig, der die Problematik lokaler Minima auch für vier Sensoren untermauert. Die Plattenwellengeschwindigkeit wurde angegeben mit 550 cm/ms, die Sensorpositionen sind S1 = (15 cm | 60 cm), S2 = (15 cm | 15 cm), S3 = (60 cm | 15 cm) und S4 = (60 cm | 60 cm). Die Reihenfolge der getroffenen Kanäle war 2, 3, 1, 4 und die Ankunftszeiten relativ zu Sensor 2 sind 0,0 µs; 79,1 µs; 79,3 µs und 115,3 µs.

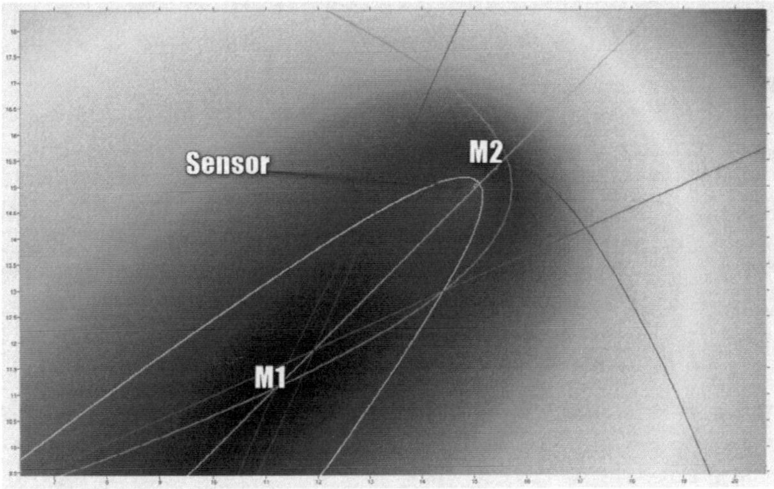

Umgebung von Sensor 2. Reale Daten, die lokale Minima (M1 und M2) der Zielfunktion nach sich ziehen. Die Schnitte der Hyperbeln geben einen Eindruck, warum die Daten auf mehrere Arten erklärt werden können.

Das dritte Problem mag man als altes Leid oder als Teil der Lösung sehen. Es gibt mehrere Arbeiten, die sich mit der Konstruktion von *time picking* - Verfahren beschäftigen, d.h. Verfahren, welche die Ankunftszeit robuster und konsistenter im Sinne der Ortung bestimmen, als es das Schwellwertverfahren vermag. Vielversprechend scheint das Akaike-Information-Criterion zu sein, es wurde in [6] erfolgreich auf Volumenwellen angewendet.

Wir sehen Potential und Bedarf die Idee eines Rankings, wie es in [1] zu finden ist, auf die Schallemission zu übertragen. Der wesentliche Vorteil des Konzepts ist, daß dabei

nicht auf TR-Daten zurück gegriffen wird. Vielmehr wird die Konsistenz der Ankunftszeiten und die Residuen der einzelnen Kanäle in ein Ranking miteinbezogen.
Wir meinen mit dem Wort Ranking explizit nicht eine Bewertung durch den Prüfer, sondern eine automatisierte Bewertung der Ortungsresultate durch die Software. Man hat in der realen Anwendung, vor allem bei Druckprüfungen, keine Zeit für eine ausführliche, manuelle Analyse der Daten, sondern es muß gegebenenfalls schnell reagiert werden. Wir denken drei Eigenschaften sind wesentlich für die Priorisierung eventueller Kriterien:

1. Wie groß ist das Risiko, daß durch das Zutreffen eines bestimmten Kriteriums offenbart wird?
2. Falls ein Kriterium nicht zutrifft, ist im Sinne eines Umkehrschlusses ebenso gewährleistet, daß das entsprechende Risiko nicht vorliegt?
3. Wie leicht und robust kann das Kriterium automatisiert abgeprüft werden? Damit ist vor allen Dingen gemeint, daß eine sehr komplexe Analyse, die u.U. viel Rechenzeit benötigt, ein Kriterium unnütz erscheinen läßt, da es schlicht nicht *rechtzeitig* evaluiert werden kann.

Daher halten wir folgende Kriterien für geeignet:

1. **Überschreitet ein zonal geortetes Signal eine gewisse Schranke?** Durch eine zonale Ortung kann abgeschätzt werden, wie weit die Quelle höchstens vom erstgetroffenen Kanal entfernt ist. Eine entsprechende Voronoi-Unterteilung kann im Vorfeld der Messung berechnet werden und hängt, wenn man von Schweißnähten und anderen Besonderheiten absieht, nur vom Schallschwächungsprofil und der Sensorgeometrie ab. Wenn die erwartete Aktivität oder der Noise Level bei gegebener Sensorgeometrie keine zufriedenstellende Analyse zulassen, muß eine andere Sensorgeometrie mit eventuell mehr Sensoren verwendet werden. Uns scheint dieses Kriterium wichtig, weil es sehr schnell evaluiert werden kann und auf robuste Art den höchst möglichen Wert einer Amplitude am Ort der Quelle abschätzt. Unabhängig von eventuellen weiteren Schwierigkeiten bei der Ortung, hätte man hierdurch schnell wertvolle Information gewonnen.
2. **Bewegen sich die Ankunftszeiten im Bereich des stochastisch möglichen; macht eine genauere Ortung überhaupt Sinn?** Es gibt gewisse Kombinationen und Schranken für Ankunftszeiten, die kategorisch unmöglich sind – selbst wenn man mit Toleranzen arbeitet. Daher ist es wichtig, vernünftige Werte für diese Parameter im Vorfeld automatisch zu berechnen. Werden diese Schranken verletzt, so ist eine präzise Ortung statistisch unwahrscheinlich und sollte unterbleiben. Die Hoffnung ist, daß auf diese Art mehr Störgeräusche gefiltert werden, oder die Relevanz derselben zumindest an anderen Kriterien als der geschätzten Position festgemacht wird.
3. **Was wäre eine erste, schnelle Schätzung des Quellortes? Insbesondere: Die Unterscheidung von schnellen Schätzungen und exakten Schätzungen (optional).** Bei sehr kritischen Anwendungen könnte man mit *delta-t-mappings* arbeiten, um schnelle Aussagen über den potentiellen Quellort zu bekommen [7]. Hier gibt es zwei Varianten; in einer werden virtuelle Emitter Positionen simuliert, in einer anderen Variante werden manuell Bleistiftminenbrüche an verschiedenen Gitterpunkten durchgeführt. Für viele industrielle Anwendungen wäre dieser Prozeß in manueller Manier nicht mehr wirtschaftlich. Da die S0/A0-Ausbreitung jedoch prinzipiell in Software simulierbar ist, steckt hier einiges an Potential.
4. **Was ist die exakte Schätzung der Quellposition?** Die klassische Ortung durch Ankunftszeitdifferenzen liefert schon heute einen Zielfunktionswert – eine Art Approximationsgüte der gemessenen Ankunftszeiten durch das theoretische Modell. Man kann mit künstlichen Quellen unterschiedlicher Magnitude eine Schranke

etablieren und so einen *sanity test* für Ortungen definieren. Quellortungen während der Druckprobe, die eine im Vorfeld ermittelte Schranke nicht befriedigen, müssen zonal behandelt werden, was wiederum eine *worst case* Abschätzung für die Amplitude wie in Punkt 1 bedeutet.

5. **Weitere Qualitätsmerkmale einer exakten Schätzung.** Können Quellpositionen durch Ankunftszeitdifferenzen geortet werden und wird die Schranke für den Zielfunktionswert befriedigt, so kann man weitere Qualitätsmerkmale betrachten:
   a. Der Fall mit drei Sensoren ist in vielerlei Hinsicht kritisch und verdient daher eine eigene Behandlung. Insbesondere der Fall, daß die Quelle in Bereichen liegt, in denen keine eindeutige Ortung möglich ist, sollte das Ranking verschlechtern.
   b. Es macht einen erheblichen Unterschied, ob die Ortung innerhalb der konvexen Hülle der Sensoren geortet wurde. Außerhalb der konvexen Hülle ist die Präzision sehr schlecht. Ein GDOP-Wert (GDOP, *geometric dilusion of precision)* sollte hier in das Ranking eingehen.
   c. Letztendlich sind auch lokale Minima ein Qualitätskriterium. Die Aufspürung derselben ist jedoch zeitaufwendig. Daher kann dieses Kriterium keine primäre Rolle spielen.

Proof of Concept

Wir wollen an einem Beispiel illustrieren, wie man Teile der Ideen aus [1] mit vergleichsweise geringem Aufwand realisieren kann. Das selbst gesteckte Ziel ist, ohne Zugriff auf die TR-Daten, herauszufinden, mit welchem Wellenmodus man es primär zu tun hat. Der verwendete Ortungsalgorithmus ist der USBM-Algorithmus; er hat uns aus speziellen Gründen, die nicht Teil dieser Veröffentlichung sind, interessiert. Der Algorithmus ist relativ alt und benötigt mindestens vier Sensoren für eine Ortung in der Ebene. Er hat gegenüber den iterativen Verfahren jedoch einen Geschwindigkeitsvorteil und eignet sich daher gut für einen *trial and error* - Ansatz. Wir teilen die Ansicht von Maochen Ge [8], daß eine Linearisierung der Ankunfszeitgleichungen nur möglich ist, wenn innerhalb des Systems eine einheitliche Ausbreitungsgeschwindigkeit angenommen werden kann. Es ist jedoch möglich, das System entsprechend den auslösenden Wellentypen zu partitionieren. Entstehen bei einer solchen 2-Partition nur Teilsysteme mit mehr als 4 Sensoren, so kann jedes System getrennt linearisiert werden. Ab sieben Kanälen ist gewährleistet, daß mindestens eines der Teilsysteme das geforderte Minimum von 4 Kanälen für den USBM-Algorithmus Kanälen besitzt.

Auch in [9] wird die Redundanz des Systems ausgenutzt, jedoch schien uns eine Anpassung des Schwellwertes oder der Ausbreitungsgeschwindigkeit in unserem Kontext nicht zielführend. Die Schätzung der Ausbreitungsgeschwindigkeit erhöht die Anzahl der notwendigen Gleichungen im USBM-Algorithmus um eins. In einer hoch dotierten wissenschaftlichen Anwendung, in der die Anzahl der Kanäle nicht sparsam berechnet werden muß, wäre eine Kombination des Verfahrens aus [9] mit der Partitionsmethode aus [1] denkbar. Nichtlineare Verfahren sind geeignet um mit beliebigen Partitionen umzugehen, da jeder Kanal mit einer eigenen Wellengeschwindigkeit gerechnet werden kann (siehe auch [8]).

Unser Ansatz ist sehr pragmatisch: Wir lassen nur homogene, zusammenhängende Partitionen zu, d.h. es erfolgt keine Partition der Form [..., S_0, A_0, S_0, A_0, ...] (verschränkter Fall). Wir verwendeten für das POC insgesamt acht Kanäle, von denen jedoch nur die ersten sieben für eine Partitionierung verwendet wurden. Unsere Version der Ideen aus [1] sieht also wie folgt aus:

- Es werden Partitionen angenommen und systematisch durchgetestet – die Kanalnummern ergeben sich aus der Reihenfolge der Schwellwertüberschreitungen; Die geforderte Mindestzahl für Kanäle bei S_0-Ortungen war sechs und für A_0-Ortungen sieben, d.h. A_0-Ortungen verwendeten stets die ersten sieben Kanäle und nur eine Partition. Das läuft auf die Partitionen [1, 2, 3, 4, 5, 6], [2, 3, 4, 5, 6, 7], [1, 2, 3, 4, 5, 6, 7] für eine S_0-Ortung, und auf die triviale Partition [1, 2, 3, 4, 5, 6, 7] für eine A_0-Ortung hinaus. Kleinere Partitionen begünstigten Fehlortungen und litten bei unserer Implementierung unter *overfitting* – soweit unser Eindruck.
- Es wird für jede Variante eine Zielfunktion evaluiert. Die Zielfunktion bestraft Lokalisierungen außerhalb gewissen Schranken; effektiv werden dadurch absurde Resultate ausgefiltert. Ferner unterliegen die Resultate gewissen Filterbedingungen.
- Am Ende wird das Ortungsresultat zurück geliefert, welches den geringsten Zielfunktionswert erreicht und den Filterbedingungen genügt.

Um nochmals auf den vorigen Gedanken zurück zu kommen: Falls deutlich mehr Kanäle zur Verfügung stehen, wäre es interessant den verschränkten Fall zu betrachten. Wir vermuten jedoch, daß willkürliche Kombinationen unter zu hohem Rechenaufwand leiden und anfälliger für *overfitting*-Phänomene sind.

Unser Setup ist in einer Grafik weiter unten veranschaulicht. Es ist eine Kombination aus einem recht gewöhnlichen Setup, Sensoren 1 bis 4, zusammen mit ein paar Asymmetrien.

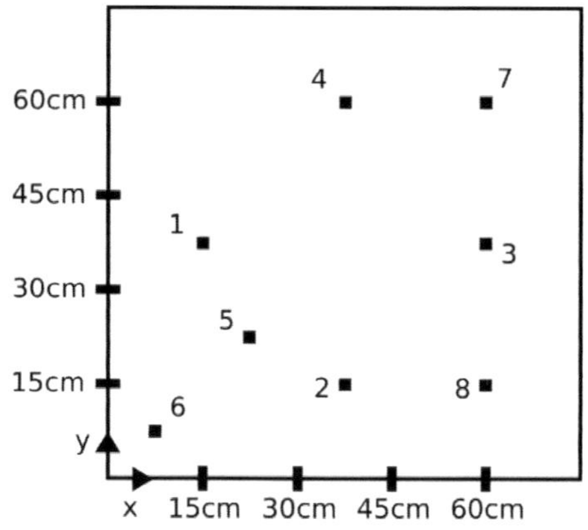

Geometrie / Kanalpositionen

Die Koordinaten unserer Sensoren in [cm] sind:

1	15	37,5
2	37,5	15
3	60	37,5
4	37,5	60
5	22,5	22,5
6	7,5	7,5
7	60	60
8	60	15

Der Hintergedanke ist der, daß es bei symmetrischen Layouts tatsächlich zu uneindeutigen $\Delta\vec{t}$-Mustern kommen kann, d.h. Mustern, die sowohl durch S_0 als auch durch A_0 Ankunftszeiten erklärt werden können. Ein einfaches Beispiel wäre die Situation einer Quelle im Zentrum eines quadratischen Sensorlayouts. Hier wird keine Diskriminierung der

Wellentypen anhand der Ankunftszeiten möglich sein – beide liefern den Nullvektor als $\Delta\vec{t}$-Muster. Klassische Untersuchungen der GDOP sind also nur bedingt anwendbar. Tatsächlich von Interesse ist der minimale Abstand bestimmter gekrümmter Flächen: Man kann jeder Partition zusammen mit möglichen Emitterpositionen eine gekrümmte Fläche zuordnen, nämlich das $\Delta\vec{t}$-Muster der entsprechenden theoretischen Ankunftszeiten. Da diese Flächen im allgemeinen in einem Raum der Dimension „Anzahl der Sensoren - 1“ eingebettet sind und es exponentiell viele Partitionsmöglichkeiten gibt, machen veranschaulichende Plots an dieser Stelle wenig Sinn. Eine Diskriminierung der Wellentypen durch die Ankunftszeiten ist um so leichter möglich, je größer der Minimalabstand dieser Flächen ist. Verständlicherweise können die Flächen um so schlechter voneinander getrennt werden, je mehr es von ihnen gibt – sprich je mehr Partitionen betrachtet werden. Das mag aus Sicht der Theorie unterstreichen, warum die Einschränkung auf ein paar wenige Partitionen zu einem guten Ergebnis geführt hat.

Um sowohl schwache als auch starke Quellen zu simulieren, haben wir künstliche Quellen auf zwei Arten simuliert.

1. Herkömmliche Bleistiftminenbrüche mit 0,5er Minen
2. Das Fallenlassen von kleinen 0,5er Minenbruchstücken aus einer Höhe von 26 cm

S_0-Ortungen werden in Rot dargestellt, A_0-Ortungen in Grün. Den verschränkten Fall haben wir, wie gesagt, aus pragmatischen Gründen außen vor gelassen.

Es wurden sowohl Quellen durch Bleistiftminenbrüche als auch durch fallende Bleistiftminen an den Punkten (45 cm | 45 cm), (30 cm | 30 cm) und (22,5 cm | 52,5 cm) simuliert – jeweils 20 an der Zahl. Fallende Bleistiftminen lassen sich schwieriger zählen als Bleistiftminenbrüche, da sie unter Umständen mehrfach aufkommen.

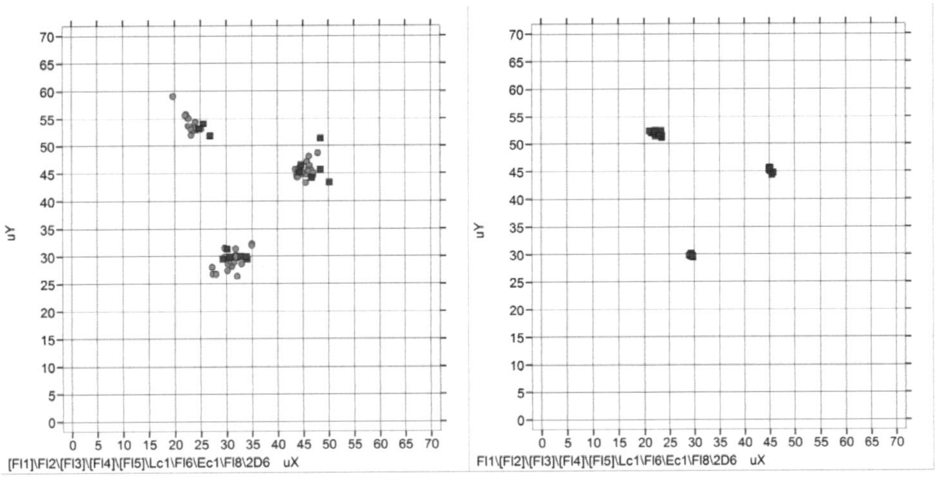

Links: Fallende Bleistiftminen auf den Punkten (45 cm | 45 cm), (30 cm | 30 cm) und (22,5 cm | 52,5 cm); Rechts, analog: Bleistiftminenbrüche

Zusammenfassung

Die Ergebnisse stimmen mit unseren Erwartungen überein: Die fallenden Bleistiftminen werden überwiegend über den A_0-Typ geortet, während klassische Bleistiftminenbrüche ausschließlich über den S_0-Typ geortet wurden. Entscheidend ist, daß der Algorithmus die Fälle automatisch voneinander trennt. Aus unserer Sicht bleibt dennoch einiges zu tun:

1. Eine mathematische Analyse der Zielfunktion und den Filterbedingungen zusammen mit einem statistischen Modell sollte den Algorithmus transparenter machen.
2. Die Verwendung von nichtlinearen Verfahren wird die Granularität der Partitionierung verbessern.
    a. Es sollte dabei getestet werden, ab wann es zu *overfitting* kommt.
3. Es gibt sicher noch weitere Anhaltspunkte für den vorliegenden Wellenmodus. Wir vermuten dies würde sich positiv auf den Aspekt des *overfitting* auswirken, da der Suchraum dadurch stark eingeschränkt werden kann.

Trotz diesen Punkten ist es bemerkenswert, mit wie wenig Aufwand man die Ideen aus [1] erfolgreich anwenden kann.

Referenzen

[1] M. Ge & P. Mottahead, An automatic data analysis and source location system (ADASLS), Rockbursts and Seismicity in Mines 93: Proceedings of the 3rd international symposium, Kingston, Ontario, 16-18 August 1993

[2] L. Geiger, Herdbestimmung bei Erdbeben aus den Ankunftszeiten, Königliche Gesellschaft der Wissenschaftlichen Nachrichten, Mathematisch-physikalische Klasse, 1910, Heft 4

[3] H. J. Rindorf, Acoustic Emission Source Location In Theory And In Practice, Brüel & Kjær Technical Reviews No. 2, 1981

[4] J. Vesely, P. Hubacek, The Analysis of the Error Estimation and Ambiguity of 2-D Time Difference of Arrival Localization Method, International Journal of Communications, Issue 4, Volume 4, 2010

[5] T. Thenikl, D. Altmann, H. Vallen, Quantifying Location Errors, EWGAE Proceedings 2016

[6] A. A. De Ronde, D. P. Dobson, P. G. Meredith, S. A. Boon, Three-dimensional location and waveform analysis of microseismicity in multi-anvil experiments, Geophysical Journal International, 2007

[7]M. G. Baxter, R. Pullin, K. M. Holford, S. L. Evans, Delta-T source location for acoustic emission. Mechanical Systems and Signal Processing, 2007

[8] M. Ge, Analysis of source location algorithms Part I and II; Journal of Acoustic Emission, 21 (2003) 14-24

[9] V. Salinas, Y. Vargas, J. Ruzzante, L. Gaete, Localization algorithm for acoustic emission, Physics Procedia, Vol. 3, Issue 1, 2010

Numerical AE3D – Ein freies Simulationstool zur Berechnung und Visualisierung von Schallemissionsproblemen

Frank SCHUBERT [1]
[1] Fraunhofer-Institut für Keramische Technologien und Systeme, IKTS, Dresden
Kontakt E-Mail: Frank.Schubert@ikts.fraunhofer.de

Kurzfassung. Der vorliegende Artikel beschreibt *Numerical AE3D*, einen freien Solver (Löser) zur Berechnung und Visualisierung raumzeitlicher Schallemissionsereignisse sowie der von ihnen erzeugten elastischen Wellen. Das Programm erlaubt die Definition beliebig vieler SE-Ereignisse zu festgelegten Zeiten und an fest definierten Orten im Volumen eines dreidimensionalen Simulationsgebietes, die freie Verteilung von Sensoren auf der Oberfläche dieses Gebietes sowie die Berechnung der Wechselwirkung der erzeugten elastischen Wellen mit Strukturkomponenten und Begrenzungsflächen. Mit *Numerical AE3D* können idealisierte Schallemissionsdatensätze erzeugt und als Grundlage für Test, Validierung und Weiterentwicklung von Lokalisierungs- und weiterführenden SE-Algorithmen verwendet werden. *Numerical AE3D* besteht aus einer Windows-EXE mit frei editierbarer Texteingabedatei, die z.B. auch von einer grafischen Benutzeroberfläche (GUI) erzeugt und gesteuert werden kann. Das Programm generiert Rohdaten in Form von ASCII- oder Binärdateien, die von externer Software gelesen, weiterverarbeitet und visualisiert werden können. Die leistungsfähige freie Basisversion des Solvers kann bei Bedarf jederzeit durch kunden- und anwendungsspezifische Funktionen erweitert werden.

Einführung

In den vergangenen 20 Jahren sind im Fraunhofer IKTS (vormals IZFP-D) eine Reihe von Simulationstools auf Basis der Elastodynamischen Finiten Integrationstechnik (EFIT, [1-4]) entstanden und in Form einer solverbasierten und anwendungsspezifischen Modulbibliothek in zahlreichen F&E-Projekten eingesetzt und weiterentwickelt worden. Diese Simulationstools werden nunmehr schrittweise in einer leistungsfähigen Basisversion zur freien Verfügung gestellt. Den Anfang macht *Numerical AE3D*, ein Solver zur Berechnung und Visualisierung raumzeitlicher Schallemissionskaskaden sowie der von ihnen erzeugten elastischen Wellen.

Das Programm erlaubt die Definition beliebig vieler Schallemissionsereignisse zu festgelegten Zeiten und an fest definierten Orten im Volumen eines dreidimensionalen Simulationsgebietes. Zusätzlich können Oberflächenquellen als Modell für die häufig als Referenz verwendeten Bleistiftminenbrüche realisiert werden. Des Weiteren lassen sich beliebig viele Schallemissionsaufnehmer auf den Oberflächen des simulierten Bauteils festlegen. Anschließend kann die Wellenausbreitung von den multiplen Einzelquellen bis zu den verschiedenen Sensoren berechnet und in zweidimensionalen Schnittebenen sowie im dreidimensionalen Volumen als zeitliche Abfolge von Wellenfrontschnappschüssen ausgegeben werden. Durch Anpassung des Simulationsgebietes auf eine Plattengeometrie können auch Probleme geführter Wellen berücksichtigt werden. Die Definition von weitgehend frei zu definierenden Streuern im ansonsten als homogen angenommenen Simulationsgebiet erlaubt ferner die Untersuchung komplexer Abschattungs-, Streu- und Modenkonversionseffekte.

Mit *Numerical AE3D* können idealisierte Schallemissionsdatensätze erzeugt und als Grundlage für Test, Validierung und Weiterentwicklung von Lokalisierungs- und weiterführenden SE-Algorithmen verwendet werden. *Numerical AE3D* besteht aus einer Windows-EXE mit frei editierbarer Texteingabedatei, die z.B. auch von einer externen grafischen Benutzeroberfläche (GUI) erzeugt und gesteuert werden kann. Das Programm generiert Rohdaten in Form von ASCII- oder Binärdateien, die von externer Software gelesen, weiterverarbeitet und visualisiert werden können. Die leistungsfähige freie Basisversion des Solvers kann bei Bedarf jederzeit durch kunden- und anwendungsspezifische Funktionen erweitert werden.

2. Grundkonzept

2.1 Solvertechnologie

Bei dem Simulationstool *Numerical AE3D* handelt es sich um einen sogenannten Solver (Löser), der ein spezifisches, eng begrenztes Problem aus dem Bereich der Zerstörungsfreien Prüfung (ZfP) numerisch lösen kann. Die Eingabe der Modelldaten sowie die Ausgabe der Ergebnisse erfolgen auf standardisierte Art und Weise, so dass der Solver jederzeit in umfangreichere Softwareprogramme des Anwenders mit eigenständiger grafischer Benutzeroberfläche, Signalverarbeitung und Datenanalyse eingebunden werden kann. Er lässt sich aber auch unabhängig von jeder GUI benutzen.

Der Solver besteht aus einer ausführbaren Datei (Windows-Executable) mit zugehörigem Texteingabeprotokoll. Bei letzterem handelt es sich um eine frei editierbare ASCII-Datei, die mit jedem Standard-Editor geöffnet und bearbeitet werden kann. Bei Aufruf der Windows-EXE wird das Eingabeprotokoll eingelesen, das zugehörige numerische Modell aufgebaut und anschließend die eigentliche Berechnung durchgeführt. Alle numerischen Ergebnisse werden während und nach der Programmausführung in einem einheitlichen Format, wahlweise als ASCII- oder Binärdateien herausgeschrieben und können anschließend mit externen Programmen eingelesen, weiterverarbeitet und visualisiert werden.

Alternativ zum oben genannten Vorgehen können die Modellparameter der Eingabedatei auch durch eine vom Anwender selbst bereitgestellte Benutzeroberfläche grafisch festgelegt und abgespeichert werden. Der Aufruf des Solvers kann dann direkt aus der GUI heraus erfolgen. Auch die erzeugten Ergebnisse können anschließend durch die gleiche GUI eingelesen, bearbeitet und dargestellt werden.

Der Vorteil einer strikten Trennung von Benutzeroberfläche und Solver besteht darin, dass beide unabhängig voneinander weiterentwickelt und optimiert werden können, solange die Ein- und Ausgabedateien als Schnittstelle zwischen beiden unverändert bleiben.

2.2 Mathematisch-physikalische Grundlagen

Bei dem hier verwendeten Solver *Numerical AE3D* handelt es sich um einen dreidimensionalen numerischen Löser auf Basis der Elastodynamischen Finiten Integrationstechnik (EFIT, [1-4]). Diese rein numerische Technik hat gegenüber halbanalytischen Methoden den Vorteil, dass sämtliche relevanten wellenphysikalischen Phänomene wie z.B. Beugung, Interferenz, Modenumwandlung, Mehrfachstreuung, geführte Wellen, stehende Wellen und Eigenschwingungen etc. automatisch und ohne weitere Näherungen berücksichtigt werden.

Dieser Ansatz spielt seine Stärken insbesondere dann aus, wenn die betrachteten Wellenlängen in der gleichen Größenordnung liegen oder sogar größer sind als die relevanten Defekt- und Bauteilabmessungen.

EFIT ist ein Zeitbereichsverfahren und basiert auf der direkten expliziten Lösung zweier gekoppelter Grundgleichungen, der Bewegungsgleichung und der Spannungsratengleichung. Da die Diskretisierung an der *Integral*form der beiden Grundgleichungen ansetzt, ergibt sich ein sogenanntes gestaffeltes Raum-Zeit-Gitter, auf dem die Vektorkomponenten der Schallschnelle und die Komponenten des Spannungstensors auf unterschiedlichen Positionen lokalisiert sind. Nach Vorgabe eines i.A. breitbandigen Anregungssignals, beginnend mit $t = 0$, kann der gesamte Wellenausbreitungsvorgang in Raum und Zeit weiterverfolgt werden, exakt so, wie er sich üblicherweise auch in ZfP-Experimenten vollzieht. Eine EFIT-Simulation stellt somit im Rahmen der gewählten Modellkomplexität eine 1:1-Abbildung des realen Experiments dar, die unmittelbar zum Vergleich und zur Interpretation der gemessenen Befunde herangezogen werden kann.

Der in dieser Arbeit vorgestellte Basis-Solver *Numerical AE3D* verwendet für den Zusammenhang zwischen Spannung und Deformation ein Materialgesetz, das einem linear-elastischen, isotropen und heterogenen Medium entspricht. Bei Bedarf kann das Materialgesetz jederzeit auf komplexere Medien, z.B. mit Anisotropie, Viskoelastizität und ggf. auch Nichtlinearität erweitert werden.

3. Das Eingabeprotokoll

Sobald der Solver auf Konsolenebene ausgeführt wird, wird zunächst eine Parameterdatei mit allen relevanten Modellparametern eingelesen. Auf deren Grundlage wird das numerische Gitter sowie die Materialbelegung realisiert und die eigentliche Berechnung ausgeführt. Bei der Eingabedatei handelt es sich um eine ASCII-Textdatei, die mit allen gängigen Editoren geöffnet, gelesen und verändert werden kann. Alternativ dazu kann die Eingabedatei auch durch eine externe GUI erzeugt und abgespeichert werden.

Die freien Modellparameter sind in unterschiedliche Rubriken unterteilt und werden im Folgenden vorgestellt.

```
[Model_Dimensions]
xmax = 1000.0e-03
ymax = 1000.0e-03
zmax = 500.0e-03
tmax = 1.0e-03
```

Die Rubrik `Model_Dimensions` definiert die Abmessungen des als rechteckig angenommenen Modellgebietes und somit die Lage der als spannungsfrei angenommenen äußeren Begrenzungen des simulierten Bauteils. Weiterhin wird die physikalische Zeitspanne festgelegt, in der sich der Wellenausbreitungsvorgang abspielt. Alle numerischen Werte werden in SI-Einheiten angegeben.

```
[Matrix]
cp = 3900.0
cs = 2350.0
rho = 2100.0
```

In der Rubrik `Matrix` werden die elastischen Eigenschaften des homogenen Grundmaterials festgelegt. Im hier behandelten linear-elastischen Fall sind das die Schallgeschwindigkeiten von P- und S-Welle sowie die Massendichte.

```
[Scatterer]
cp = 5900.0,4000.0,0.0
cs = 3200.0,2400.0,0.0
rho = 7800.0,3000.0,0.0
shape = cuboid,ellipsoid,cylinder
posx = 250.0e-03,500.0e-03,750.0e-03
posy = 350.0e-03,350.0e-03,350.0e-03
posz = 250.0e-03,300.0e-03,400.0e-03
radiusx = 40.0e-03,40.0e-03,60.0e-03
radiusy = 40.0e-03,30.0e-03,50.0e-03
radiusz = 10.0e-03,20.0e-03,30.0e-03
anglexy = 20.0,30.0,40.0
anglexz = 10.0,20.0,10.0
```

Unterer `Scatterer` kann eine beliebige Zahl unterschiedlicher Streuer in das Modell eingebaut werden. Die Eingaben je Streuer werden durch Kommata voneinander getrennt. Im obigen Beispiel sind drei verschiedene Objekte definiert. Für jedes einzelne von ihnen können die elastischen Eigenschaften, die Form (Quader, Ellipsoid oder Zylinder), die Lage des Streuerzentrums, die Ausdehnung in drei zueinander senkrechten Raumrichtungen sowie zwei Orientierungswinkel (in Grad) definiert werden. Damit lassen sich auch komplexe und realistische Aufbauten realisieren wie in Abb. 1 dargestellt.

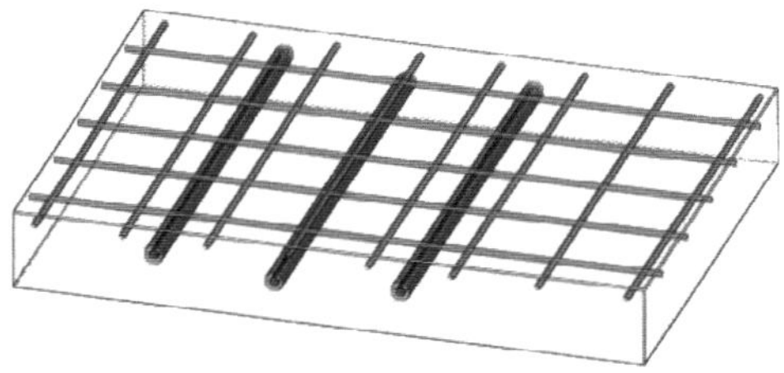

Abb. 1. Beispiel für das 3D-EFIT-Modell eines plattenförmigen Betontestkörper mit drei Spannkanälen und schlaffer Bewehrung.

Luftgefüllte Hohlräume können zur Reduzierung des Rechenaufwandes als ideal reflektierende spannungsfreie Bereiche mittels `cp = cs = rho = 0.0` realisiert werden.

```
[AE Sources]
posx = 121.0e-03,433.0e-03,812.31e-03
posy = 345.0e-03,211.67e-03,745.44e-03
posz = 53.31e-03,498.60e-03,287.92e-03
tstart = 0.0e-06,21.0e-03,23.0e-03
signal = RC2,RC4,Impact2
cfrequency = 400.0e+03,500.0e+03,250.0e+03
m11 = 1.0,1.0,0.0
m22 = 1.0,1.0,0.0
m33 = 1.0,-2.0,0.0
m12 = 0.0,0.0,1.0
m13 = 0.0,0.0,0.0
m23 = 0.0,0.0,0.0
prefactor = 0.57735,0.40825,0.7071
```

In der Rubrik `AE Sources` kann eine beliebige Zahl von punktförmigen Quellereignissen definiert werden. Die Eingaben je Quelle werden wieder durch Kommata voneinander getrennt. Im obigen Beispiel sind drei verschiedene Schallemissionsereignisse definiert. Für jedes einzelne von ihnen kann der Ort, der Zeitpunkt, die Signalform (gefensterte Kosinusfunktionen oder Sinushalbwellen variabler Bandbreite), eine charakteristische Frequenz

(Mittenfrequenz bzw. effektive Maximalfrequenz) definiert werden. Zusätzlich werden die sechs unabhängigen Komponenten des symmetrischen Momententensors angeben. Damit lassen sich isotrope Volumenänderungen, Scherdislokationen und linear angeordnete, kompensierte Vektordipole realisieren (Abb. 2).

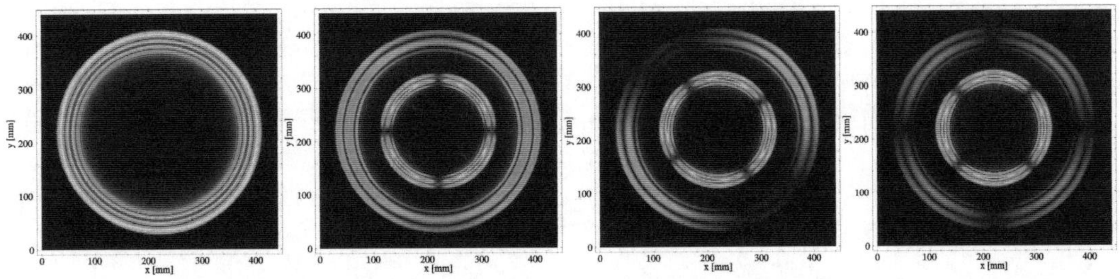

Abb. 2. Beispiele verschiedener Momententensor-Realisierungen im 2D-Querschnitt (aus [5]).

Für Skalierungs- und Normierungszwecke kann weiterhin ein Vorfaktor vor dem Momententensor definiert werden. Neben Volumenquellen lassen sich auch Oberflächenquellen als Modell für die häufig als Referenz verwendeten Bleistiftminenbrüche realisieren.

```
[Sensors]
posx = 200.0e-03,400.0e-03,600.0e-03,800.0e-03
posy = 500.0e-03,500.0e-03,0.0e-03,1000.0e-03
posz = 500.0e-03,500.0e-03,100.0e-03,0.0e-03
shape = ellipse,ellipse,ellipse,rectangle
radius1 = 15.0e-03,15.0e-03,15.0e-03,20.0e-03
radius2 = 15.0e-03,20.0e-03,15.0e-03,10.0e-03
```

Unter `Sensors` kann eine beliebige Zahl von Schallemissionsaufnehmern definiert werden. Die Eingaben je Sensor werden durch Kommata voneinander getrennt. Im obigen Beispiel sind vier Wandler definiert. Für jeden einzelnen kann der Ort sowie die Form und Größe der Apertur festgelegt werden. Unterstützt werden rechteckige und ellipsenförmige (im Spezialfall auch kreisförmige) Aperturen, über die das berechnete Zeitsignal gemittelt wird. Befindet sich der Sensor nicht an der Oberfläche sondern im Volumen des Bauteils, werden die Angaben zur Apertur ignoriert und stattdessen wird das Signal an dem definierten Ortspunkt im Modellvolumen herausgeschrieben. Standardmäßig werden alle drei Vektorkomponenten der Schallschnelle am Ort des jeweiligen Sensors ermittelt.

```
[Snapshots]
starttime = 6.5e-06
endtime = 130.0e-06
timestep = 13.0e-06
sect_xmin = 0.0
sect_xmax = 1000.0e-03
sect_ymin = 0.0
sect_ymax = 1000.0e-03
sect_zmin = 0.0
sect_zmax = 500.0e-03
slice_planex = 500.0e-03
slice_planey = 500.0e-03
slice_planez = 250.0e-03
vx = off
vy = off
vz = off
vabs = on
```

In der Rubrik `Snapshots` werden die Wellenfrontbilder definiert, die vom Solver zu bestimmten Zeiten herausgeschrieben werden. Dazu werden Anfang und Ende des in Frage kommenden Zeitbereichs sowie der zeitliche Abstand hintereinander folgender Schnappschüsse vorgegeben. Weiterhin kann der Raumbereich definiert werden, der abgebildet werden soll. Standardmäßig wird jeder Schnappschuss als dreidimensionaler Voxeldatensatz gespeichert, ähnlich wie bei der Röntgentomographie. Zusätzlich erfolgt eine zweidimensionale Abbildung entlang dreier frei zu definierender, senkrecht zueinander stehender Querschnittsflächen entlang der Koordinatenachsen des Modellgebietes. Die Lage dieser `slice planes` wird durch die zugehörigen Parameter der Rubrik festgelegt. Weiterhin kann definiert werden, welche Komponenten der Schallschnelle als Bild herausgeschrieben werden sollen. Zur Auswahl stehen v_x, v_y, v_z sowie der Betrag des Schnellevektors (v_{abs}). Verschiedene Beispiele solcher Wellenfrontschnappschüsse sind in Abb. 3 und 4 dargestellt.

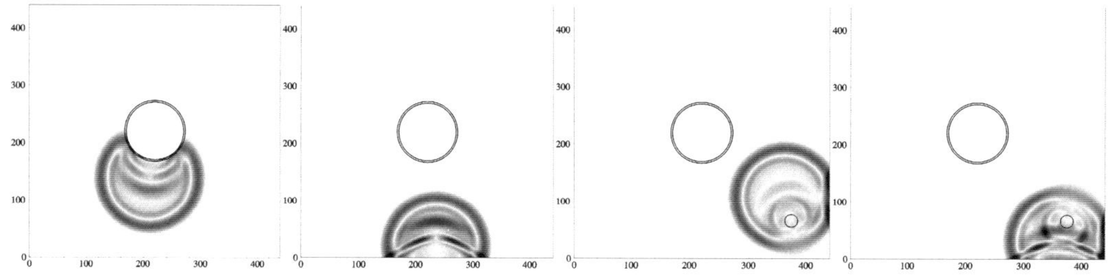

Abb. 3. Wellenfrontbilder von vier isotropen Quellen in einem Bauteil mit einem (Bilder links) bzw. zwei zusätzlichen Streuern (Bilder rechts), die in das homogene Matrixmedium eingebettet sind (2D-Querschnitte).

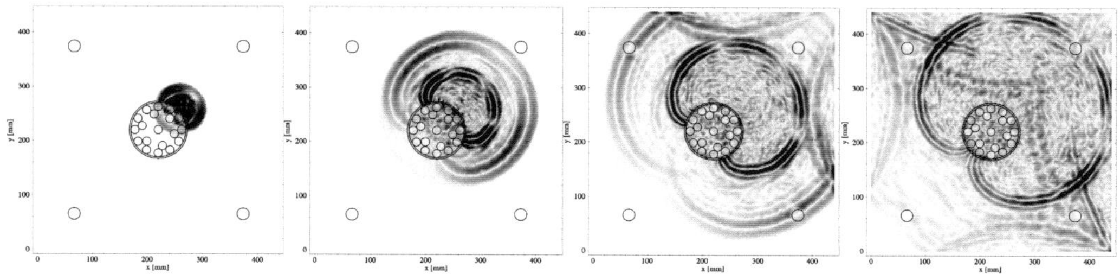

Abb. 4. Wellenfrontbilder einer direkt am Spannkanal liegenden isotropen Quelle (2D-Querschnitte). Durch die räumliche Nähe der Grenzfläche entsteht neben der P-Welle auch eine stark ausgeprägte S-Welle, die um den Spannkanal gebeugt wird (aus [6]).

```
[Numerics]
cells_per_minimum_wavelength = 10
cubic_grid = off
forcegrid = off
force_deltax = 200.0e-06
force_deltay = 100.0e-06
force_deltaz = 200.0e-06
gbram = 12
```

Der EFIT-Solver berechnet vollautomatisch das für die vorgegebenen Modellparameter notwendige numerische Raumzeitgitter, so dass sich der Nutzer darum in der Regel nicht selbst zu kümmern braucht. Für erfahrenere Nutzer besteht aber die Möglichkeit, direkten Einfluss auf das Gitter und somit auch auf die Genauigkeit der Rechnung zu nehmen. Dies geschieht in der Rubrik `Numerics`. Dort lässt sich z.B. einstellen, wie viele Gitterzellen pro kleinster Wellenlänge realisiert werden sollen und ob ein exakt quadratisches Gitter verwendet werden soll oder nicht. Auch kann für jede Koordinatenachse separat eine bestimmte

Gitterweite erzwungen werden. Ferner lässt sich einstellen, welcher Teil des verfügbaren Hauptspeichers für die Rechnung maximal verwendet werden soll.

```
[Data_Output]
asciidata = on
individual_scale = off
logarithmic_gain = 1.0e+00
separate_ascans = off
```

In der letzten Rubrik `Data_Output` wird schließlich festgelegt, in welcher Form die Ergebnisse der numerischen Rechnungen herausgeschrieben werden sollen. Zur Auswahl steht neben einem binären auch ein ASCII-Rohdatenformat. Weiterhin wird festgelegt, ob die Wellenfrontschnappschüsse und Sensorsignale auf das globale Maximum der gesamten Simulation (Standard) oder auf das lokale Maximum des jeweiligen Bildes oder Zeitsignals normiert werden sollen. Ferner kann neben der meist verwendeten linearen Amplitudenskala auch eine logarithmische Skala verwendet werden (`logarithmic_gain > 1`). Darüber hinaus lässt sich festlegen, ob die Zeitsignale an den einzelnen Sensoren in einer einzigen Datei oder separat ausgegeben werden. Abb. 5 zeigt als Beispiel die Detektion eines SE-Ereignisses an fünf verschiedenen Sensorpositionen.

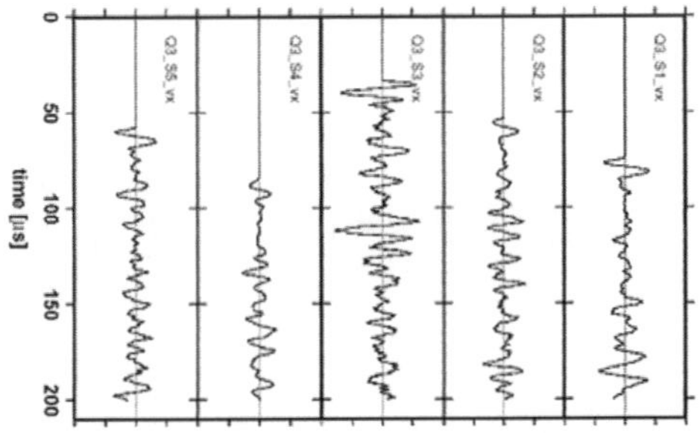

Abb. 5. Beispiele von berechneten Zeitsignalen eines SE-Ereignisses an fünf verschiedenen Sensorpositionen (aus [5]).

4. Die Ausgabedateien

Numerical AE3D erzeugt verschiedene Ausgabedateien, die im Folgenden erläutert werden.

4.1 Info-Datei

Die Info-Datei enthält eine vollständige Dokumentation der eingelesenen Modellparameter sowie der auf dieser Basis berechneten und verwendeten internen Programmparameter im ASCII-Textformat. In dieser Datei finden sich auch alle Informationen, die für eine korrekte Darstellung der Simulationsergebnisse mit externer Software benötigt werden (z.B. Anzahl der Pixel in den Wellenfrontbildern, Aspektverhältnisse, Normierungswerte etc.).

4.2 Modelldateien

Die vollständige Materialbelegung des numerischen Gitters wird als Voxeldatensatz gespeichert und kann zur Kontrolle und Visualisierung der konkreten Modellumsetzung verwendet werden. Zusätzlich werden auch die Materialbelegungen in den drei Schnittebenen herausgeschrieben, die in der `Snapshot`-Rubrik des Eingabeprotokolls durch die `slice_plane`-Einträge definiert wurden.

4.3 Wellenfrontschnappschüsse

In diesen Dateien wird die zuvor definierte Abfolge der Wellenfrontschnappschüsse für die festgelegten Schallschnellekomponenten herausgeschrieben. Auch hier wird standardmäßig ein vollständiger Voxeldatensatz pro Schnappschuss für eine 3D-Visualisierung gespeichert, ergänzt um die drei 2D-Querschnitte in den `slice_plane`-Ebenen. Zur besseren Visualisierung werden zusätzlich Konturmasken erzeugt, in denen nur die akustischen Materialübergänge im Modell gekennzeichnet werden und die sich wahlweise über die eigentlichen Wellenfrontbilder blenden lassen.

4.4 Zeitsignale

Sämtliche Zeitsignale an den in der Eingabedatei definierten Sensoren werden inklusive aller Vektorkomponenten der Schallschnelle abgespeichert, entweder in einer einzigen Datei oder in separaten Dateien pro Sensor. Diese Auswahl erfolgt in der `Data_Output`-Rubrik über den Schalter `separate_ascans`. Die numerischen Werte sind als doppeltgenaue Gleitkommazahlen mit 8 Bytes (64 Bit) je Eintrag abgelegt und können als Rohdaten mit kommerzieller oder eigenentwickelter Software des Benutzers weiterverarbeitet werden.

5. Einschränkungen der Basisversion

Die frei zur Verfügung gestellte Basisversion des Solvers ist bereits äußerst leistungsfähig, weist aber eine Reihe von Einschränkungen auf, die bei Bedarf problemlos ergänzt werden können. Dazu gehören insbesondere

- die Erweiterung auf anisotrope oder viskoelastische Materialgesetze,
- die Erweiterung auf eine heterogene Matrix (z.B. Betonsieblinien, polykristalline Gefüge, Faserverbundwerkstoffe, partikuläre bzw. granulare Medien, poröse Materialien, Random Media etc.),
- die Ergänzung weiterer Formen von Anregungssignalen,
- die Ergänzung von offenen oder absorbierenden Randbedingungen an den Modellbegrenzungen,
- die Verbesserung der Diskretisierung von gekrümmten und schräg verlaufenden Grenzflächen im kartesischen EFIT-Gitter,
- die Erhöhung der Rechengeschwindigkeit durch CPU- und/oder GPU-Parallelisierung,
- die Bereitstellung einer grafischen Benutzeroberfläche (GUI) zur Steuerung der Eingabedaten sowie zur Weiterverarbeitung und Visualisierung der Ausgabedaten.

6. Benutzung des Solvers und anwenderspezifische Weiterentwicklungen

Wer Interesse hat, den *Numerical AE3D*-Solver zu benutzen, sendet bitte eine E-Mail an den Autor mit einer kurzen Beschreibung der beabsichtigten Anwendung. Er bekommt dann ein Windows-64Bit-Executable, das Eingabeprotokoll sowie eine ausführliche Dokumentation der möglichen Funktionen und Anwendungen. Die Benutzung des Basis-Solvers ist für alle F&E-Arbeiten grundsätzlich frei, sofern die Verwendung und Herkunft des Programms in Berichten und Veröffentlichungen angemessen dargestellt wird. Kommerzielle Anwendungen sind hiervon ausgenommen. In solchen Fällen wird um vorherige Rücksprache gebeten.

Die freie Basisversion des Solvers kann bei Bedarf jederzeit durch kunden- und anwendungsspezifische Funktionen erweitert werden und ist in dieser Form dann auch für kommerzielle Anwendungen verwendbar. Eine solche Weiterentwicklung erfolgt üblicherweise im Rahmen von gemeinsamen F&E-Projekten und setzt immer auf der Basisversion auf, so dass sich der Entwicklungsaufwand in Grenzen hält.

7. Zusammenfassung und Ausblick

Das in dieser Arbeit vorgestellte Simulationstool *Numerical AE3D* ist das erste frei zur Verfügung gestellte Programm der solverbasierten und anwendungsspezifischen Modulbibliothek *Numerical NDE,* die in den zurückliegenden 20 Jahren am Fraunhofer IKTS (vormals IZFP-D) in zahlreichen F&E-Projekten eingesetzt und weiterentwickelt wurde. In Zukunft sollen weitere Solver zu verschiedenen ZfP-Anwendungen bereitgestellt werden, u.a. zur Anwendung von geführten Wellen in Rohrleitungen und Platten, zur Impakt-Echo-Methode, zur Ultraschall-Tauchtechnik- und Phased Array-Prüfung sowie zur Schallfeldberechnung von Prüfköpfen. Mit den Simulationstools der *Numerical NDE*-Plattform können idealisierte Messdatensätze erzeugt und als Grundlage für Test, Validierung und Optimierung von bildgebenden Verfahren und Signalverarbeitungsalgorithmen verwendet werden. Außerdem können komplexe Wellenausbreitungsphänomene im Detail studiert und für didaktische Zwecke aufbereitet und visualisiert werden. Die Solver von *Numerical NDE* bestehen jeweils aus einer Windows-EXE mit frei editierbarer Texteingabedatei, die z.B. auch von einer externen GUI erzeugt und gesteuert werden kann. Die Programme generieren Rohdaten in Form von ASCII- oder Binärdateien, die von externer Software gelesen, weiterverarbeitet und visualisiert werden können. Die freie Basisversion der Solver kann bei Bedarf jederzeit durch kunden- und anwendungsspezifische Funktionen erweitert werden. Im Gegensatz zu anderen, heute verfügbaren kommerziellen Softwarelösungen setzt *Numerical NDE* auf separate hochspezialisierte, aber dennoch einfach zu bedienende sowie rasch und flexibel weiterzuentwickelnde Module, die durch ihre standardisierten Ein- und Ausgabeschnittstellen problemlos in kundeneigene Softwareumgebungen eingebettet werden können.

Referenzen

[1] P. Fellinger, R. Marklein, K.-J. Langenberg, S. Klaholz, "Numerical modeling of elastic wave propagation and scattering with EFIT- Elastodynamic Finite Integration Technique", Wave Motion, vol. 21, pp. 47-66, 1995.
[2] R. Marklein, Numerical Methods for the Modeling of Acoustic, Electromagnetic, Elastic and Piezoelectric Wave Propagation Problems in the Time Domain Based on the Finite Integration Technique, Ph. D. Thesis, University of Kassel, Kassel, Germany, Shaker Verlag Aachen, Germany, 1997 (in German).
[3] F. Schubert, Propagation Characteristics of Ultrasonic Waves in Concrete and Conclusions for Non-Destructive Testing, Ph. D. Thesis, Dresden University of Technology, Dresden, Germany, 2000 (in German).
[4] F. Schubert, "Numerical time-domain modeling of linear and nonlinear ultrasonic wave propagation using finite integration techniques – Theory and applications", Ultrasonics 42, 221-229, 2004.
[5] F. Schubert, B. Schechinger, "Numerical modeling of acoustic emission sources and wave propagation in concrete", NDTnet, vol. 7, no. 9, 2002, Online: http://www.ndt.net/article/v07n09/07/07.htm
[6] F. Schubert, R. Marklein, "Numerical Computation of Ultrasonic Wave Propagation in Concrete using the Elastodynamic Finite Integration Technique (EFIT)", IEEE Ultrasonics Symposium, Munich, October 8-11, 2002. Article 5G-5, 778-783, on CD-ROM (2002).

Autonome AE Systeme: Optimierte Hard- und Softwarelösungen zur Unterstützung von Permanent Monitoring Anwendungen

Michael HÄUSERER [1], Horst TRATTNIG [1]
[1] Vallen Systeme GmbH, Icking
Kontakt E-Mail: michael.haeuserer@vallen.de

Kurzfassung. Neben den Inspektionsanwendungen der Schallemission im Rahmen von z.B. Integritätsprüfungen von Druckbehältern oder der Leckage Detektion an Flachbodenlagertanks ist eine steigende Nachfrage für die kontinuierlicher Überwachung von werthaltigen und sensiblen Anlagen oder Bauteilen festzustellen. Die Überwachung dient zum Erhalt der Funktionalität bewegter Bauteile von Maschinen, Industrieanlagen oder Bauwerken. Ziel der Überwachung ist es frühzeitig Schäden zu erkennen, um rechtzeitig planbare und geeignete Gegenmaßnehmen einzuleiten oder mittels anderweitiger NDT Verfahren detailliertere Untersuchungen anzustellen. Die Methode der Schallemissionsanalyse unterstützt diesen Prozess mit geeigneten Messsystemen zur Detektion und Lokalisierung des Schadens. Basierend auf der Auswertung der Daten und der Fachkenntnis des Experten/Anlagenbetreibers können Maßnahmen zur Schadensabwendung dadurch frühzeitig abgeleitet werden.

Eine optimale Unterstützung von Condition Monitoring (CM) und Structural Health Monitoring (SHM) mit Schallemission stellt neue Anforderungen an die Hard- und Software von AE Messsystemen. Diese müssen dabei kontinuierlich den Zustand der Anlage überwachen, Änderungen in ihrem Systemzustand erkennen und bei signifikanten Abweichungen automatisch warnen bzw. alarmieren. Basis hierzu sind zuverlässige Messtechnik (Hardware und Software), ein sich selbst überwachendes Sensornetzwerk und eine programmierbare 24/7 fähige Signalanalyse. Eine weitere Herausforderung ist die IT-Infrastruktur, welche offene Schnittstellen in die Cloud, für den Fernzugriff und für Steuerungsmöglichkeiten bereitstellen muss.

Dieser Beitrag zeigt an zwei Beispielen die Anwendung von Sachallemissionsanalyse für permanente Überwachung aus der Sicht des AE Messsystems. Das erste Beispiel bezieht sich auf die Überwachung eines Kugellagers in einem 500 kW Elektromotor, das zweite Beispiel auf die Überwachung eines Hafenkrans. Es werden die jeweiligen individuellen Anforderungen an die Hardware, Software und der remote Zugriff auf das AE Messsystem sowie das Datenhandling vorgestellt.

Einführung

Die Anwendung von Schallemission als zerstörungsfreies Prüfverfahren ist seit Jahren etabliert und wird im Rahmen von zahlreichen Anwendungen eingesetzt. Im industriellen Umfeld werden unter anderem Druckgeräte, Pipelines und Tanks mit Hilfe von Schallemission geprüft [1]. Dabei stehen unter anderem Integritätstests, Leckage- und

Korrosionsprüfungen im Fokus. Die Prüfung erfolgt meist zyklisch in vorgegebenen Zeiträumen. Neben diesen Anwendungen steigt seit einiger Zeit auch der Bedarf im Bereich der kontinuierlichen Überwachung von Strukturen und Prozessen.
Dabei reicht die Spannweite von hochwertigen Bauteilen in Maschinen wie Getriebe und Motoren, Industrieanlagen wie Pipelines, Ventilen und Kränen bis hin zu Bauwerken und Brücken. Die Anlagen sind teilweise Jahrzehnte lang in Betrieb und sind Abnutzungsprozessen, Erosion, Materialalterung und –ermüdung, Korrosion und Deformation ausgesetzt [4]. Um die Verfügbarkeit der Anlagen sicherzustellen wählen Betreiber oft unterschiedliche Inspektions- und Wartungsstrategien die auf verschiedenen Grundlagen beruhen. Schallemission kann hier ein hervorragendes Werkzeug darstellen um die Veränderung von Anlagen zu detektieren [5]. Davies [2], Nakasa [3], Allevato [1] und andere haben ebenfalls gezeigt, dass Schallemission eine geeignete Methode für kontinuierliche Überwachung ist.
Ziel der kontinuierlichen Überwachung ist es den aktuellen Systemzustand der Anlage zu erfassen, weiter zu beobachten und Änderungen frühzeitig zu entdecken. Dadurch wird der Betreiber in die Lage versetzt frühzeitig Schädigungen an der Anlage zu identifizieren und rechtzeitig geeignete Gegenmaßnahmen einzuleiten. So können u.a. Arbeitsunfälle vermieden, Ausfälle der Anlage reduziert und Stillstandszeiten besser geplant werden. Legt man die 4 Schadenserkennungslevel nach Rytter [9] zu Grunde, kann Schallemission bei der „Detektion" und „Lokalisierung" von Schäden unterstützen. Bei der Einschätzung des „Schadensausmaßes" und der Abschätzung der „Restlebensdauer" hingegen ist die Expertise des Anlagenbetreibers notwendig. Tscheliesnig [5] hat in Tests gezeigt, dass die Einzelergebnisse von zyklischen Druckgerätetests eine höhere Eintrittswahrscheinlichkeit gegenüber einer permanenten Überwachung haben. Bei Integritätstests ist darauf zu achten, dass z.B. Noisequellen eliminiert werden, die Druckaufbringung in geeignetem Maße stattfindet und der Prüfdruck über dem Betriebsdruck liegt. Bei einer permanenten Überwachung im normalen Betrieb der Anlage herrschen auch die üblichen Betriebsbedingungen. Der Vorteil der Schallemission ist, dass die Hintergrundgeräusche identifiziert werden und somit in der Auswertung berücksichtigt werden können. Für eine permanente Überwachung empfehlen sich daher Tests im Vorfeld um die Betriebsbedingungen und deren mögliche Auswirkungen auf die Messergebnisse zu kennen. Anhand dieser Tests besteht die Möglichkeit Schwellwerte für Alarme abzuschätzen die bei der folgenden Überwachung eingesetzt werden können [5]. Bei einer permanenten Installation sollte ebenfalls im Vorfeld evaluiert werden ob die gesamte Anlage überwacht werden soll oder ob kritische Punkte identifiziert werden können, auf denen der Fokus liegt. Der Fokus auf diese hot spots ist aus wirtschaftlichen Aspekten sehr attraktiv und vereinfacht die Datenanalyse. Die Identifikation der Hotspots einer Anlage beruht oft auf den Erfahrungen des Betreibers oder kann über Simulationsrechnungen bestimmt werden [5].

Anforderungen an Schallemissionssysteme im Rahmen von permanenter Überwachung

Die Auswahl eines geeigneten Schallemissionssystems ist sehr stark vom jeweiligen Anwendungsfall abhängig. Das Schallemissionssystem soll in der Lage sein die Anlage permanent zu überwachen und deren Schallemission mit einem geeigneten Sensornetzwerk zu erfassen. Auf Grund der permanenten Laufzeit der Anlagen ist in vielen Fällen eine Überwachung für 24 Stunden an 7 Tagen der Woche notwendig. Das Schallemissionssystem und die Signalanalyse müssen daher die Messdaten automatisiert aufzeichnen und analysieren, Änderungen im Systemzustand erkennen, schadensrelevante Merkmale extrahieren und bei der Überschreitung vorher definierter Schwellwerte Alarme auslösen. Dafür sind eine zuverlässige Messtechnik und ein geeignetes Sensornetzwerk notwendig. Das Sensornetzwerk muss je nach Anwendung auch einer dauerhaften Installation im Freien gewachsen sein und unter anderem eine entsprechende Robustheit, Wasserdichtigkeit und UV Beständigkeit aufweisen. Wenn Sensoren permanent installiert werden, sind sie nach der Installation oft schwer zugänglich. Das Entfernen oder ein Umbau der Sensoren ist daher kosten- und zeitaufwändig [6]. Die Ankopplung der Sensoren soll über den gesamten Zeitraum der Überwachung konstant sein, d.h. der Anpressdruck oder die Klebung darf sich nicht ändern. Die Anforderung an Langzeitstabilität ist einmalig für eine permanente Installation gegenüber der Inspektion [7]. Eine umfangreiche Möglichkeit für digitale Filterung der Messdaten ist von Vorteil um mögliche Störeinflüsse aus den Messdaten zu eliminieren. Im Weiteren muss die Analysesoftware flexibel auf den aktuellen Anwendungsfall zugeschnitten werden können. Wiederkehrende Aufgaben neben der Datenerfassung und Analyse müssen automatisiert und selbstständig ausgeführt werden. Dazu gehört unter anderem:

- Steuerung und Überwachung des Schallemissionssystems
- Alarmierung bei Abweichungen vom Soll
- Automatisierte Testabläufe z.B. Sensor Ankopplungstest
- Fernzugriff und email Benachrichtigung
- Protokollierung von Ergebnissen

Vallen Automation Manager Software

Die *Vallen Automation Manager Software* ist das Automatisierungswerkzeug für die Vallen Systeme AE-Messtechnik.
Dieses Programm wird mit der Vallen AE-Suite am Messrechner installiert und ist die zentrale Instanz, um andere Softwaremodule und Programme zu überwachen und zu steuern.
Dazu gehören u.a. die *Vallen Aquisition Software* zum Aufzeichnen der Messdaten, *VisualAE* zur Analyse der Messdaten und als Option die Ansteuerung von Serverzugängen oder das Versenden von Daten in die Cloud.
Die Abläufe der *Vallen Automation Manager Software* gliedern sich in Events, Tasks und Actions. Events können entweder durch Alarm Prozessoren in *VisualAE*, timer, watchdogs oder auch manuell ausgelöst werden.
Watchdogs sind frei programmierbar Funktionen, die z.B. auf erhöhte Aktivität oder überschreiten von definierten Limits reagieren.
Falls ein Event auftritt, führt die *Vallen Automation Manager Software* einen vorher definierte Task aus, der aus einem oder mehreren Actions bestehen kann. Beispiele für Actions sind Start und Stop der Datenaufzeichnung, Wechsel zu einer neuen Aufzeichnungsdatei oder der Versand einer E-Mail [8]. Ein schematisches Prozessbild und das Zusammenspiel zwischen *Vallen Automation Manager*, Sensor Netzwerk und Fernzugriff auf das System ist in Abb. 1 dargestellt.

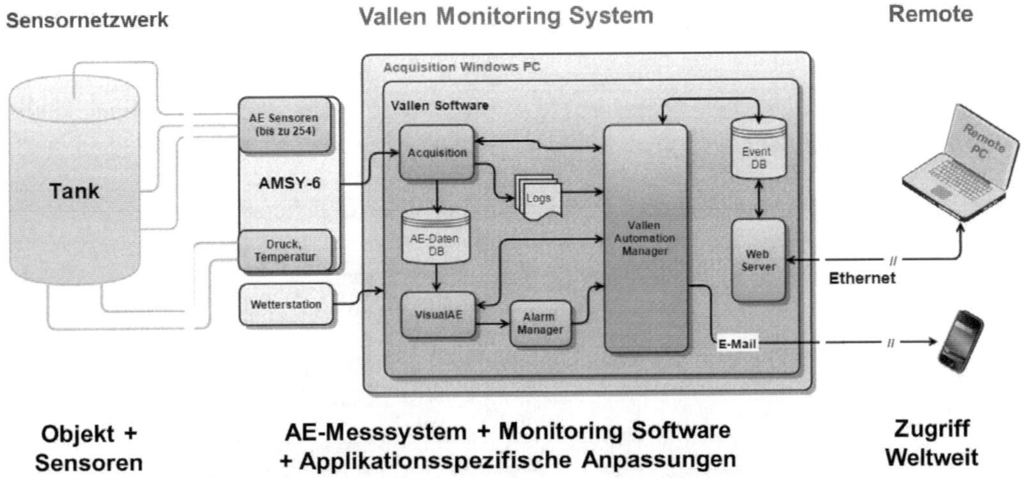

Abb. 1: Schematisches Prozessbild des Vallen Automation Manager

Anwendungsbeispiele für permanente Überwachung und deren individuelle Lösungen

1 Kranüberwachung

In einer Pilotstudie wird ein Containerkran über einen Zeitraum von 9 Monaten permanent mit Schallemission überwacht. Als Schwachstelle wurden vom Betreiber die sogenannten „tension bars“ identifiziert, die im Betrieb die Hauptlast des Kranauslegers und der Container tragen. Das Projekt startete im Frühjahr 2017, weswegen aktuell noch keine Ergebnisse vorgestellt werden können. Der Containerkran wird in einem der wichtigsten internationalen Häfen der Welt eingesetzt und ist im 24/7 Betrieb, also rund um die Uhr im Einsatz um Containerschiffe zu be- und entladen. Der Kran ist seit einigen Jahrzehnten in Betrieb. Ziel der permanenten Überwachung mit Schallemission ist es mögliche Schäden frühzeitig zu erkennen um ereignisorientierte Inspektionen und Wartungen durchzuführen und die Ausfallzeiten gegenüber regelmäßigen Inspektionen zu minimieren.

1.1 System und Sensornetzwerk

Der Betreiber des Containerkrans hat aus langjähriger Erfahrung mit dem Krantyp die tension bars als hot spots identifiziert, welche kontinuierlich überwacht werden soll, siehe Abb. 2. Die Abnutzungserscheinungen sind nach jahrzehntelangem Betrieb an diesen Bauteilen des Krans bekannt. Durch die Vorkenntnisse kann sich die Überwachung auf diese hot spots konzentriert und damit eine zielgerichtete Planung des Sensornetzwerkes und der Analysesoftware erstellt werden. Zu den Herausforderungen an das Sensornetzwerk bei der Überwachung gehören die Außenanwendung an sich und die damit notwendigen wasserdichten und UV beständigen Sensoren und Kabel. Weiter ist bei der Inbetriebnahme zu beachten, dass die tension bars aus zwei bzw. drei Stahlträgern bestehen, die über Bolzen verbunden sind. Die einzelnen Abschnitte der tension bars sind an den Bolzen beweglich verbunden und klappen zusammen wenn der Kranausleger hochgeklappt wird. Diese Beweglichkeit ist notwendig, damit Containerschiffe unter dem Kranausleger hindurchfahren und an der Kaimauer anlegen können. Jeder Abschnitt der tension bars soll separat betrachtet werden, da erwartet wird, dass die Verbindungsstellen

die Schallausbreitung behindern. Auf den einzelnen Abschnitten der tension bars soll linear geortet werden. Das AMSY-6 System und der Messrechner sind im Kontrollraum des Krans mit entsprechender Stromversorgung und USV installiert. Alarmausgänge des AMSY-6 sind mit dem Kranüberwachungssystem verbunden um bei einem Alarm unverzüglich Maßnahmen einleiten zu können.
Über ein mobiles Netzwerk ist das Schallemissionsmesssystem mit dem Internet verbunden und kann so Meldungen verschicken oder auch via Fernzugriff gesteuert werden.

Abb. 2: Beispiel von Containerkränen im Betrieb. Die Kranausleger sind teilweise hochgeklappt. "tension bars" sind bei einem Kran durch die weißen Pfeile gekennzeichnet [10]

1.2 Analyse Software und Automation Manager

Während der Inbetriebnahme werden mit Hilfe eines erfahrenen Servicedienstleisters die Einflüsse der üblichen Betriebsgeräusche auf die Schallemissionsergebnisse erfasst und in die Analyse und Alarmierung miteinbezogen.
Die Automation Manager Software steuert dann die Messdatenerfassung, die Analyse der Messdaten, das Alarmmanagement und die automatische Benachrichtigung z.B. per E-Mail.
Eine weitere wichtige Aufgabe der Automation Manager Software ist eine regelmäßige Überprüfung des Sensornetzwerks. Dabei wird die Ankopplung der Sensoren, die Funktion der Messkette (Sensoren und System) und die Verkabelung (Kabelbruch) überprüft.

2 Lagerüberwachung

Jede rotierende Maschine emittiert „Geräusche" durch Reibung, Defekte und/oder Unwucht. In diesem Beispiel wurde ein Kugellager in einem 500kW Motor mit Schallemission überwacht. Der Motor ist Teil des Kühlkreislaufs eines Kraftwerks und daher ein sicherheitsrelevantes Bauteil. Auslöser war das Versagen eines Kugellagers in diesem Motor, das zum Brand und Totalausfall der Anlage führte. Die Schallemissionsmessung wurde gewählt um nähere Informationen über die Zustandsänderung des Kugellagers zu erhalten und somit einem erneuten Schaden frühzeitig zu erkennen.

2.1 System und Sensornetzwerk

Für die Überwachung werden zwei Sensoren mit einer Resonanzfrequenz von 150kHz verwendet. Das Lager des Motors ist nicht frei zugänglich weswegen Waveguides verwendet werden, die auf der Lagerschale montiert sind. Die Sensoren sind auf die Montageplatte der Waveguides geklebt und zusätzlich mit Magnethaltern fixiert. Die Sensoren sind auf dem Lager zu beiden Seiten der Antriebswelle montiert. Neben den Sensoren werden zwei Temperatursensoren eingesetzt. Ein Temperatursensor ist an einem Waveguide montiert und misst die Temperatur nahe am Lager, der zweite Sensor befindet sich neben dem Schallemissionssystem und misst die Raumtemperatur. Der Temperaturverlauf am Lager soll später mit der Schallemission verglichen werden um mögliche Zusammenhänge zu identifizieren. Die Signale der Sensoren werden mit einem AMSY-6 Schallemissionsmesssystems von Vallen Systeme aufgezeichnet, die Signale der Temperatursensoren werden in die parametrischen Kanäle des AMSY-6 eingespeist. Der Motor steht in einer Halle, weswegen keine erhöhten Anforderungen oder separater Stromversorgung für das Sensornetzwerk und das System bestehen.

Abb. 3: 500kW Motor mit Positionen der beiden Sensoren zur Messung der Schallemission des Lagers. Kanal 1 ist rot markiert, Kanal 2 ist grün markiert. Die farbliche Markierung ist analog zur farblichen Darstellung der Messdaten in Abb. 4

2.2 Automation Manager und Analyse Software

Die Kontrolle der Schallemissionsdaten erfolgt räumlich getrennt vom System. Ein direkter Fernzugriff auf das System ist aus IT Sicherheitsgründen nicht möglich. Ein regelmäßiger Datenupload auf einen FTP Server ist jedoch möglich. Die Automation Manager Software legt alle 24 Stunden eine neue Datei an, in der die Messdaten gespeichert werden, und lädt Daten des Vortages auf den FTP Server des Betreibers. Der Automation Manager aktiviert zusätzlich alle 12 Stunden für einen kurzen Zeitraum die Aufzeichnung von TR Daten, also die Aufzeichnung der kompletten Wellenform eines Zeitfensters. Dadurch stehen in regelmäßigen Zeitabschnitten TR Daten zur Verfügung mit denen der Frequenzinhalt der Messdaten analysiert werden kann. Die Dauer der TR Datenaufzeichnung ist so gewählt, dass die Datenmenge für die Analyse ausreichend ist aber für den Datenaustausch über den Server nicht zu groß wird. Die Messdaten werden täglich über den FTP Server abgeholt und offline analysiert. Zur besseren Darstellung werden Stundenmittelwerte des RMS gebildet und zusammen mit den vorherigen Daten zu einer Messreihe zusammengesetzt (Abb. 4).

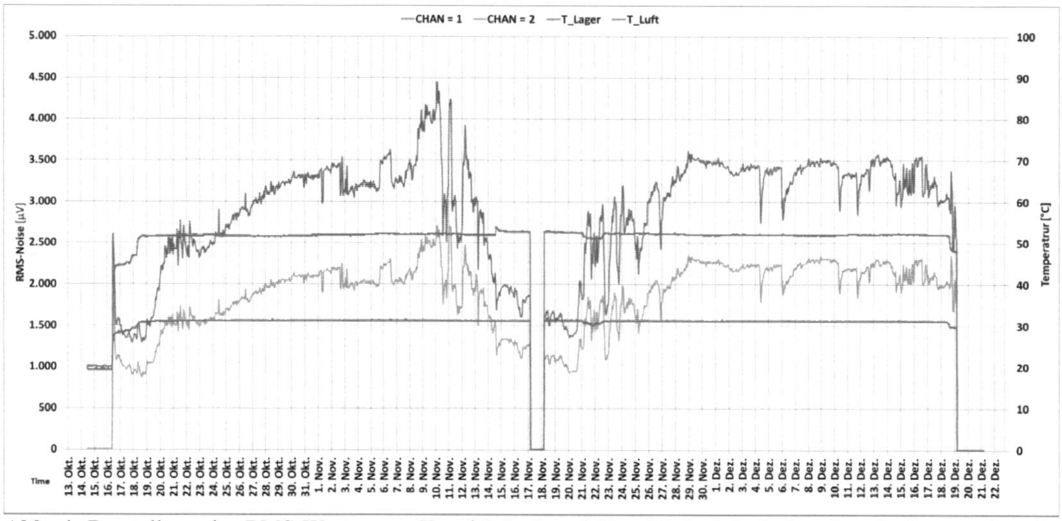

Abb. 4: Darstellung des RMS Wertes von Kanal 1 (rot) und Kanal 2 (grün) als Stundenmittelwerte über die Zeit. Die 2. Y-Achse zeigt die Temperaturmesswerte. Die Temperatur am Lager ist als blaue Kurve und die Temperatur im Raum als violette Kurve dargestellt.

2.3 Beschreibung der Messdaten

Das Diagramm in Abb. 4 zeigt die Schallemissionsdaten der beiden Sensoren und Daten der Temperaturaufzeichnung über den gesamten Betrachtungszeitraum von 2 Monaten. Die Schallemissionsdaten sind als RMS Werte, gemessen in µV, dargestellt. Die grüne Kurve zeigt die RMS Werte von Sensor 1 (CHAN 1) und die rote Kurve die RMS Werte von Sensor 2 (CHAN 2). Beide Kurven zeigen einen sehr ähnlichen Verlauf und eine hohe Konsistenz in der Volatilität. Sie unterscheiden sich maßgeblich in der Amplitude, was auf die Ankopplung der Sensoren über die Waveguides auf das Lager zurückzuführen ist. Die Absolutwerte der Messdaten und vor allem deren Volatilität ist bisher noch nicht ausreichend geklärt und muss noch weiter vor dem Hintergrund möglicher Quellmechanismen für die Schallemission in Lagern bearbeitet werden. Der Ansatz, die RMS Werte mit der Temperatur zu korrelieren spiegelt sich in den Messdaten nicht wieder. Die Temperaturmessdaten des Sensors am Lager ist als blaue Kurve mit der Einheit °C dargestellt. Die Messdaten der Raumtemperatur sind als violette Kurve dargestellt. Die Temperaturskala ist auf der rechten y-Achse des Diagramms in Abb. 4 abgebildet. Die gemessene Temperatur am Lager ist erwartungsgemäß höher als die Raumtemperatur. Beide Temperaturkurven verlaufen nach dem Hochfahren des Motors auf Volllast (18. Okt.) nahezu konstant bis zum Abschalten des Motors am 18. Dez. Der geringe Temperaturanstieg der blauen Kurve (Temperatur Lager) am 14. November ist auf ein Nachfetten des Lagers zurückzuführen. Die Schallemissionsdaten sind eine Momentaufnahme im Verlauf der Nutzungsdauer des Lagers. Die Charakteristik der Schallemissionsdaten am Beginn der Nutzungsdauer sind leider nicht bekannt, weswegen aktuell noch keine Aussage über die Änderung des Zustands getroffen werden kann.

Zusammenfassung

Mit diesen beiden Beispielen wurde gezeigt, dass die Schallemissionsmesstechnik heute bereits die Anforderungen für Permanent-Monitoring-Anwendungen erfüllt. Die Kombination aus automatisierten Software und Analysetools, zuverlässiger Messtechnikhardware und selbstüberwachenden Sensornetzwerken biete zudem genügend Flexibilität für die verschiedensten Aufgabenstellungen.

Die beiden beschriebenen Beispiele zeigen die Flexibilität und breitgefächerte Anwendbarkeit von Schallemissionssystemen und die Unterstützung bei der permanenten Überwachung durch die Automation Manager Software. Es hat sich bestätigt, dass beide Anwendungen unterschiedlich sind und jeweils ihre eigenen individuellen Anforderungen an Sensornetzwerk und Analysesoftware stellen. Ein weiterer Punkt ist, dass das Schallemissionssystem zwar autonom laufen kann und muss, aber die Rahmenbedingungen für eine erfolgreiche Durchführung im Vorfeld geschaffen werden müssen. Eine zuverlässige Stromversorgung muss gewährleistet sein und eine Kommunikationsinfrastruktur für den Fernzugriff auf das System und/oder die Daten muss mit dem Betreiber aufgebaut werden. Die online Analyse muss durch erfahrene Dienstleister so aufgebaut werden, dass die Einflüsse der üblichen Betriebsbedingungen der Anlage auf die Schallemissionsergebnisse soweit bekannt sind, dass diese von den Nutzsignalen separiert werden können. Darauf aufbauend müssen die Schwellwerte für Alarme so definiert werden, dass Alarme durch relevante Ereignisse ausgelöst werden und nicht durch normale Betriebsaktivitäten.

Referenzen

[1] Claudio Allevato, 'The use of acoustic emission testing on long term monitoring of damaged components', EWGAE 2010, 2010

[2] Ray Davis, 'AE as a Basis for Plant Integrity Monitoring', Progress in Acoustic Emission III - The Japanese Society of NDI, 1986

[3] Hiroyasu Nakasa and Hiroaki Sasaki, 'Long-term continuous monitoring of structural integrity of steel storage tanks', IAES 1998

[4] Baiqing Liu, Kai Qi, Aihua Jiang, Chengzhong He, Xinhua Wang, 'Application of Acoustic Emission (AE) Technique in gantry crane main metal structure safety assessment', Proceedings of World Conference on Acoustic Emission – 2011, Beijing

[5] Peter Tscheliesnig, 'From Acoustic Emission Testing (AT) to Acoustic Monitoring', 12th International Conference of the Slovenian Society for NDT, Sep 4-6, 2013, Portorož, Slovenia

[6] ASTM E650, 'Standard Guide for Mounting Piezoelectric Acoustic Emission Sensors', 2012

[7] Thomas Thenikl, Ireneusz Baran, Hartmut Vallen, 'The challenges and solution of permanent AE monitoring of an engineering structure', ECNDT 2014

[8] Vallen Systeme GmbH, 'Vallen Automation Software user manual', 2013

[9] Rytter A., Kirkegaard Poul Henning, ‚Vibration Based Inspection of Civil Engineering Structures', Aalborg Universitetsforlag, 1994

[10] CMA CGM Alexander von Humboldt (ship, 2013) 001.jpg, https://.commons.wikimedia.org, downloaded on 30th of January 2017

Überwachung mit Schallemission – immer wieder eine Herausforderung!

Manuel LÖHR [1], Hermann SCHUBERT [2]
[1] GMA-Werkstoffprüfung, Hamburg
[2] GMA-Werkstoffprüfung GmbH Prüfzentrum Düsseldorf
Industriepark/Gebäude 20, Düsseldorf
Kontakt E-Mail: m.loehr@gma-group.com

Kurzfassung. Im alltäglichen Umgang mit Überwachungsaufgaben mit Hilfe der Schallemission ergeben sich eine Vielzahl von erwartenden und nicht erwartenden Ereignissen, mit denen umgegangen werden muss. Der Vortrag spannt eine Übersicht vom Einsatz der Schallemissionsanalyse im Bereich der offshore- Windkraftanlagen und warmgehenden Reaktoren oder (Druck-)Behältern, bis zur einfachen Leckage-Überwachung an industriellen Komponenten. Warmgehende Komponenten stellen eine besondere Herausforderung für die Prüfsituation dar, da hier meist die Sensoren vor hohen Temperaturen geschützt werden müssen. In der Regel kommen hier geeignete Wellenleiter und spezielle Ankoppelmittel zum Einsatz.

Übersicht

Im folgenden finden sich drei Gesichtspunkte, die bei Überwachungen von Behältern und Rohrleitungen bei erhöhten Temperaturen wichtig sind. Weitere Aspekte der Überwachung mit Schallemission werden im Vortrag präsentiert.

Betriebsgeräusche Dampfspeicher

Material: Feinkornbaustahl höherfest Wanddicke: nominell 28,5 mm Betriebstemperatur bis 238 °C Betriebsdruck maximal 32 bar	Medium: Dampf/ Speisewasser Eingehaust und isoliert Speisewasser mit zyklischer Beladung durch Wasserdampf
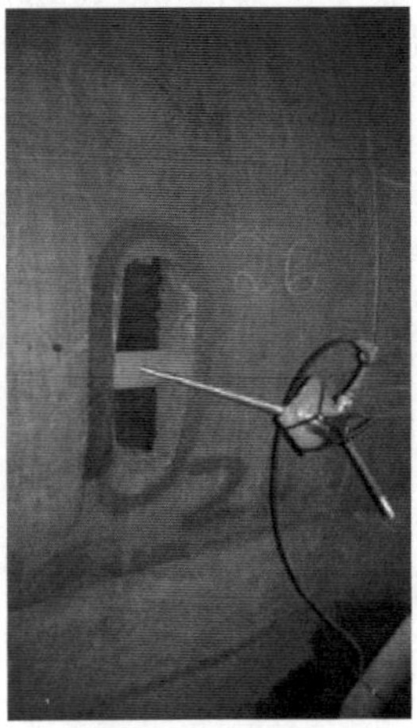	Sensoren PAC R15I und PAC R30I im Vergleich: 150 kHz und 300 kHz Resonanzfrequenz bis etwa 75 °C, Vorverstärkung intern: 40 dB Schwelle und Softwarefilter analog: 40 bzw. 36 dB_{AE} und 100 kHz bis 400 kHz Dämpfung Wellenleiter bei 150 kHz: 14 dB_{AE} Dämpfung Wellenleiter bei 300 kHz: 33 dB_{AE} Beschreibung Wellenleiter (Bild links): Gesamtlänge: 508 mm Dicke der Stahlplatte: 5 mm Rostfreier Stahl

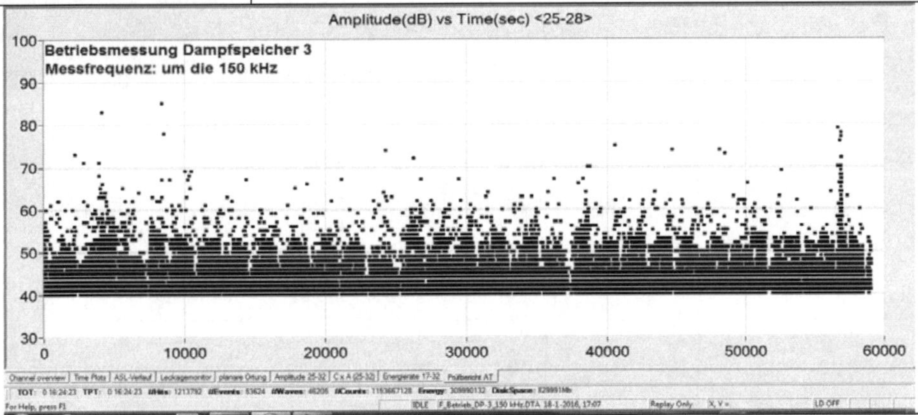

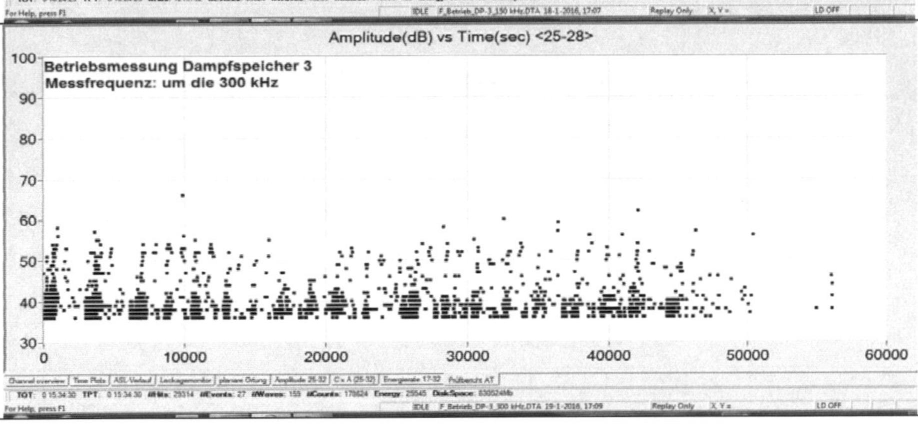

Abb. 1: Einfluss der Resonanzfrequenz des Schallemissionssensors auf die Betriebsgeräusche bei einem Dampfspeicher.

Einfluss der Temperatur

Material: ferritischer Stahl, Wanddicke: nominell 800 mm, Temperatur 20 °C und 80 °C

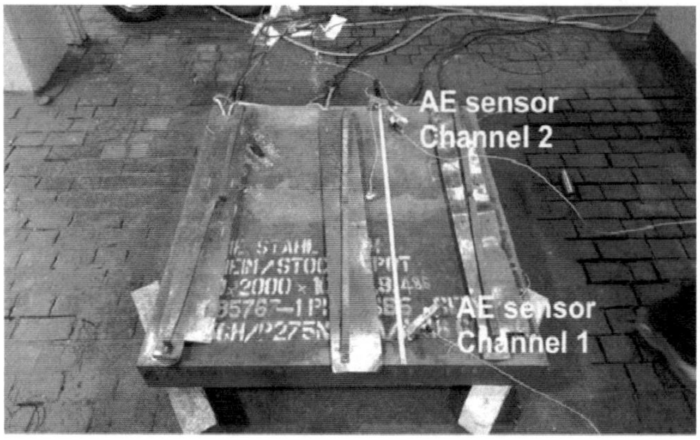

Test set-up: 1m x 1m x 0.1m steel plate, linear location of two AE sensors (Type: ISR15 CA-HT), pre-amplified by 1281 pre- amp and barrier.

Sensor: PAC ISR15 CA-HT:
150 kHz Resonanzfrequenz
explosionsgeschützt
bis 120 °C

Signalquelle:
Hsu- Nielsen 2H 0,5 mm

Bild links: Messaufbau

Tabelle: Vergleich der gemittelten Amplitude von Bleistiftminenbrüchen in unterschiedlichen Entfernungen zum Sensor bei 20 °C und 80 °C.

Entfernung in mm	20	150	200	250	300	400	500	800
Gemittelte Amplitude in dB_{AE} bei 20 °C	92	89	87	86	85	82	81	79
Gemittelte Amplitude in dB_{AE} bei 80 °C	na	na	na	na	82	79	77	77

Abb. 2: Einfluss der Temperatur.

Filterung von Betriebs- und Störgeräuschen

Material: Schwarzstahl, Wanddicke: 6,3 mm
Durchmesser: 150 mm
Betriebstemperatur bis etwa 180 °C
Betriebsdruck maximal 2 bar

Medium: heiße Schwefelsäure
Eingehaust und isoliert
Aufkonzentration durch Sieden

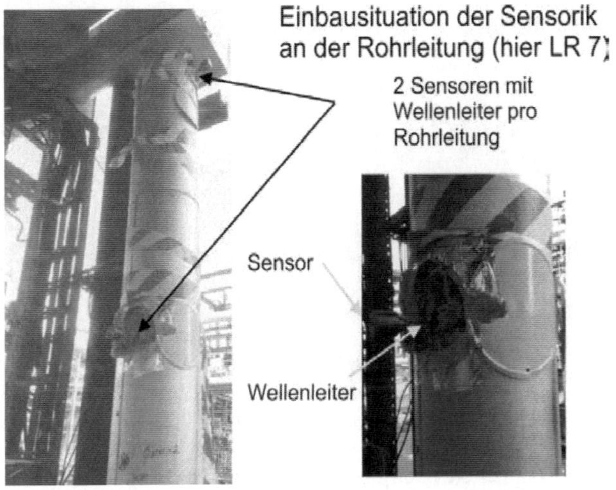

Sensor PAC ISPK15I:
150 kHz Resonanzfrequenz
explosionsgeschützt
bis etwa 75 °C
Vorverstärkung intern: 26 dB

Schwelle: 58 dB_{AE} mit Filterung
analog: 100 kHz bis 400 kHz
und digital: 100 kHz bis 300 kHz

Wellenleiter
Gesamtlänge: 126 mm
Vier Magnetfüße
Dämpfung Wellenleiter bei 150 kHz (20 °C): 6-8 dB_{AE}

Aufwändige Datenfilterung zur Extrahierung der Nutzsignale durch Entfernung von Einzelsignalen mit Amplituden bis 59 dB_{AE} oder Counts bis 4 oder Risetime bis 6 µs oder average frequency bis 39 kHz oder average frequency ab 401 kHz oder Peak frequency ab 200 kHz und der Verwendung einer linearen Ortung zwischen beiden Sensoren.

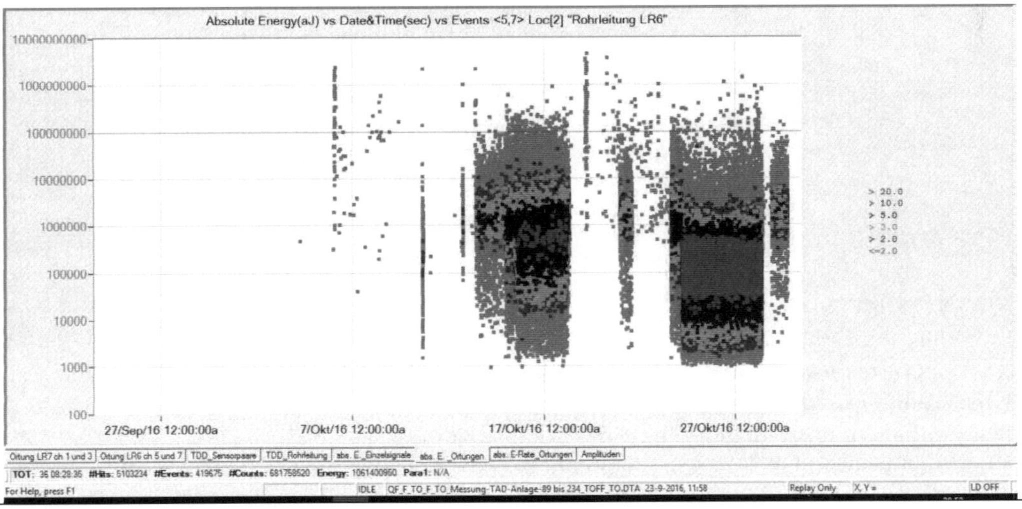

Abb. 3: Gefilterte Messdaten vor bzw. während des Anfahrens der Anlage und im „Normalbetrieb“.

BAM-Projekt AGIFAMOR – Zustandsüberwachung von Rohrleitungen

Franziska BAENSCH, Maria-Teresa HUSSELS, Sebastian CHRUSCICKI, Wolfram BAER, Peter WOSSIDLO, Tobias HOMANN, Jens PRAGER, Dirk SCHMIDT, Margit WELTSCHEV, Abdel Karim HABIB
BAM Bundesanstalt für Materialforschung und -prüfung, Berlin
Kontakt E-Mail: Franziska.Baensch@bam.de

Kurzfassung. Rohrleitungssysteme sind aufgrund ihrer Funktion und Ausdehnung für den Betrieb, die Verfügbarkeit und die Sicherheit von Industrieanlagen von besonderer Bedeutung. Die bisher in definierten Intervallen durchgeführten, wiederkehrenden Prüfungen zur Sicherstellung leckagefreier Rohrleitungen sind kostenintensiv und mit einem erhöhten Aufwand verbunden.

Mit dem interdisziplinären Forschungsprojekt AGIFAMOR (Ageing Infrastructures – Akustisches Monitoring von Rohrleitungen) arbeitet die BAM an der Entwicklung und Erprobung einer örtlich und zeitlich kontinuierlichen Zustandsüberwachung von Rohrleitungen basierend auf einem faseroptischen akustischen Messsystem, welches einen vergleichsweise geringen Installationsaufwand der Sensoren erfordert. Mit diesem Verfahren sollen vor allem betriebsbedingte Schädigungen infolge von Korrosion sowie daraus entstehende Pittings oder Risse erkannt und damit Leckagen verhindert werden.

Im Rahmen einer Machbarkeitsstudie zum Teilaspekt „Detektion von Risswachstum" wurde ein 2,5 m langes, definiert vorgekerbtes Stahlrohr mit der faseroptischen Sensorik (FOS) ausgestattet und quasistatisch unter 4-Punkt-Biegung belastet. Mit fortschreitender Belastung wächst, ausgehend vom vorhandenen Außenumfangskerb, ein Riss im Stahlrohr bis zum Erreichen der Leckage – in der Praxis ein gefährliches Schadensszenario.

Parallel zur FOS erfolgten Messungen mit Schallemissionssensoren, Beschleunigungssensoren und Potentialsonden, deren Ergebnisse die Interpretation der FOS-Messergebnisse unterstützen sollen.

Einführung

Vor dem Hintergrund eines weltweit zunehmenden Stofftransportes über Rohrleitungen und des einhergehenden, hohen Risikos für Leben und Umwelt bei auftretenden Leckagen, steht die Energie- und Versorgungsindustrie vor einer großen Herausforderung in der Überwachungsqualität. Die üblichen, turnusmäßig erfolgenden Überprüfungen von Rohrleitungen unterstützen zwar die Identifizierung von insbesondere Korrosions- und Ermüdungsrissen [1,2], jedoch werden willkürlich auftretende Schäden infolge innerer Kräfte (Druckstöße und Kavitationsschläge) [3] oder Fremdeinwirkung (Bauarbeiten, Erschütterungen und Produktdiebstahl) häufig erst anhand der geringeren Durchflussmengen erkannt. Für ein Frühwarnsystem ist die Installation einer kontinuierlichen Überwachung notwendig. Hohes Potential für diese Anforderungen hat die zerstörungsfreie Prüftechnik (ZfP) der verteilten faseroptischen Sensorik (FOS), da hierfür an weit ausgedehnten

Strukturen lediglich eine einzige optische Faser appliziert werden muss, die gleichzeitig als örtlich kontinuierlicher Sensor sowie der Signalübertragung dient [4, 5]. Die verteilte faseroptische akustische Sensorik ermöglicht u.a. die Erfassung mechanischer Einwirkungen Dritter auf Rohrleitungen (Annäherung, Erdarbeiten und Manipulation) [6].

Im Rahmen des interdisziplinären Forschungsprojektes AGIFAMOR (Ageing Infrastructures – Akustisches Monitoring von Rohrleitungen) an der BAM wird untersucht, inwiefern Materialschädigungen anhand detektierter und lokalisierter Schallereignisse mit der FOS Technik identifiziert werden können. Es werden erste Ergebnisse aus der Machbarkeitsstudie zum Teilaspekt „Detektion von Risswachstum" vorgestellt.

Material und Methodik

Versuchsaufbau und Ablauf

Es wird eine quasistatische 4-Punkt-Biegeprüfung an einem 2,5 m langen Stahlrohr (S355J2N, Außendurchmesser 168,3 mm, Wanddicke 16 mm) durchgeführt. Um ein gezieltes Risswachstum zu initiieren, wird in das Rohr ein 90°-Außenumfangsfehler von 8 mm Tiefe eingebracht. Die Belastung erfolgt weggeregelt (0,2 mm/min). Mittels Potentialsondenmessung wird der Zeitpunkt der Rissinitiierung grafisch identifiziert (Direct Current Potential Drop; DCPD). Für diese Methode wird über zwei Punkte Strom auf das Rohr geleitet (Abb. 1) und die Potentialänderung an 5 Punkten direkt am Kerb abgegriffen.

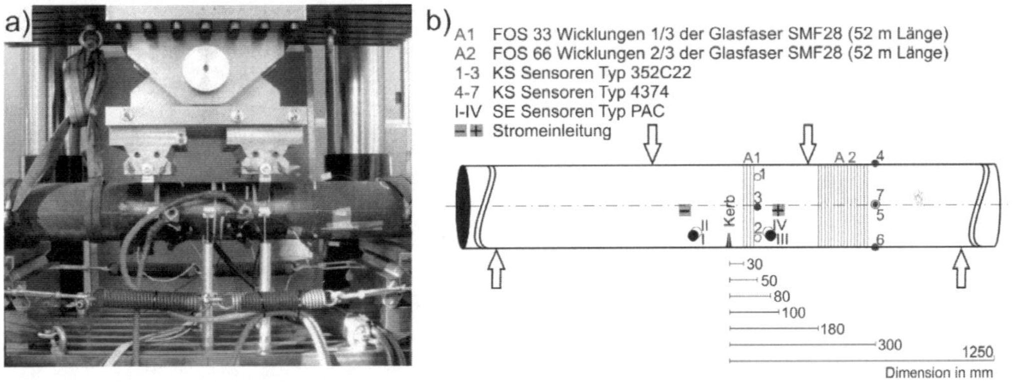

Abb. 1. Der 4-Punktbiegeprüfstand a) Fotografie des Versuches. b) Versuchsanordnung der verwendeten Messtechniken Faseroptische Sensorik (FOS), Körperschallmessung (KS), Schallemissionsmessung (SE) und Potentialsondenmessung (+/- Stromeinleitung, 5 Potentialabgriffspunkte direkt am Kerb) auf dem Rohr.

Für die faseroptische Sensorik (FOS) wird eine Standard singlemode Glasfaser SMF28 (9/125/250 µm, Acrylat Coating, Corning) von 52 m Länge in engen Umwicklungen von außen auf das Rohr appliziert (1/3 der Umwicklungen nah am Kerb, 2/3 der Umwicklungen 180 mm entfernt vom Kerb). Bei dem eingesetzten faseroptischen Messgerät handelt es sich um ein Helios DAS System (Fotech Solutions), welches das Prinzip der kohärenten OTDR (C-OTDR, coherent optical time domain reflectrometry) nutzt. Die Messgröße basiert hierbei auf sich kohärent überlagernden Rückstreusignalen von in die Faser geleiteten Lichtpulsen. Es wird kontinuierlich mit einer gewählten Pulswiederholrate von 80 kHz aufgezeichnet. Im vorliegenden Versuch wird der Schwerpunkt auf die Sensitivität der Messtechnik gelegt, was zu einer relativ geringen Ortsauflösung führt: Aufgrund der gewählten Pulslänge von 200 ns (hohe Empfindlichkeit) liegt die Ortsauflösung bei 20 m und bleibt unberücksichtigt. Prinzipiell ist das verwendete System in der Lage, Ortsauflösungen von etwa 1 m (bei einer Pulslänge von 10 ns) zu erreichen.

Zusätzlich wird ein Körperschall-Messsystem (KS), bestehend aus sieben Beschleunigungssensoren installiert. Vier Beschleunigungssensoren vom Typ 352C22 (PCB Piezotronics) werden um jeweils 90° rotiert 300 mm entfernt vom Kerb und drei Sensoren vom Typ 4374 (Brüel & Kjær) um je 120° verdreht 50 mm vom Kerb entfernt adhäsiv auf das Rohr montiert (Klebstoff HBM 1-X60). Als Ladungsverstärker werden drei PCB 422E12 verwendet. Der Aufbau besteht aus dem USB Modul 66366 (National Instruments) und der ICP-Versorgung M978 (Sinus Messtechnik). Die aufgezeichneten Messdaten dienen als Referenz für spätere Simulationen der Wellenausbreitung im Rohr.

Zu weiteren Vergleichszwecken wird der Versuch mittels der Schallemissions-Messtechnik (SE) überwacht. Es wird das Messsystem MISTRAS Physical Acoustic (DiSP) mit 6 Kanälen eingesetzt. Zur Detektion und Ortung von SE-Ereignissen werden vier Breitbandsensoren (PAC-WD 100-2000 kHz) in einem gleichseitigen Rechteck mit einem Abstand von 80 mm um den Kerb an das Rohr montiert. Die SE-Signale werden über einen Vorverstärker (40 dB, Typ PAC 2/4/6) mit Frequenzfilter (20 kHz bis 1 MHz) erfasst. Die Aufzeichnungsrate beträgt 5 MHz. Jedes Zeitfenster eines detektierten Signals mit 3k Speichertiefe enthält somit 3072 Abtastpunkte und die aufgezeichnete maximale Signallänge beträgt 614,2 µs inklusive 50,0 µs pre-trigger.

Die Synchronisation der verschiedenen Monitoring-Systeme erfolgte über einen Hammerschlag gegen das Rohr. Der Belastungsversuch dauerte ca. zwei Stunden. Aus Gründen der Datensicherung wurde der Versuch in Abständen von 30 Minuten angehalten (Abb. 2).

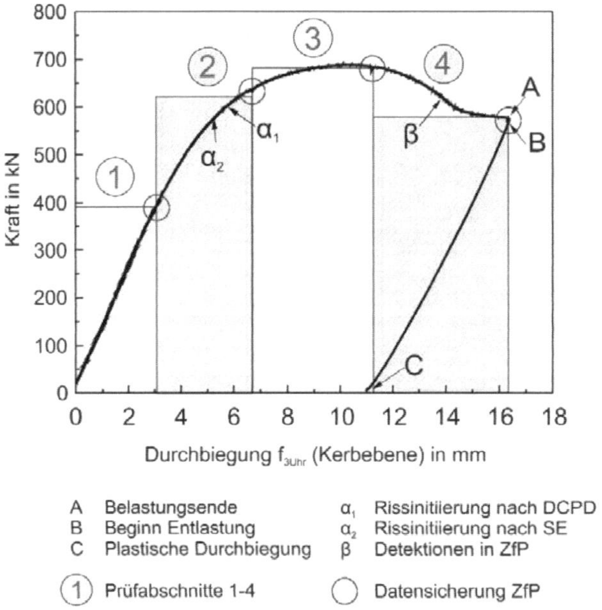

Abb. 2. Die 4-Punktbiegeprüfung wird in 4 Prüfabschnitten (1-4) durchgeführt, um zwischenzeitlich die Daten in den ZfP-Messungen zu sichern. Die Rissinitiierung wird mittels DCPD-Auswertung identifiziert ($\alpha 1$), zeitnah wird in der SE-Messung ein erstes SE-Ereignis lokalisiert ($\alpha 2$). Während des 4. Prüfabschnittes detektieren alle ZfP-Methoden zeitnah akustische Ereignisse (β).

Methoden der Datenaufbereitung und -auswertung

Die FOS Signalermittlung basiert auf der zeitlich-räumlichen Entwicklung der spektralen Zusammensetzung. Die Fourier Transformation erfolgt in Blöcken aus 64 Zeitspuren, die je um 12,5 µs versetzt sind. Ein Zeitblock weist eine Dauer von 64 x 1/80000 Hz = 800 µs auf. Die spektrale Gesamtleistung berücksichtigt den Flächeninhalt der FFT im Frequenzbereich zwischen 1,25 kHz und 40 kHz und wird als Intensität mit willkürlicher Einheit (*Engl.*

„Arbitrary Unit", a.u.) geführt. Die gesamte beobachtete Faserlänge wird mit den Ortparametern 0-120 Bin abgebildet und geht hier auch etwas über den, auf das Rohr applizierten Anteil hinaus. Dabei entspricht 1 Bin 0,68 m entlang der Faser. Abb. 3a und 4a zeigen die mit der Messtechnik aufgenommenen Rohdaten im Zeitbereich. Der Bereich mit der ersten Wicklung nahe dem Kerbbereich (Abb. 1. A1) wird als der aussagekräftigere Abschnitt befunden, daher erfolgt die weitere Datenanalyse ausschließlich für die erste Hälfte der Faser, 0-60 Bin (Aufbereitete Daten, Abb. 3b-c, Abb. 4b-c). Die spektralen Gesamtintensitäten werden für Position auf der Faser (Bin) und Versuchszeit (Abb. 3b, Abb. 4b) sowie als über den relevanten Ortsbereich (0-60 Bin) aufsummierte Intensität über der Versuchszeit abgebildet (Abb. 3c, Abb. 4c).

Bei der KS-Messung werden die Zeitsignale der 7 Sensoren mit einer Samplingrate von 100 kHz aufgezeichnet. Die Signale werden sowohl im Zeitbereich als auch mittels Kurzzeit-Fourier-Transformationen (Δt=0,01 s) im Frequenzbereich von 1 kHz bis 25kHz ausgewertet (Abb. 5, Abb. 6).

Während des Versuches trat ein mit steigender Belastung zunehmendes Hintergrundgeräusch im Frequenzbereich $f \leq 150$ kHz auf, sodass in der SE-Messung die Nachweisschwelle für die PAC-WD Sensoren auf bis zu 65 dB_{AE} angehoben werden musste. Die Ortung zwischen den PAC-WD Sensoren garantiert die Identifizierung jener SE-Signale, deren Quelle in Kerbnähe lokalisiert sein muss. Für die georteten SE-Ereignisse wird das Zeitsignal sowie Frequenzspektrum analysiert. Die Signalparameter in Zeit- und Frequenzbereich werden für das Fenster -20 µs (pre-trigger) bis 60 µs ausgewertet (Abb. 7, Abb. 8). Die FFT wird unter Anwendung des Hanning-Fensters ermittelt.

Ergebnisse und Diskussion

Rissinitiierung

Anhand der Potentialänderung bei Rissstart (DCPD Auswertung) wird die Rissinitiierung am Kerb (Abb.2, α_1) für die 6 Uhr- und 7 Uhr-Positionen zeitlich und damit bezogen auf die Durchbiegung leicht versetzt für eine Last von 610 kN bis 613 kN ermittelt (Tab. 1).

Tabelle 1. Ermittlung der Rissinitiierung basierend auf der Potentialänderung nach dem DCPD Verfahren.

Position	Durchbiegung [mm]	Kraft [kN]
6 Uhr	5,93	609,6
7 Uhr	6,00	612,6

Bei den mittels FOS und KS detektierten Signalen während des Versuchsabschnittes 2 ist eine eindeutige Identifizierung bedeutender Ereignisse zeitnah zur Rissinitiierung mit den bisherigen Auswertungskonzepten nicht gelungen. In der SE-Messung wurde zeitnah, bei einer Last von 588 kN, ein Schallereignis detektiert und nahe dem Kerb geortet (Abb. 2, α_2). Es handelt sich um ein breitbandiges Ereignis mit Frequenzen bis ca. 600 kHz. Da zu diesem Zeitpunkt der Rissstart am Kerb angenommen werden kann, zeigt sich hier die Signal-Charakteristik einer Rissentwicklung mit radialer Ausrichtung.

Während des Versuchsabschnittes 3 wird die maximale Belastung des Rohres erreicht; die ZfP-Systeme detektieren in diesem Abschnitt nur wenige Ereignisse, die hier nicht analysiert werden.

Schädigung in Versuchsabschnitt 4

Im Versuchsabschnitt 4 tritt bereits der Lastabfall mit fortschreitender Durchbiegung auf (Abb. 2). Im Vergleich zu den vorhergehenden Versuchsabschnitten detektieren hier alle drei akustischen ZfP-Systeme beinahe zeitgleich erhöhte akustische Aktivität. Für einen ersten Vergleich zwischen FOS, KS und SE werden jeweils die Detektionen zum Zeitpunkt 930 s (Ereignis E1) und 945 s (Ereignis E2) ausgewertet (Tab. 2, Abb. 3-8).

Tabelle 2. Zeitpunkt der Signaldetektion für die akustischen Ereignisse E1 und E2 (Versuchsabschnitt 4) in der faseroptischen Sensorik (FOS), Körperschallmessung (KS) und Schallemissionsmessung (SE).

Ereignis		FOS	KS	SE
E1	[s]	929,791	929,979	929,968
E2	[s]	944,690	944,253	944,240

In der Detektion der FOS dauern beide Ereignisse, E1 und E2, ca. 10 ms an. In den Rohdaten sind beide Ereignisse identifizierbar (Abb. 3a, Abb. 4a). In den aufbereiteten Daten deuten sich erste Unterschiede an: Das E1, mit der maximalen Intensität von ca. 1,05 E5 a.u. ist deutlich ausgeprägter als das E2 mit einer maximalen Intensität von ca. 4,20 E4 a.u. (Abb. 3b, Abb. 4b). Im summierten Spektrum (Intensitäten summiert für 0 Bin bis 60 Bin) erreicht E1 für eine Dauer von etwa 7,91 ms Intensitäten von ≥1,2 E06 a.u. (Abb. 3c). Im Falle von E2 werden nur für ein Zeitfenster von 5,94 ms derartige Intensitäten erreicht (Abb. 4c).

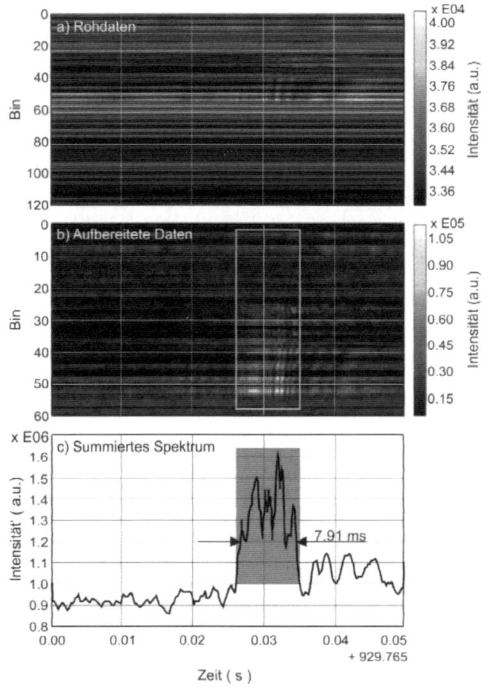

Abb. 3. Mittels faseroptischer Sensorik (FOS) detektiertes Ereignis E1 nach ca. 930 s Versuchsdauer im 4. Abschnitt. a) Der Rohdatensatz bildet die aufgenommenen Rückstreuintensitäten im Zeitbereich für die gesamte Faserlänge (0-120 Bin) und Versuchszeit ab. b) Der aufbereitete Datensatz bildet die spektralen Gesamtintensitäten örtlich für die erste Hälfte der Faser (0-60 Bin) und über die Versuchszeit ab. c) Die spektralen Gesamtintensitäten werden für 0-60 Bin aufsummiert. Für eine Dauer von 7,91 ms werden summierte Intensitäten ≥1,2 E06 a.u. erzielt.

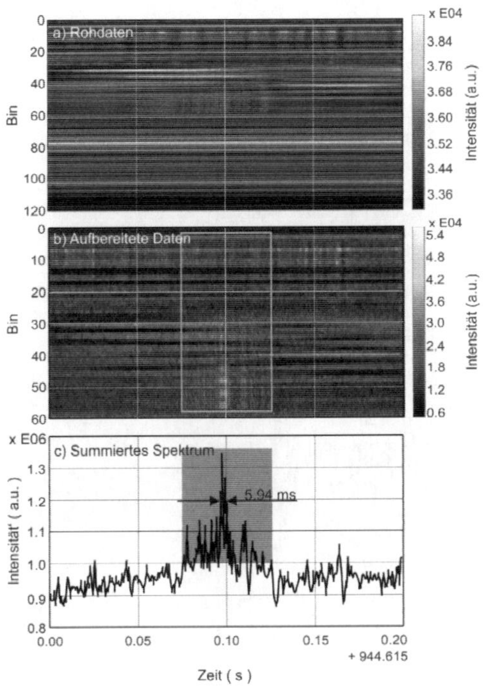

Abb. 4. Mittels faseroptischer Sensorik (FOS) detektiertes Ereignis E2 nach ca. 945 s Versuchsdauer im 4. Abschnitt. a) Der Rohdatensatz bildet die aufgenommenen Rückstreuintensitäten im Zeitbereich für die gesamte Faserlänge (0-120 Bin) und Versuchszeit ab. b) Der aufbereitete Datensatz bildet die spektralen Gesamtintensitäten örtlich für die erste Hälfte der Faser (0-60 Bin) und über die Versuchszeit ab. c) Die spektralen Gesamtintensitäten werden für 0-60 Bin aufsummiert. Für eine Dauer von 5,94 ms werden summierte Intensitäten ≥1,2 E06 a.u. erzielt.

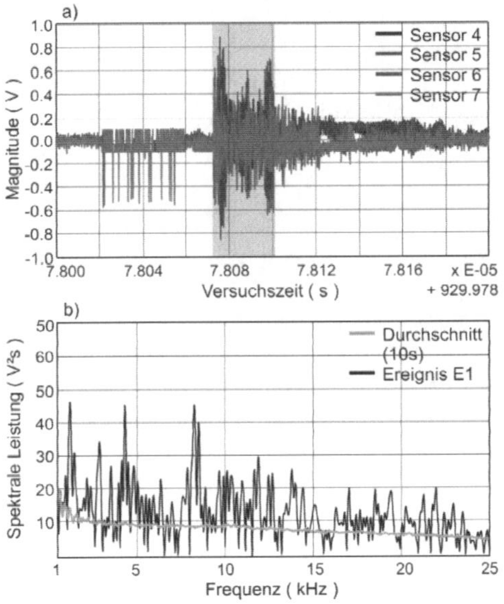

Abb. 5. Mittels Körperschall(KS)-Messsystem detektiertes Ereignis E1 nach ca. 930 s Versuchsdauer im 4. Abschnitt.

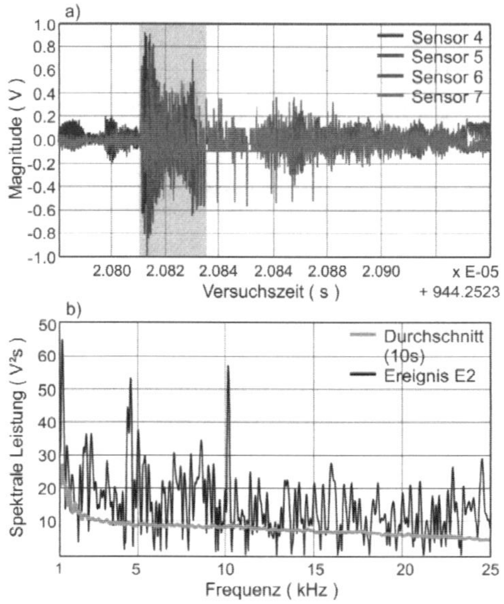

Abb. 6. Mittels Körperschall(KS)-Messsystem detektiertes Ereignis E2 nach ca. 945 s Versuchsdauer im 4. Abschnitt.

In den Detektionen der Beschleunigungssensoren des KS-Systems dauern die Signalbursts beider Ereignisse E1 und E2 etwa 3 ms; nach etwa 10 ms hat das System den Ausgangszustand wieder erreicht (Abb. 5a, Abb. 6a). Im Zeitsignal wird für E1 eine niedrigere Maximalamplitude als für E2 ermittelt, die Magnituden in der spektralen Leistung sind bei E1 niedriger als bei E2. Es sind grundsätzlich nur sehr geringe Abweichungen in den KS-Signaturen von E1 und E2 zu beobachten, wobei E2 die vergleichsweise höhere Signalstärke aufweist.

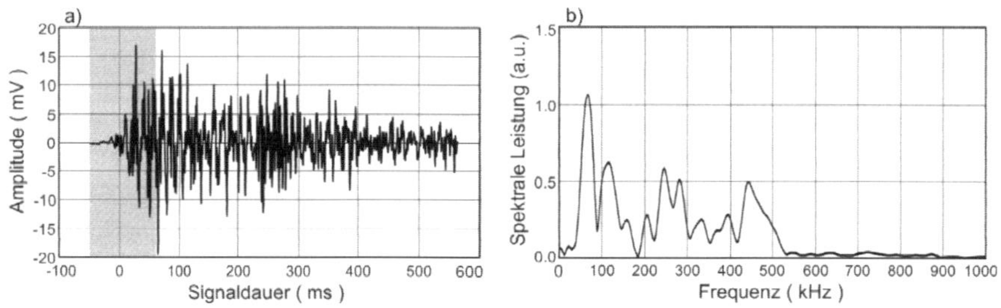

Abb. 7. Das lokalisierte Schallemissions(SE)-Ereignis E1 wurde im Prüfabschnitt 4 (Abb. 4) bei ca. 930 s gemessen. a) Das gemessene Signal mit dem analysierten Ausschnitt ist im Zeitbereich dargestellt. b) Die Darstellung im Frequenzbereich basiert auf Anwendung des Hanning-Fensters.

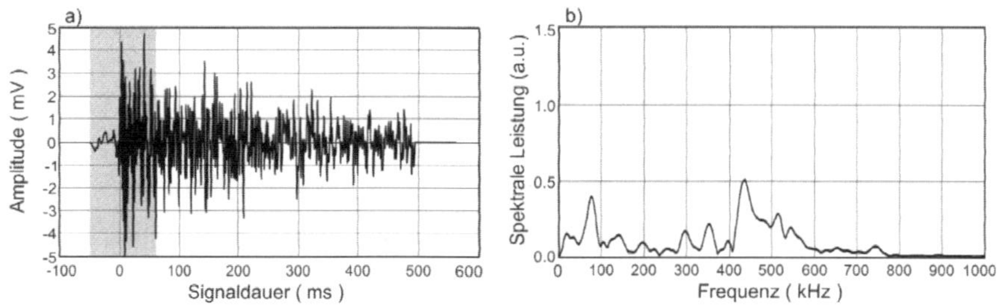

Abb. 8. Das lokalisierte Schallemissions(SE)-Ereignis E2 wurde im Prüfabschnitt 4 (Abb. 4) bei ca. 945 s gemessen. a) Das gemessene Signal mit dem analysierten Ausschnitt ist im Zeitbereich dargestellt. b) Die Darstellung im Frequenzbereich basiert auf Anwendung des Hanning-Fensters.

Tabelle 3. Schallemissionsanalyse (SE): Signalparameter für die akustischen Ereignisse E1 bei ca. 930 s und E2 bei ca. 945 s Prüfdauer im Versuchsabschnitt 4.

Ereignis	Zeit (Abschnitt 4) [s]	Max. Amplitude (Quelle) [dB_{AE}]	Signalenergie [E07 x V^2s]
E1	930	103,3	171
E2	945	89,4	22

In der SE-Messung weisen die detektierten Ereignisse E1 und E2 eine, über das vordefinierte Aufnahmefenster von 550 µs hinausreichende Signaldauer auf (Abb. 7a, Abb. 8a). Anhand der Signalparameter abstandskorrigierte Maximal-Amplitude und Signalenergie wird E1 in der SE-Analyse als das intensivere Ereignis identifiziert (Tab. 3). Grundsätzlich zeigen beide Ereignisse die breitbandige Signalcharakteristik eines Mikrorissereignisses.

Zusammenfassung und Ausblick

Bei dem verwendeten Stahl S355J2N handelt es sich um einen feinkörnigen Stahl, welcher ein ausgeprägt duktiles Verhalten aufweist. Es werden nur wenige akustische Signale mit den charakteristischen Bursts generiert und detektiert. Zudem erschweren Störgeräusche der Prüfeinrichtung die Detektion insbesondere von Mikrorissereignissen mit geringer Intensität.

Die verwendeten zerstörungsfreien Prüfverfahren (ZfP), faseroptische Sensorik (FOS), Körperschall(KS)- und Schallemissions(SE)- Messsystem, detektieren akustische Ereignisse in unterschiedlichen Frequenzbereichen. FOS ist sensitiv im Bereich bis 40 kHz, die KS bis 25 kHz und die SE deckt den Bereich zwischen 20 kHz und 1 MHz ab. Dementsprechend sind für die verschiedenen Systeme abweichende Ergebnisse zu erwarten gewesen. Es wurden vor allem relativ starke Mikrorissereignisse in allen drei Systemen detektiert. Auch die wesentliche akustische Aktivität während des Lastabfalls (nach Erreichen maximalen Belastung) wurde in den drei verwendeten ZfP-Verfahren beobachtet. Eine erste Analyse erfolgte an zwei akustischen Ereignissen, die in den drei Messsystemen jeweils in einem engen Zeitfenster zeitnah detektiert wurden.

Für eine Bewertung der Sensitivität des FOS Systems selbst sowie für den Vergleich mit KS und SE sollen in weiterführenden Untersuchungen umfangreichere Datensets generiert und analysiert werden. Dabei sind u.a. Maßnahmen zur Minderung der Störgeräusche vorgesehen.

Referenzen

[1] H. Willems, O. Barbian, W. Bähr, Moderne Konzepte der automatisierten Ultraschallprüfung am Beispiel der Inspektion von Fernrohrleitungen, 2003, DGZfP, Modernisierung in der ZfP mit Ultraschall zur Verbesserung der Zuverlässigkeit von Prüfaussagen. ISBN: 3-931381-52-8, S.43-51.

[2] P. Seliger, A. Reuter, Zeitstandbedingte Schäden | Erscheinungsformen und Werkstoffspezifika, 34. VDI-Tagung Schadensanalyse in Kraftwerken, Wuerzburg 2008.

[3] C. Rehborn, A. Dudlik, G. Kipp, Schadensfälle an Rohrleitungssystemen, Technische Überwachung, Bd. 51, Nr. 4, pp. 42 - 45, 2010.

[4] J. Frings, Enhanced Pipeline Monitoring with Fiber Optic Sensors, 6th Pipeline Technology Conference 2011.

[5] F. Tanimola, D. Hill, Distributed fibre optic sensors for pipeline protection, Journal of Natural Gas Science and Engineering, Volume 1, Issues 4–5, November 2009, Pages 134-143.

[6] T. Walk, J. Frings, Fiber optic sensing can help reduce third-party threats, Oil & Gas Journal, Sept. 6 2010.

Parallele Erfassung von Dehnungen und Schallemissionen zur Zustandsüberwachung von heißen Metallkomponenten

Eberhard SCHULZE [1], Mareike STEPHAN [1]
[1] Fraunhofer-Institut für Keramische Technologien und Systeme IKTS, Dresden
Kontakt E-Mail: eberhard.schulze@ikts.fraunhofer.de

Kurzfassung. Die Schallemissionsprüfung gilt insbesondere für die Analyse der Strukturintegrität ausgedehnter Rohrleitungssysteme und Lagertanks als gängige Methode der Zustandsüberwachung. Der Vorteil besteht in der Verwendung weniger Sensoren, die Schallemissionsereignisse aus dem Material aufzeichnen und orten. Parallel dazu kann in kritischen Bereichen kapazitive Dehnmesstechnik angebracht werden. Die Kombination beider Verfahren verspricht eine hohe Sicherheit bezüglich der gewonnen Aussagen. Ziel eines im Sommer 2016 abgeschlossenen Forschungsprojektes war die Entwicklung eines Zustandsüberwachungsverfahrens, das Schallemissionsmesstechnik und Dehnungsmesstechnik zur Bewertung der Strukturintegrität von 600°C heißen Bauteilen in Kraftwerken und in Anlagen der chemischen Industrie nutzt. Die Schwerpunkte lagen auf der Sensortechnik, der sensornahen Elektronik, der Datenübertragung, dem Datenmanagement, den Auswertealgorithmen, der Interpretation der Messergebnisse hinsichtlich einer Prognose der Restnutzungsdauer. Durch Einsatz neuer Materialien für die Sensorik und die AVT wurden Schallemissionssensoren entwickelt, die direkt auf das heiße Überwachungsobjekt aufgebracht werden können.

Das Projekt umfasste umfangreiche Schallemissionstests während beheizter niederzyklischer Zugversuche an Zugproben unterschiedlicher Vorschädigung sowie den Aufbau einer Demonstrationsmessanlage unter Laborbedingungen. Als finaler Test in industrieller Umgebung wurden mehr als einjährige Kriechversuche an zwei druck-, temperatur- und zugbelasteten Rohrproben im Technikums-Maßstab durchgeführt. Die Ergebnisse dieser kombinierten Schallemissions- und Dehnungsmessungen belegen die prinzipielle Eignung dieses ZfP-Verfahrens zur Erfassung des Schädigungsgrades von heißen Strukturkomponenten aus warmfesten Stählen. Im Unterschied zu den unbefriedigenden Resultaten der AT-Messungen während niederzyklischer Versuche an beheizten Zugproben, bildet sich die Entwicklung von Strukturschäden auf Komponentenebene im Messbild gut ab. Die starke Streuung der elastischen Eigenschaften, die an Zugproben gleicher Kriechschädigung beobachtet wurde, fällt für die Messungen an größeren Strukturkomponenten nicht ins Gewicht oder ist sogar ein Vorteil für die Bewertung von deren Schwachstellen.

Einführung

Der zuverlässige Betrieb heißer Anlagen wie Rohrleitungen, Turbinen und Dampfkessel hängt in der Praxis von der Integrität des Materials ab. Dieses sicherzustellen, stellt insbesondere bei starker Wechselbelastung, wie sie durch häufiges Ab- und Anfahren in den Kraftwerken derzeit notwendig ist, eine große Herausforderung dar.
Die Schallemissionsprüfung gilt insbesondere für die Detektion des Rissfortschritts zur Überwachung ausgedehnter Rohrleitungssysteme und Lagertanks als gängige Methode der Fehlererkennung. Der Vorteil besteht in der Verwendung weniger Sensoren, die alle Schallemissionsereignisse aus dem Material aufzeichnen und orten. Parallel dazu können in kritischen Bereichen kapazitive Dehnmessstreifen angebracht werden. Die Kombination beider Verfahren verspricht eine hohe Sicherheit bezüglich der gewonnen Aussagen.
Die Arbeiten zum hier vorgestellten Forschungsprojekt „Entwicklung eines dualen Hochtemperatursensorsystems für Schallemissions- und Dehnungsmessungen „HotConSens“ schließen direkt an die Untersuchungen im Vorgängerprojekt „HotPipes“ an, deren Ergebnisse auf dem 20. Kolloquium Schallemission vorgestellt wurden [1].

Projektschwerpunkte lagen auf Entwicklungsarbeiten zur Sensortechnik, der sensornahen Elektronik, der Datenübertragung, dem Datenmanagement sowie den Bewertungsalgorithmen. Einerseits erfolgten umfangreichen Schallemissionstests während beheizter niederzyklischer Zugversuche an Zugproben unterschiedlicher Kriechschädigung. Andererseits wurden mehr als einjährige Kriechversuche an zwei druck-, temperatur- und zug-belasteten Rohrproben im Technikums-Maßstab durchgeführt.

Schallemissionsmessungen während beheizter Zugversuche an Kriechproben

Vom österreichischen Projektpartner IWS–Institut für Werkstofftechnik und Schweißtechnik der TU-Graz wurden Proben aus 9% Cr-Stahl mit unterschiedlicher Kriechschädigung für die mit Schallemissionsmessungen begleiteten niederzyklischen Zugversuche erzeugt. Es wurden folgende Kriechproben untersucht:

Schädigungsgrad	*Probenanzahl*	*Dauer im Kriechofen (650°C)*
ungeschädigt (0)	5	0 h (nur wärmebehandelt)
leicht geschädigt (1)	5	66 MPa, 6000 h
mittel geschädigt (2)	5	66 MPa, 8000 h
stark geschädigt (3)	5	90 MPa, 1600 h.

Abb. 1 zeigt den Messaufbau der beheizten Zugversuche und die Probengeometrie. In den Darstellungen der Dehnung in Abhängigkeit von der Anzahl der Lastzyklen in Abb. 2 ist das Verspröden der Proben im Verlauf der Zugversuche erkennbar. Der Sprödbruch der Probe zeichnet sich in Abb. 3 durch einen steilen Anstieg der kumulativen Schallemissionen (Events), die im freiliegenden Teil der Probe geortet wurden, ab. Parametrisierbare Schallemissionen, die durch Versatzvorgänge in den Proben initiiert werden, treten vor dem Bruchzeitpunkt auf. In Abb. 4 ist die Lage der Schallemissionen im Kraft-Dehnungs-Diagramm dargestellt. Aus dem Vergleich aller Emissionen (Hits, Abb. 4 links) und den im freiliegenden Teil der Probe georteten Ereignissen (Events, Abb. 4 rechts) lässt sich ebenfalls der Sprödbruch im Gewindebereich der Probe S3-26 nach ca. 10000 Lastzyklen abschätzen.

Wie die Abb. 3 zeigt, ist die Ausbeute an akustischen Emissionen vor dem makroskopischen Bruch bei den steiferen Proben entsprechend geringer. Für die Probenserie 3 (Proben 21-26) schließen die Dehnraten durch die niederzyklische Belastung gut an die der

Kriechversuche an, dies war im Vorgängerprojekt nicht der Fall. Proben der Kriechbelastungsstufe 3 zeigen allerdings bereits plastische Deformationen, d.h. Verjüngungen im Zentrum der Proben, die sich erheblich auf die Dehnungen bei den niederzyklischen Zugversuchen auswirken. Für die Probenserie 1 mit der geringsten Kriechbelastung gilt dies allerdings nicht. Beispielsweise sind an Probe 12 mit der geringsten Kriechdehnung die stärksten Verformungen im niederzyklischen Zugversuch aufgetreten. Belastungsstufenübergreifend konnte keine deutliche Abhängigkeit zwischen Kriechdehnung und Dehnrate bei den niederzyklischen Zugversuchen ermittelt werden. Wie bei den Messungen im Vorgängerprojekt „Hot Pipes" überlagert die unterschiedliche Elastizität der Einzelproben bei den niederzyklischen Zugversuchen die Einflüsse der Kriechschädigung. Im Vorgängerprojekt war dafür eine unterschiedliche Vorbelastung der Proben verantwortlich gemacht worden.

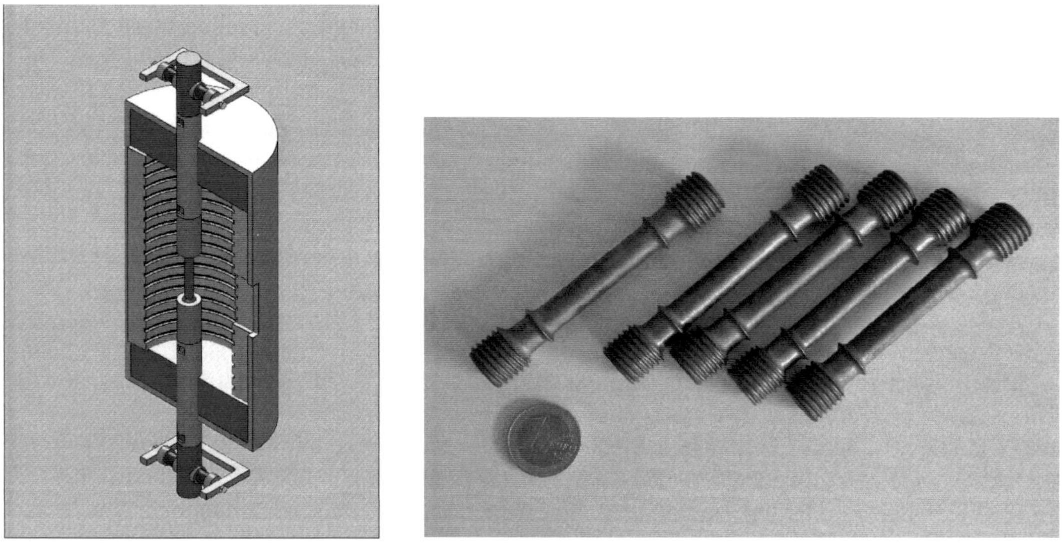

Abb. 1: links.: Akustische Instrumentierung mit je zwei Sensoren ober- und unterhalb des Hochtemperaturofens am Gestänge der Zugmaschine, rechts: Kriechproben 10 mm x 90 mm

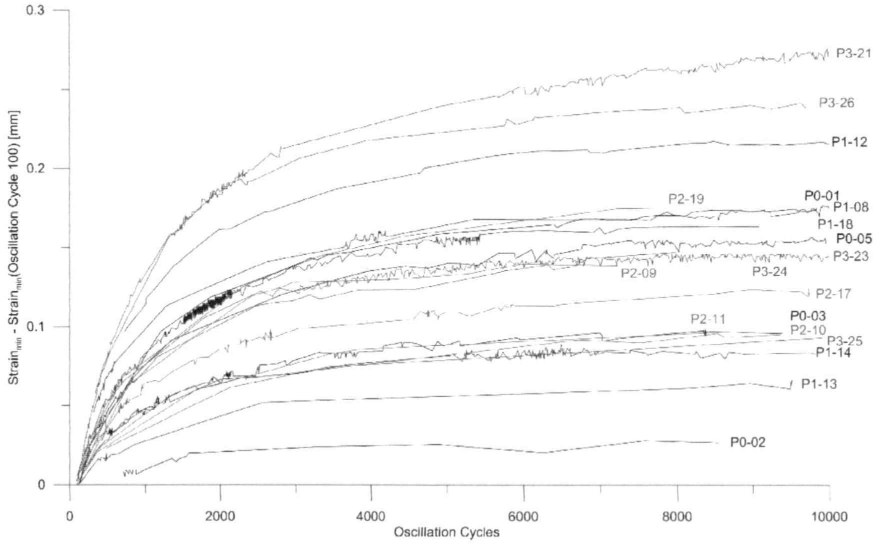

Abb. 2: Dehnung im Entlastungspunkt in Abhängigkeit von der Anzahl der Lastzyklen, bezogen auf die Dehnung nach 100 Lastzyklen, für die untersuchten Zugproben P (Schädigungsgrad-Probennummer)

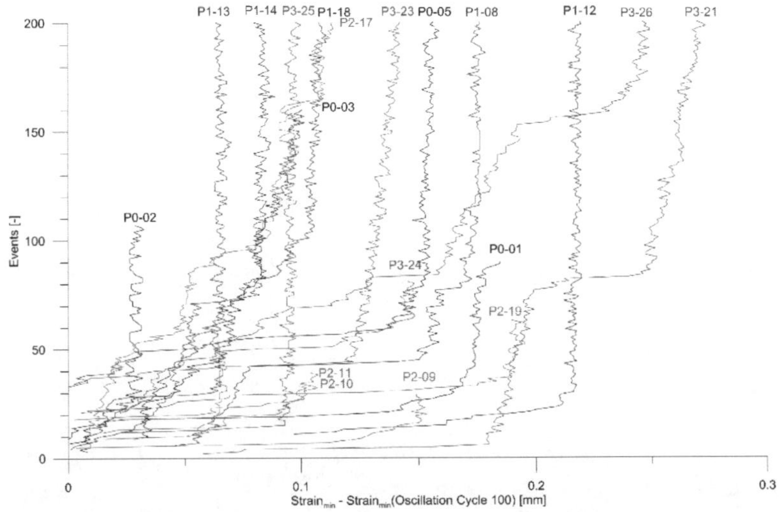

Abb. 3: geortete akustische Emissionen in Abhängigkeit von der Dehnung der Probe, bezogen auf die Dehnung nach 100 Lastzyklen, für die untersuchten Zugproben P (Schädigungsgrad-Probennummer)

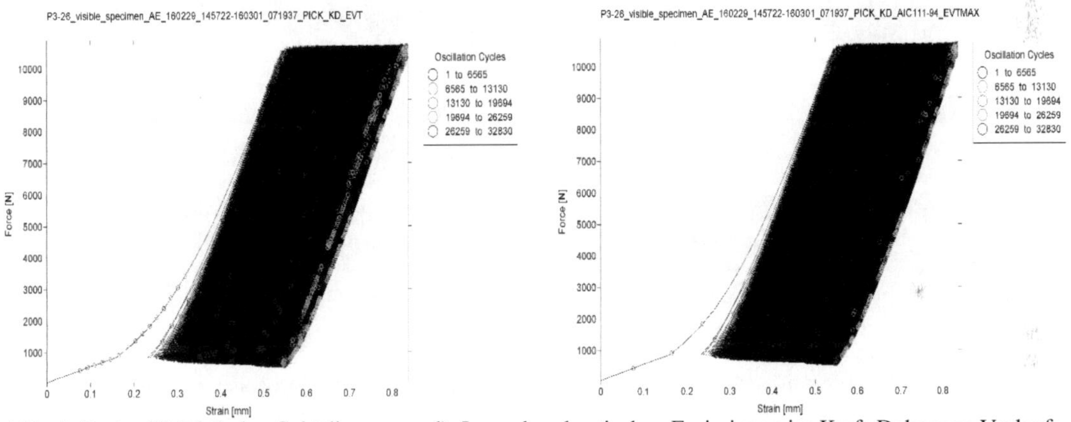

Abb. 4: Probe S3-26 (hoher Schädigungsgrad), Lage der akustischen Emissionen im Kraft-Dehnungs-Verlauf, farbkodiert links Kraftzyklus zum Zeitpunkt des Hits, recht: Kraftzyklus zum Zeitpunkt des Events

Die Proben im aktuellen Projekt sind allerdings aus Neumaterial gefertigt worden. Eine Probenvorbehandlung vor den Kriechversuchen sollte die Homogenität des Probenmaterials verbessern. Durch Austenitisieren mit anschließendem Abschrecken auf Temperaturen oberhalb der Martensitstarttemperatur wurden Eigenspannungen im warmfesten Stahl vermindert und die Zähigkeit erhöht. Da einerseits die unterschiedliche Elastizität der Einzelproben bei den niederzyklischen Zugversuchen die Einflüsse der Kriechschädigung überlagert und andererseits die Ergebnisse der Schallemissionsanalyse maßgeblich von der Steifigkeit der Probe abhängen ist zumindest die Schallemissionsrate nicht direkt mit der Kriechschädigung korrelierbar. Auch das Einbeziehen weiterer Schallemissionskenngrößen wie z.B. von Energie und Frequenzparametern ergab keine deutliche Korrelation zur Kriechschädigung der Proben. Einziger Ausweg den Grad der Kriechschädigung mit der Schallemissionsanalyse zu analysieren bleiben Untersuchungen auf Bauteilebene, die aufgrund des größeren Messvolumens gezielt lokale Elastizitätsänderungen nachweisen können. Dieser Ansatz wurde mit dem im Anschluss dargestellten kombinierten Test von Schallemissions- und Dehnungsmessungen an druck-, zug- und temperaturbelasteten Rohrproben im Technikumsversuch realisiert.

AT-begleitete Kriechversuche an Rohrproben im Technikums-Maßstab

Die Installation des Schallemissionssystems und der Dehnungssensorik erfolgte in Zusammenarbeit mit der Siempelkamp Prüf- und Gutachter-Gesellschaft mbH Dresden. Es wurde ein am IKTS entwickeltes modulares Schallemissionsmesssystem eingesetzt. Abb. 5 veranschaulicht den Messaufbau der beiden Versuche mit je 8 über Wellenleiter angekoppelten Schallemissionssensoren pro Probe, Abb. 6 zeigt die Probengeometrie.

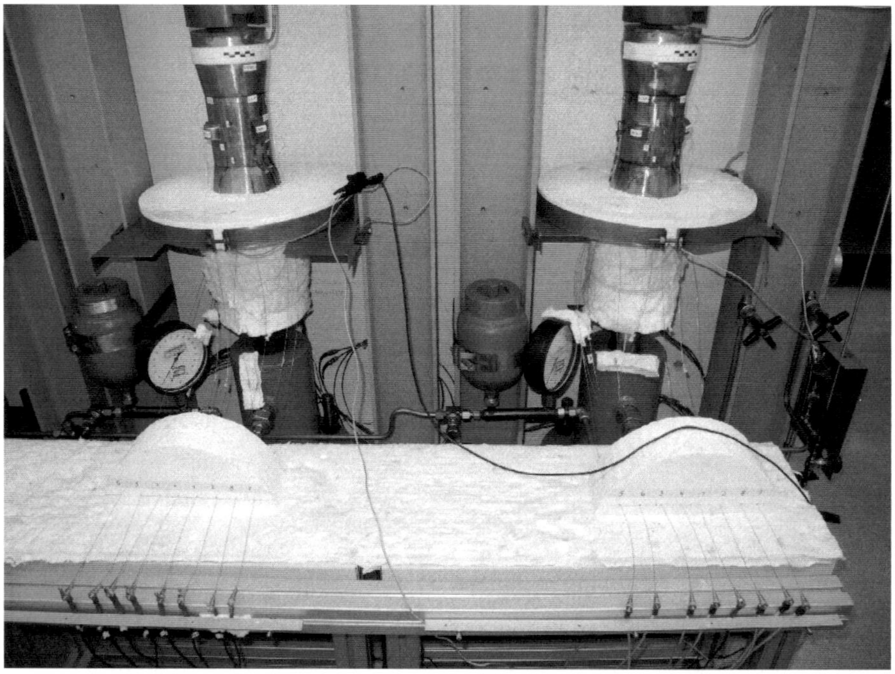

Abb. 5: Teststand für Kriechversuche an zwei P91-Rohrproben, links Probe 1, rechts Probe 2,) Instrumentation pro Probe: zwei kapazitive Hochtemperatur-DMS (longitudinal, in Umfangsrichtung), zwei Thermoelemente zur Temperaturmessung, 8 senkrecht auf die Probenwandung aufgeschweißte, durch die Wärmeisolation geführte Wellenleiter bis hin zu Exponentialtrichtern mit Piezosensoren für die Schallemissionsanalyse (im Vordergrund)

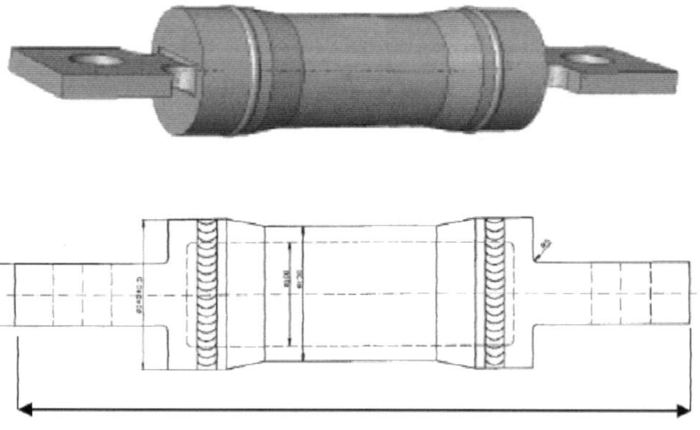

Abb. 6: Geometrie der P91-Rohrproben, Innendurchmesser 100 mm, Außendurchmesser 130 mm

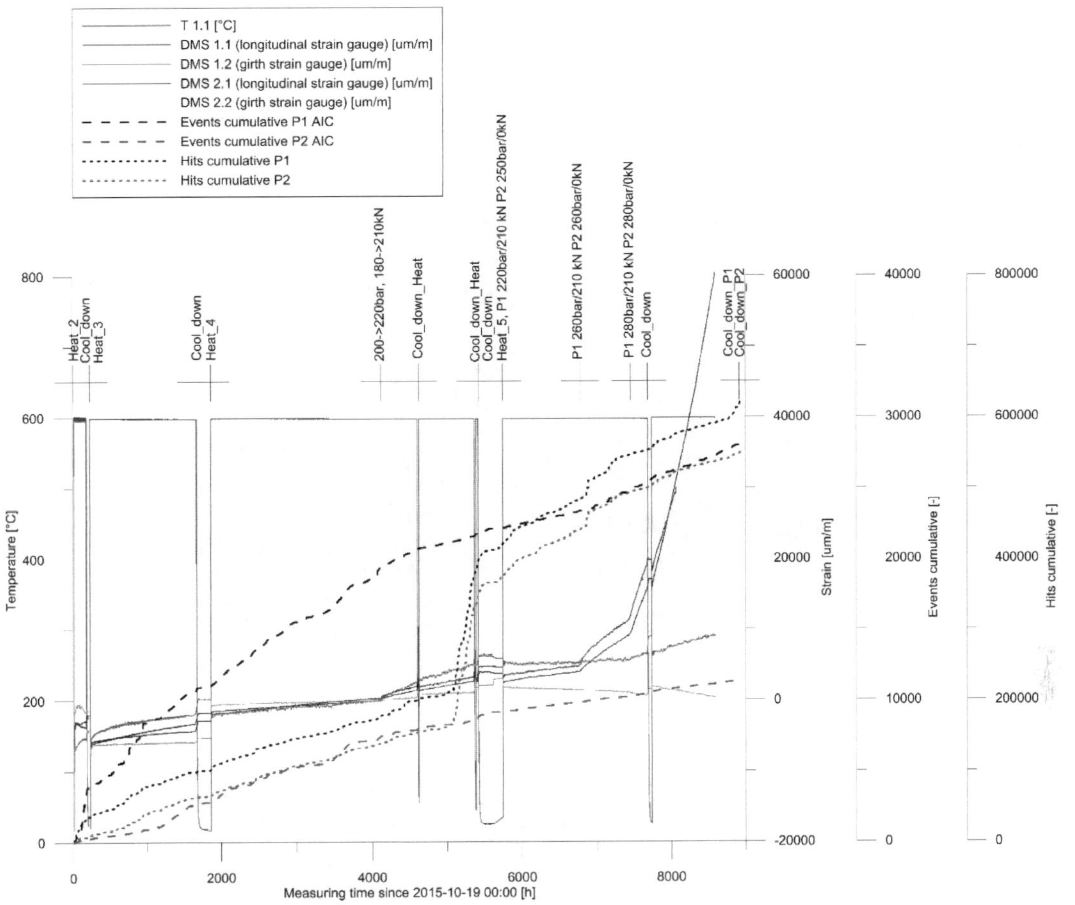

Abb. 7: kumulierte Anzahl der an Probe 1 und 2 georteten Schallemissionen im Messzeitraum vom zweiten Aufheizen am 19.10.2015 bis zum Versuchsstopp von Probe 1 am 24.10.2016 bzw. von Probe 2 am 25.10.2016 im Zusammenhang mit Betriebsparametern

Die Schallemissionsuntersuchungen und Dehnungsmessungen an den beiden druck-, temperatur- und zug-belasteten Rohrproben bei Siempelkamp liefen vom 19.10.2015 nahezu unterbrechungslos bis zum 24. (Probe 1) bzw. 25.10.2016 (Probe 2). Es wurden Schallemissionsdaten, Dehnungswerte sowie Druck und Temperatur aufgezeichnet.

Abb. 7 zeigt die kumulierte Anzahl der an Probe 1 und 2 georteten Schallemissionen im gesamten Messzeitraum seit dem 2. Aufheizen am 19.10.2015 bis zum 24.10.2016 (Probe 1) bzw. 25.10.2016 (Probe 2) im Zusammenhang mit Änderungen der Betriebsparameter sowie den Verläufen von Temperatur und Dehnungen. Am 7.4.2016 war der Innendruck für beide Proben von anfänglich 200 bar auf 220 bar gesteigert und die Längskraft von 180 auf 210 kN erhöht worden, um die Rohrproben schneller zu schädigen. Dies hatte bei beiden Proben deutlich stärkere Dehnungen zur Folge (in Abbildung 44 ab 4113 h). Die Anzahl der georteten Schallemissionen folgen diesem Trend nicht, hier kann im Gegenteil ein Abflachen der Kurven kumulativer Events in diesem Zeitbereich beobachtet werden. Am 1.06.2016 kam es zum Bersten des Druckzylinders zum Aufbringen der Längskraft an Probe 2. Ab diesem Tag wurde die Probe 1 mit 220 bar und 210 kN Längskraft beaufschlagt, die Probe 2 mit 250 bar und ohne Längskraft. Der Innendruck wurde bei beiden Versuchen am 27.07.2016 auf 260 bar und am 05.09.2016 auf 280 bar gesteigert. Gleichzeitig wurde die Längskraft für Probe 1 am 05.09.2016 von 210 kN auf 220 kN erhöht. Diese Belastungssteigerungen führten an Probe 1 zu einer Erhöhung der gemessenen Dehnungen und einer deutlichen Steigerung der Schallemissionsrate. Der Versuch an Probe 1 musste am 24.10.2016 gestoppt werden, weil ein deutlicher Abfall des Innendruckes aufgetreten war, der seine Ursache in dem in Abb. 8 zu erkennenden Querriss an der Rückseite der Probe hat. An Probe 2 konnte das Belastungsregime aufgrund der fehlenden Längskraft nicht bis zum makroskopischen Versagen der Probe gesteigert werden. Wie Abb. 9 zeigt, sind bis zum Versuchsstopp am 25.10.2016 keine sichtbaren äußeren Schäden an Probe 2 entstanden.

Abb. 8: Probe 1 nach Versuchsstopp am 24.10.2016 mit Ausbeulung und Querriss an der Rückseite, der zu einem Abfall des Probeninnendrucks führte

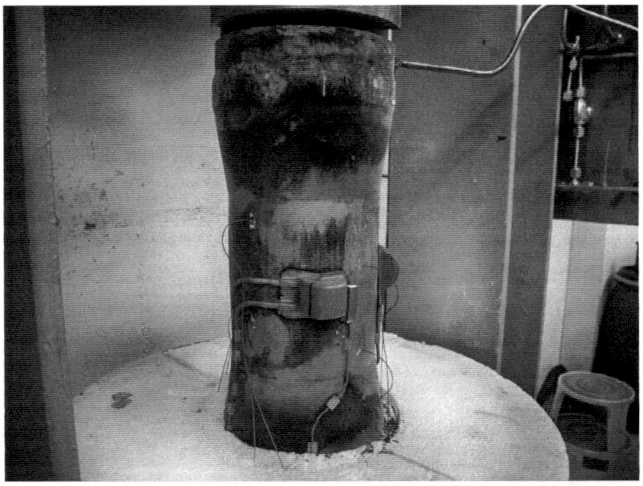

Abb. 9: Probe 2 ohne erkennbare makroskopische Schäden nach Versuchsstopp am 25.10.2016

Als Hauptproblem der Messungen hat sich der extrem hohe Anteil von über die Wellenleiter eingekoppelten elektromagnetischen Störimpulsen herausgestellt. Nur etwa fünf Prozent aller Hits konnten als akustische Ereignisse geortet werden. Besonders deutlich ist in Abb. 7 ein markanter Anstieg in beiden Kurven der kumulativen Schallemissionen (Hits) nach ca. 5100 Versuchsstunden zu erkennen, der auf eine extrem hohe Anzahl elektromagnetischer Störimpulse zurückführbar ist und sich deshalb nicht in den Kurven georteter Ereignisse (Events) abzeichnet. Zur Abschirmung elektromagnetischer Störungen wurde deshalb vom IKTS ein Exponentialtrichter für eine Wellenleiterlösung mit gehaustem Piezoelement entwickelt und getestet.

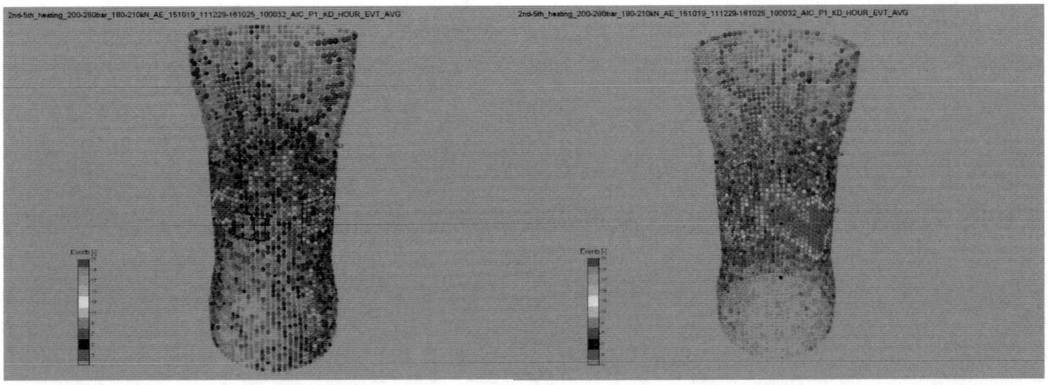

Abb. 10: Lage der an Probe 1 im gesamten Messzeitraum vom zweiten Aufheizen am 19.10.2015 bis zum 24.10.2016 georteten Schallemissionen, farbcodiert: Anzahl der Events in den 5mmx5mmx5mm großen Volumenelementen, links: Frontalansicht, rechts: Rückansicht

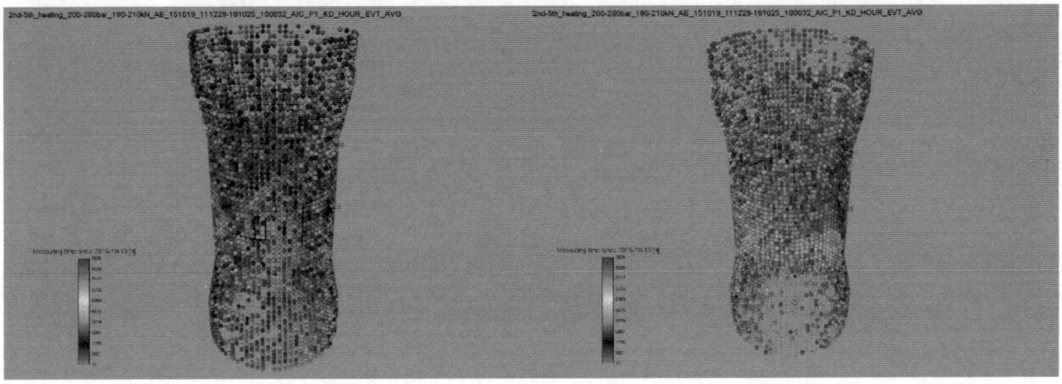

Abb. 11: Lage der an Probe 1 im gesamten Messzeitraum vom zweiten Aufheizen am 19.10.2015 bis zum 24.10.2016 georteten Schallemissionen, farbcodiert: Messzeit seit Versuchsbeginn in Stunden, links: Frontalansicht, rechts: Rückansicht

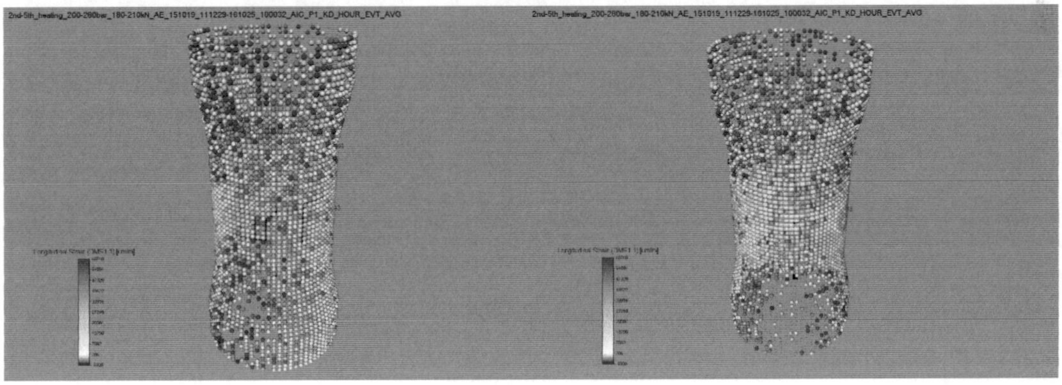

Abb. 12: Lage der an Probe 1 im gesamten Messzeitraum vom zweiten Aufheizen am 19.10.2015 bis zum 24.10.2016 georteten Schallemissionen, farbcodiert: Longitudinal-Dehnung (DMS1.1), links: Frontalansicht, rechts: Rückansicht

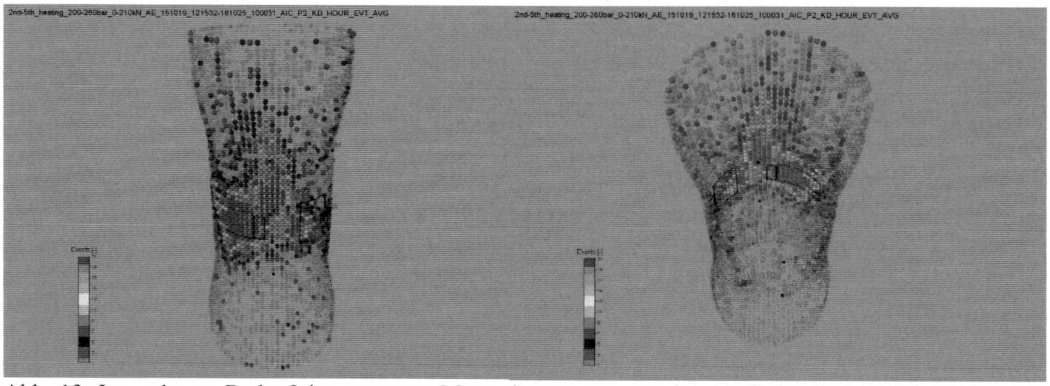

Abb. 13: Lage der an Probe 2 im gesamten Messzeitraum vom zweiten Aufheizen am 19.10.2015 bis zum 25.10.2016 georteten Schallemissionen, farbcodiert: Anzahl der Events in den 5mmx5mmx5mm großen Volumenelementen, links: Frontalansicht, rechts: Rückansicht

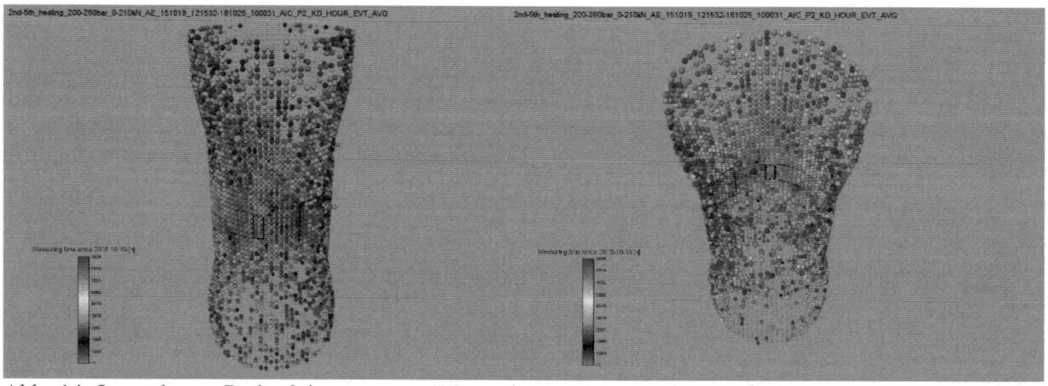

Abb. 14: Lage der an Probe 2 im gesamten Messzeitraum vom zweiten Aufheizen am 19.10.2015 bis zum 25.10.2016 georteten Schallemissionen, farbcodiert: Messzeit seit Versuchsbeginn in Stunden, links: Frontalansicht, rechts: Rückansicht

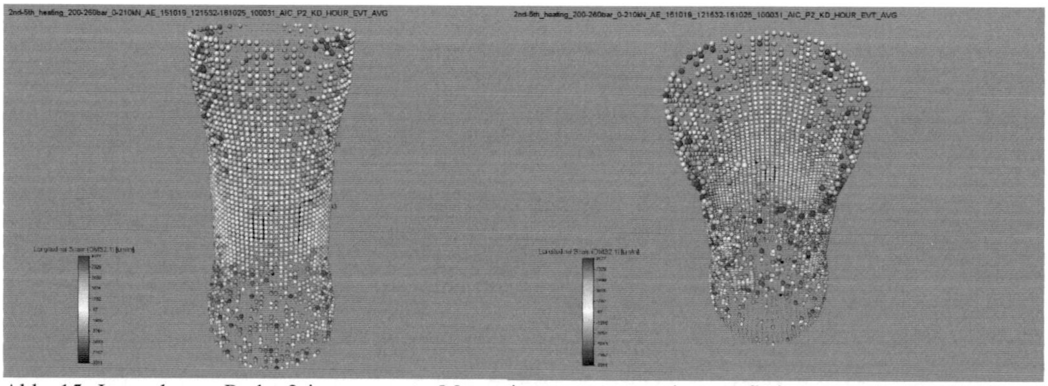

Abb. 15: Lage der an Probe 2 im gesamten Messzeitraum vom zweiten Aufheizen am 19.10.2015 bis zum 25.10.2016 georteten Schallemissionen, farbcodiert: Longitudinal-Dehnung (DMS2.1), links: Frontalansicht, rechts: Rückansicht

Abb. 10 bis Abb. 15 enthalten 3-D-Ortungsplots der Schallemissionen an beiden Proben im gesamten Messzeitraum vom zweiten Aufheizen am 19.10.2015 bis zum Versuchsstopp am 24.10.2016 (Probe 1) bzw. 25.10.2016 (Probe 2). Farbcodiert sind die Anzahl der georteten Schallemissions-Bursts (Events) in den 5mmx5mmx5mm großen Volumenelementen, der zeitliche Verlauf in Stunden seit Versuchsbeginn sowie Mittelwerte der Längsdehnung zum Zeitpunkt der Events.

Die parametrisierten Ortungsplots zeigen deutliche Unterschiede zwischen Probe 1 und Probe 2, die zeitlich und räumlich gut mit der Schadensentwicklung korrelieren. Im Versuchsablauf an Probe 1 tritt im Winkelbereich um 9:00 (frontal gesehen links, in Rückansicht rechts) frühzeitig eine Häufung von Schallemissionen auf (s. Abb. 11 rechts), die zu einem wesentlich steileren Anstieg der kumulativen Events in Abbildung 44 führt, als dies bei Probe 2 der Fall ist. Weitere hier nicht dargestellte parametrisierte Ortungsplots zeigen, dass in diesem Probenbereich höherfrequente, amplitudenschwache Bursts emittiert wurden, die durch Temperaturanstiege provoziert wurden. Im weiteren Versuchsverlauf treten Schallemissionen gehäuft an der Rückseite im Zentrum der Probe 1 auf, im finalen Versuchsabschnitt vermehrt im unteren Teil der Probe (Abb. 11 rechts). Die Mittelwerte der Längsdehnungen in den Volumenelementen bilden die Rissbildung beim makroskopischen Versagen der Probe nur unzureichend ab (Abb. 12 rechts).

An Probe 2 konnten Häufungen von Schallemissionen vor allem im Frontalbereich der Probe geortet werden (Abb. 13), die auf vermehrte Rissbildungen nach einer Versuchszeit von ca. 2500 h hindeuten (Abb. 14). Leider verhinderte der Ausfall der Längskraft an dieser Probe stärkere Dehnungen bis hin zum makroskopischen Versagen.

Die Ergebnisse der Schallemissionsanalyse im Rahmen der mehr als einjährigen Kriechversuche an den beiden druck-, temperatur- und zug-belasteten Rohrproben bei Siempelkamp belegen die prinzipielle Eignung dieses ZfP-Verfahrens zur Erfassung des Schädigungsgrades von heißen Strukturkomponenten aus warmfesten Stählen. Im Unterschied zu den oben dargestellten unbefriedigenden Ergebnissen der AT-Messungen während niederzyklischer Versuche an beheizten Zugproben, bildet sich die Entwicklung von Strukturschäden im Messbild gut ab. Die starke Streuung der elastischen Eigenschaften, die an Zugproben gleicher Kriechschädigung beobachtet wurde, fällt für die Messungen an größeren Strukturkomponenten nicht ins Gewicht oder ist sogar ein Vorteil für die Bewertung von deren Schwachstellen.

Danksagung

Das F+E-Projekt „Entwicklung eines dualen Hochtemperatursensorsystems für Schallemissions- und Dehnungsmessungen – HotConSens“ wurde vom BMWi als Kooperationsprojekt im Rahmen des „Zentralen Innovationsprogramms Mittelstand (ZIM)“ gefördert.
Deutsche Projektpartner waren das Fraunhofer IKTS, die MaTecK GmbH, die Teletronic Rossendorf GmbH und Thomas Werner Industrielle Elektronik e. Kfm. Im Rahmen des „Transnational Programme EraSME, 14th Call“ waren die österreichischen Projektpartner VCE Vienna Consulting Engineers ZT GmbH, IWS - Institut f. Werkstofftechnik & Schweißtechnik TU-Graz und TÜV Austria Services GmbH einbezogen.

Referenzen

[1] E. Schulze: Schallemissionsanalyse zur Zustandsüberwachung von heißen Metallkomponenten, 20. Kolloquium Schallemission, 18. - 19. Juni 2015, Garmisch-Partenkirchen, Vortrag 2

[2] M.R. Ahmadi, B. Sonderegger, S. D. Yadav, M.C. Poletti, Institute of Materials Science and Welding, Graz University of Technology: Modeling and Simulation of Pores during Creep, THERMEC Conference, Graz 01/06/2016

AE-Sensor mit integriertem Schallemissionssystem

Horst KÜHNICKE
Kühnicke Embedded Real Time (KERT), Dresden
www.kert.u-boehm.de

Kurzfassung Die Entwicklung der Elektronik erlaubt es, ein vollständiges Schallemissionssystem in den Sensor zu integrieren. Es werden zwei Varianten AE-PoE und AE-WiFi vorgestellt. Bei beiden Varianten befindet sich im Sensorgehäuse ein einfaches Schallemissionssystem, das die Signale aufbereitet und die gewünschten AE-Parameter bildet. Das System ist sowohl für kontinuierliche als auch für Burst-Emission geeignet.

Es handelt sich um eine sogenannte Web-Anwendung, für die Schlagworte wie „Internet der Dinge“ und „Industrie 4.0“ stehen. Der Sensor arbeitet als Web-Server. Die Messergebnisse stehen überall im Netz zur Verfügung und können mit einem beliebigen Browser auf Desktops, Tabletcomputern oder auch Smartphones dargestellt werden. Auch bei kleinen Datenübertragungsraten von 10 Mbit/s wird eine zeitliche Auflösung der Diagramme von 100 ms erreicht. Die Einstellung der Messregime, der Zugriffsrechte usw. erfolgt ebenfalls über Web-Seiten.

Bei der Variante AE-WiFi sorgen zwei austauschbare Lithium-Akkumulatoren für die Stromversorgung. Diese erlauben je nach Messregime Betriebszeiten zwischen 6 Stunden und mehreren Tagen. Die Datenübertragung erfolgt über ein drahtloses Netzwerk nach IEEE 802.11b/g/n. Diese Variante benötigt keinerlei Kabelverbindungen.

Im Gegensatz dazu verfügt die Variante AE-PoE über eine einzige Kabelverbindung nach IEE 802.3af, die sowohl dem Datentransfer als auch der Stromversorgung dient.

Das Konzept ermöglicht den Aufbau besonders preisgünstiger Schallemissionssysteme. Die Web-Struktur sorgt für hohe Flexibilität.

Es werden zwei Starter-Kits angeboten, die den Sensor und, je nach Variante, die benötigten Akkumulatoren und ein Ladegerät bzw. die Ethernetkabel und einen PoE-Injector enthalten. Damit lassen sich schnell einfache lokale AE-Netze aufbauen. Unter Nutzung der Softwareoption „Automatic Parameter Setting“, die eine Einstellung des Systems aufgrund des gemessenen Rauschens realisiert, können bereits nach wenigen Minuten erste erfolgreiche Schallemissionsmessungen durchgeführt werden. Nachdem Erfahrung mit den Starter-Kits gesammelt wurden, kann der Anwender die Sensoren mit integriertem Schallemissionssystem in ein separates AE-Netz, in ein Intranet oder auch ins Internet einbinden.

1. Einführung

Die Integration des analogen Vorverstärkers bzw. eine nachfolgende Digitalisierung in den Sensor ist Stand der Technik. Die in diesem Artikel beschriebene Lösung verlagert das gesamte Schallemissionssystem mit Ausnahme der Bedienelemente in das Sensorgehäuse. Das bedeutet, die gesamte Signalverarbeitung, Parameterbildung und Aufbereitung der Ergebnisse erfolgen im Sensor.

Das integrierte Messsystem wird als sogenannte Web-Anwendung bedient und beruht auf dem Client-Server-Modell. Das Schallemissionssystem im Sensor agiert als Server und erzeugt dynamische Webseiten, die von einem beliebigen Clienten im Netz mittels eines Standardbrowsers dargestellt werden.

Dynamische Web-Anwendungen sind für langsam ablaufende Prozesse, wie Temperaturmessungen, DSL-Router-Bedienung u.ä. bekannt. Die fortschreitende Umsetzung des HTML5-Standards mit seinen leistungsfähigen API's durch die Browserentwickler erlaubt es, Webanwendungen auch für schnelle Echtzeitprobleme wie die Schallemissionsanalyse zu entwickeln.

Hauptvorteile sind:

- Das Schallemissionssystem kann durch jeden Rechner im Netz bedient werden.
- Es ist keine Installation spezieller Schallemissionssoftware notwendig.
- Web-Anwendungen sind vollkommen unabhängig vom Betriebssystem (Windows, Linux, Android oder macOS).
- Der vom Nutzer bevorzugte Browsertyp (Chrome, Firefox, Opera, InternetExplorer oder Edge) kann eingesetzt werden.
- Die nach dem Client-Server-Modell aufgebauten Schallemissionssysteme sind sehr preiswert.
- Die Einbindung des Sensors im Netz erlaubt sehr vielseitige Strukturen.

2. Sensoren

Die Sensoren enthalten das piezoelektrische Element, den analogen Vorverstärker, die Signalverarbeitung und die Ergebnisaufbereitung. Um eine optimale akustische Klemmung des Piezoelements zu erreichen, bestehen Boden und Mantel des Sensors aus Messing und der Deckel wird aus dem Kunststoff ABS gefertigt.

Bezüglich der Anbindung ans Netz gibt es zwei Varianten PoE und HiFi. PoE steht für Power over Ethernet. Über ein Standard-Ethernetkabel werden sowohl die Stromversorgung als auch der Datentransfer realisiert. Weitere Kabel sind nicht notwendig. Der zugehörige Standard ist IEE 802.3af. Es können Patchkabel bis zu 50 m Länge eingesetzt werden. Bei normgerechter fester Installation sind Kabellängen bis 100 m möglich. Sensoren mit HiFi-Anschluss kommen ohne jedes Kabel aus. Die Stromversorgung erfolgt durch zwei auswechselbare Lithium-Ionen-Akkumulatoren der Standardgröße 25500 und der Datenaustausch drahtlos über Funk nach IEEE 802.11b/g/n. Die Akkumulatoren werden ausgetauscht und außerhalb des Sensors in einer Ladestation wieder aufgeladen. Eine Batterieladung reicht mindestens acht Stunden und bei günstigsten Messregimen mehrere Wochen.

Für die Wahl des Typs HiFi oder PoE ist in erster Linie die Zeitdauer des Verbleibs des Sensors am Messort entscheidend. Bei häufigem Wechsel des Messorts überwiegt der Vorteil des kabellosen Betriebs der HiFi-Typen. Verbleiben die Sensoren für längere Zeit am gleichen Messobjekt, sollten die PoE-Typen eingesetzt werden. Da der Batteriewechsel entfällt und ein Sender zur Ankoppelkontrolle eingebaut ist, muss sich kein Personal am Messort aufhalten.

Die Sensorhöhe der PoE-Typen beträgt 46 mm. Das Volumen der Lithium-Ionen-Akkumulatoren vergrößert die Höhe der HiFi-Typen auf 80 mm. Der Sensordurchmesser liegt für alle Typen zwischen 80 und 90 mm.

Abbildung 1 zeigt vier verschiedene Sensoren mit integriertem Schallemissionssystem. In der oberen Reihe Sensoren vom PoE-Typ, in der unteren vom HiFi-Typ. Links jeweils für den Einsatz im Freien und rechts für geschlossene Räume.

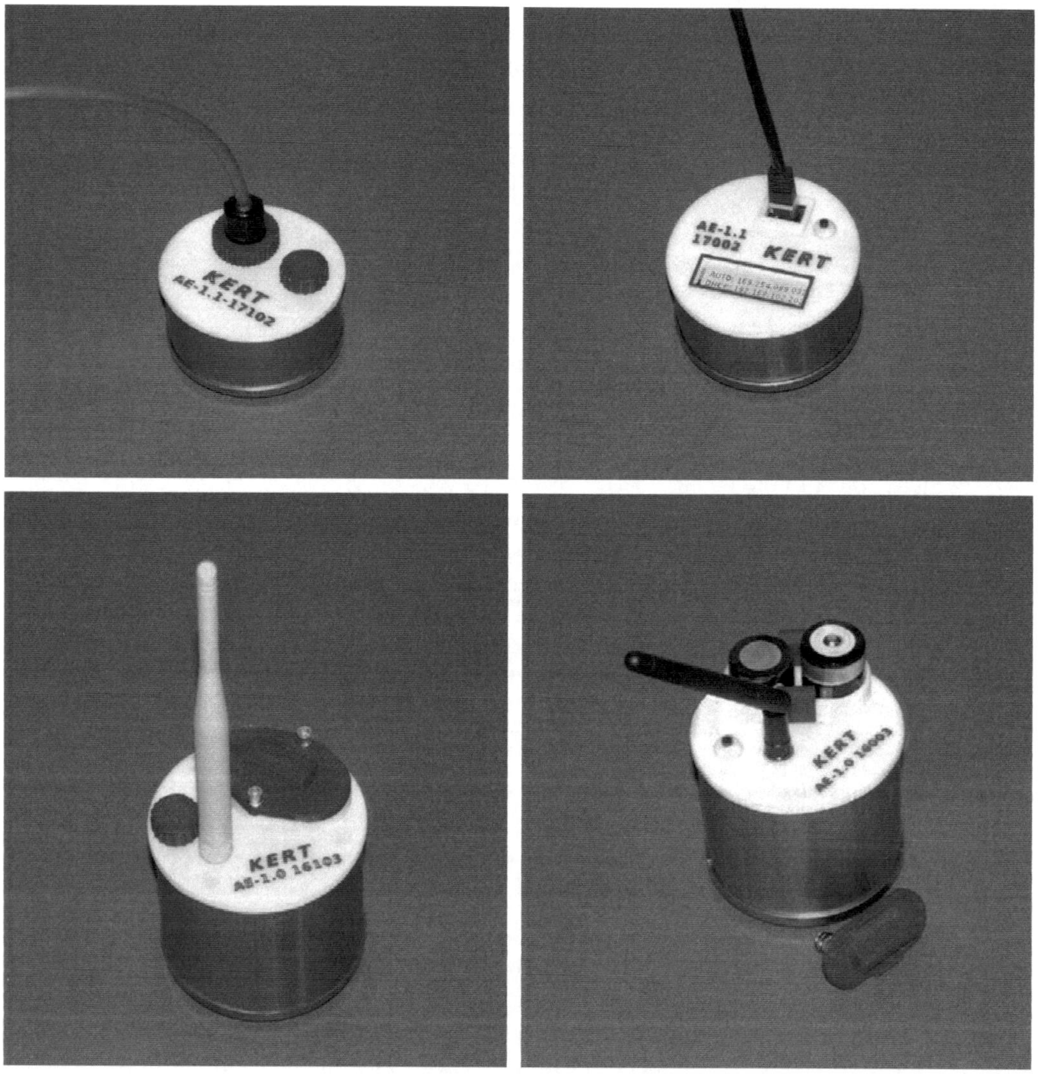

Abbildung 1 Sensoren vom Type AE-1.1-PoE und AE-1.0-HiFi

Die Innenraumsensoren sind mit Schnappverschlüssen versehen, die einen schnellen Batterie- bzw. Kabelwechsel erlauben. Im Außenbereich werden Schraubverschlüsse mit Nullringen gegen Staub und allseitiges Spritzwasser eingesetzt.

3. Messmethoden

Es existieren sechs grundlegende Messmethoden mit den Bezeichnungen A1, A2, B1, B2, C1 und C2. Dabei stehen die Ziffern 1 oder 2 für den Ort des Messdatenspeichers:

- *Methode x1:* Der Messdatenspeicher befindet sich während der Messung im Sensor.
- *Methode x2:* Der Messdatenspeicher wird vom Browser der Webanwendung bereitgestellt.

Methode 2 verhält sich aus Sicht des AE-Anwenders wie ein herkömmliches Schall-emissionssystem. Die Ergebnisdaten werden in Echtzeit angezeigt. Der Anwender muss während der gesamten Messzeit eingeloggt bleiben und darf das Browserfenster nicht schließen.

Bei Messmethode 1 wird das eingestellte Messprogramm unabhängig vom Clienten automatisch im Hintergrund abgearbeitet. Der AE-Anwender logt sich nur von Zeit zu Zeit ein, um den momentanen Stand der Messung abzufragen. Der zur Verfügung stehende Speicherplatz ist bei Methode 1 wesentlich geringer als bei Methode 2. In vielen Fällen ist deshalb eine höherer Integration über die Messdaten erforderlich.

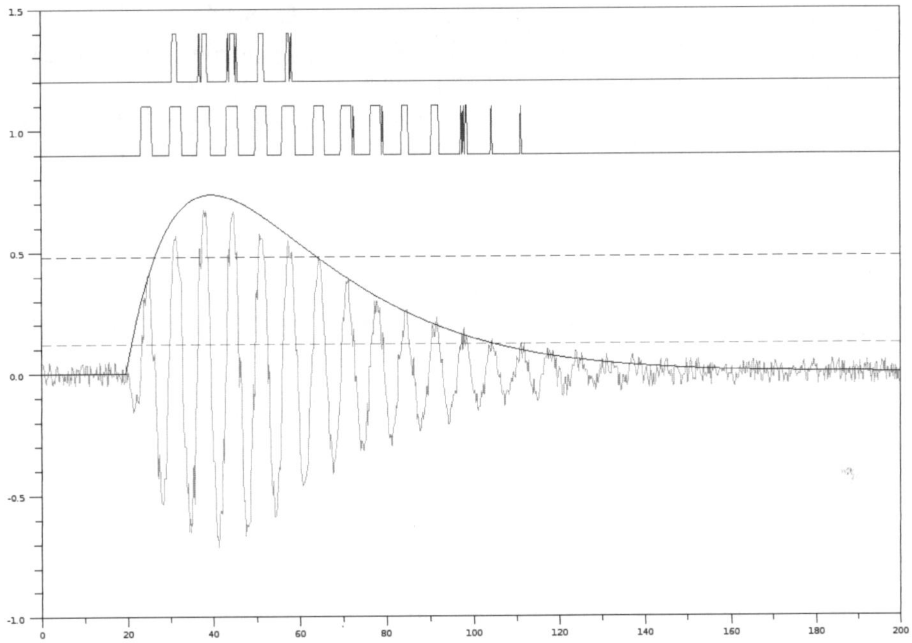

Abbildung 2 Prinzip von Messmethode B

Die Buchstaben A, B und C beschreiben die Methoden der Digitalisierung der Messdaten. Methode C steht für den heute in allen kommerziellen Desktopsystemen angewandten Algorithmus. Die analogen Daten werden mit einem ADC digitalisiert und aus den digitalen Daten werden die AE-Parameter, wie Anstiegszeit, Amplitude, Signaldauer usw. berechnet. Das ist allerdings die Methode mit dem höchsten Stromverbrauch. Um die Batterielaufzeit zu verlängern und den Sensor auch bei höheren Außentemperaturen einsetzen zu können, wurden die Methoden A und B implementiert. Dabei arbeitet Methode A wie ein System aus den Anfangszeiten der Schallemissionsanalyse mit lediglich einer Schwelle. Gemessen werden die Zahl der Überschwinger, der Hits und der zusammengesetzten Hits. Methode B liefert sehr gute Schätzungen der gleichen AE-Parameter wie Methode C ohne wesentlich höheren Energiebedarf als Methode A. Zur Parameterschätzung werden vier Schwellen eingesetzt. Die prinzipielle Funktionsweise verdeutlicht Abbildung 2.

Gemessen werden die Überschwinger (rot) für zwei Schwellwerte (rot gestrichelt). Daraus lassen sich drei Zeiten bestimmen, die Gesamtdauer, die Anstiegszeit und die Abklingzeit. Für die Einhüllende (blau) wird folgende Funktion angenommen:

$$f(t)=a\cdot t\cdot \exp(-bt)$$

Mit den drei gemessenen Zeiten sind die freien Parameter a und b bereits überbestimmt und die obige Formel ist eine sehr gute Abschätzung für die tatsächliche Einhüllende. Aus der Einhüllenden lassen sich alle gebräuchlichen AE-Parameter bestimmen. Nutzt man nicht nur zwei sondern drei oder vier Schwellen, kann man auch komplexerer Einhüllende an kompliziertere Signalformen, wie sie zum Beispiel in dünnen Platten entstehen, anpassen und die AE-Parameter bestimmen.

4. Browser

Für die modernen HTML5-API's sind folgende Browserversionen erforderlich:

Chrome 54+	Firefox 50+
Chrome for Android 54+	Android Browser 53+
IE 11	Edge 14+
Safari 10+	Opera 41+

Diese Versionen sind alle erst im 2. Halbjahr 2016 erschienen. Die Sensoren mit integriertem Schallemissionssystem nutzen die neusten Browsertechniken.

Die Sensoren werden werksseitig mit den aktuellen Browserversionen von Chrome, Firefox und Edge unter den Betriebssystemen Windows 10, Ubuntu 16.04 LTS und Android 6.0 getestet.

5. Software

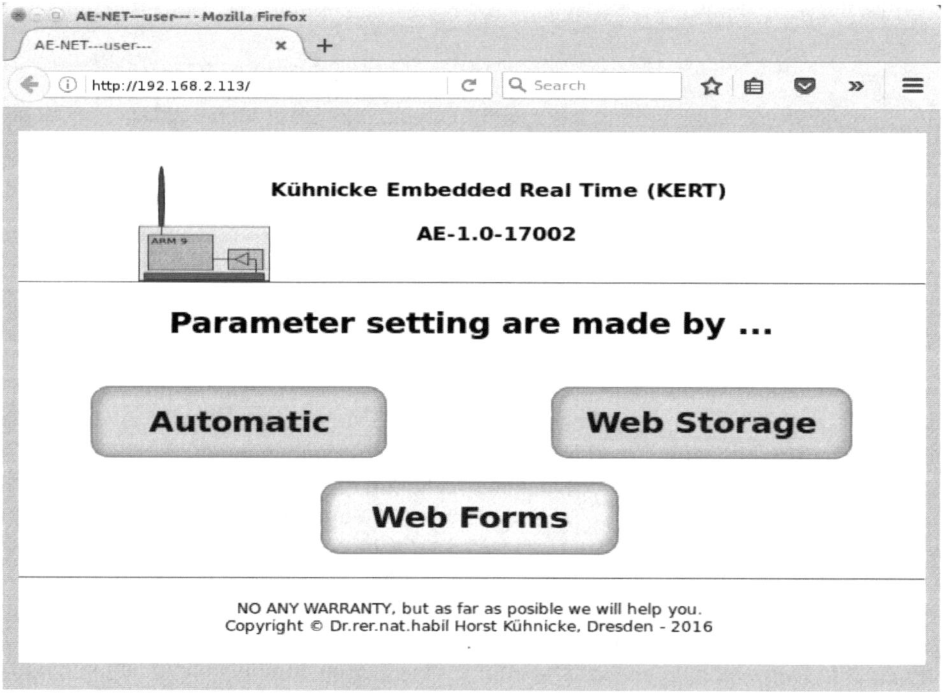

Abbildung 3 Startbildschirm nach dem Einloggen als AE-user

Auf dem Computer des AE-Anwenders müssen keine Programme installiert werden. Der Browser lädt beim ersten Einloggen die notwendige Darstellungssoftware automatisch in seinen Cache. Die Darstellungssoftware ist so gestaltet, dass sie sich auch auf kleinen Displays, zum Beispiel Smartphones, gut bedienen lässt (Abbildung 3 und 4).

Für Einsteiger und neue unbekannte Messsituationen gibt es die Option „Automatic Parameter Setting“, die nach dem Einloggen auf dem Startbildschirm (Abbildung 3) angeboten wird. Nach Auswahl dieser Option wird das akustische Rauschen gemessen, die Transferrate im Netz ermittelt und bei den Sensoren AE-1.1 die Reaktion auf das Testsignal aufgezeichnet. Aus diesen Messungen werden sichere Einstellparameter bestimmt, mit denen man sofort erfolgreiche Messungen starten kann. Abbildung 4 zeigt einen Ergebnisplot, wie er unmittelbar nach der automatischen Parametereinstellung angezeigt wird. Es ist eine gute Praxis, von diesen automatischen Parametern ausgehend, sich schrittweise an die geeignetsten Einstellungen heranzutasten.

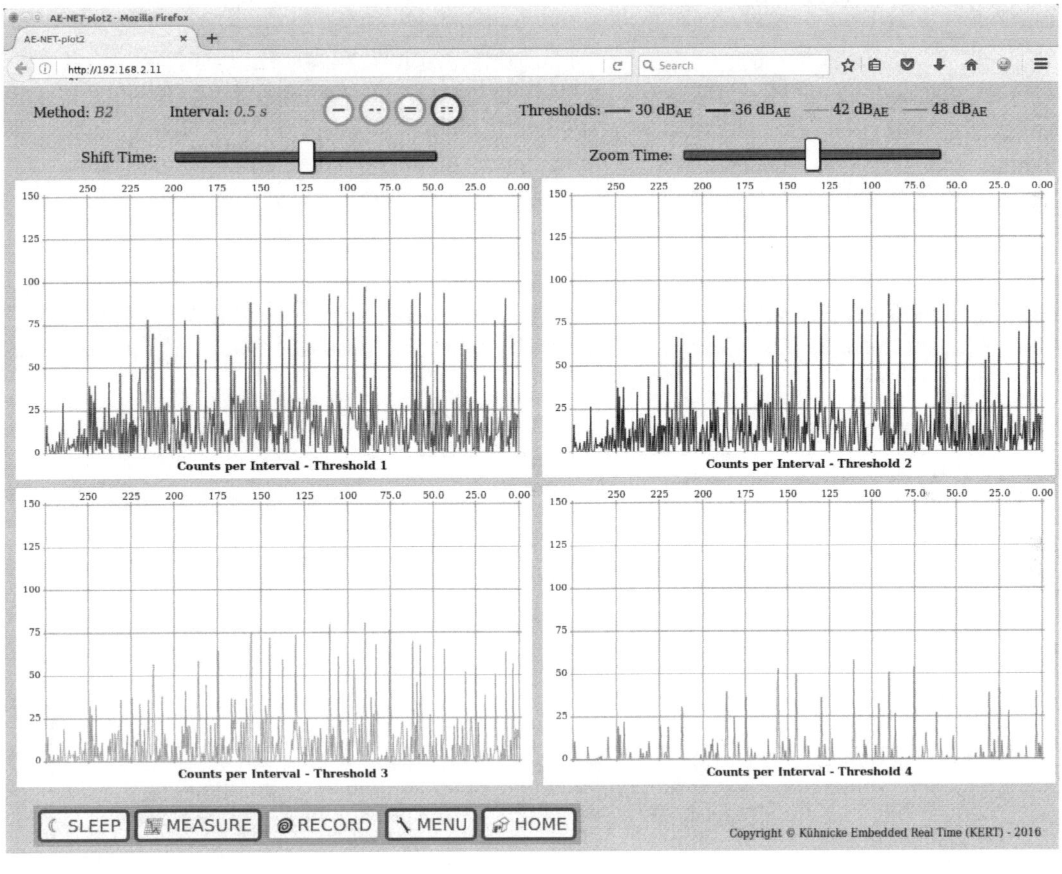

Abbildung 4 Messbeispiel mit den automatisch eingestellten Parametern

6. Starter Kits

Mit Hilfe der Starter Kits ist es möglich, erste Messungen mit einem Laptop durchzuführen. Sie sind auch bei der Fehlersuche in komplizierteren Netzsituationen eine Hilfe.

Neben der notwendigen Hardware enthalten sie eine ausführliche Beschreibung zur Konfiguration des Laptops unter Windows 10 und Ubuntu 16.04 LTS. Der HiFi-Kit besteht aus einem Sensor AE-1.0-160xx, einem Lithium-Ladegerät und vier geeigneten Akkumulatoren. Dem PoE-Kit sind ein Injektor und zwei Ethernetkabel beigefügt.

7. Beispiele für Netzkonfigurationen

Abbildung 5 HiFi-Sensor in direkter Point-to-Point-Verbindung mit einem Laptop

Der Sensor mit integriertem Schallemissionssystem muss in ein Datennetz eingebunden werden. Abbildung 5 zeigt die einfachste Konstellation. Alle modernen Laptops lassen sich als HiFi-Access-Point konfigurieren, so dass ohne weitere Technik eine Verbindung zum AE-Sensor hergestellt werden kann.

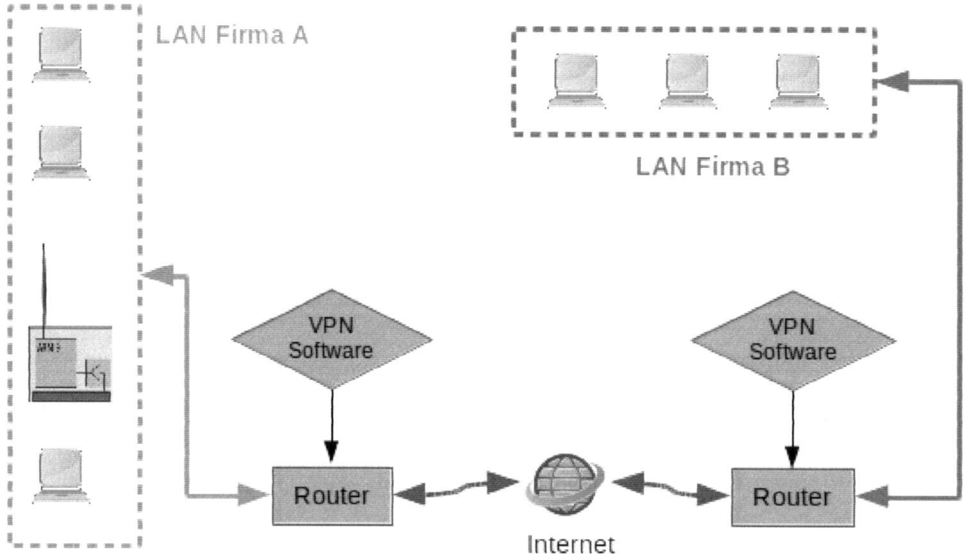

Abbildung 6 Einbindung des AE-Sensors in zwei Firmennetze

Eine komplexere Situation zeigt Abbildung 6. Der AE-Sensor wurde in der Firma A installiert und ist dort in das lokale Netz eingebunden. Über das öffentliche Internet ist er mit der Firma B verbunden. An allen Rechnern in den Firmen A und B können sich AE-

Anwender in den Sensor einloggen. Die VPN-Software sorgt dafür, dass der Sensor nicht im öffentlichen Internet zu sehen ist, obwohl es als Übertragungsweg benutzt wird. VPN steht für Virtual Private Network.

Der AE-Sensor kann mit fester oder automatischer IP-Adresse arbeiten bzw. seine Adresse von einem DHCP-Server beziehen.

8. Vor- und Nachteile des Sensors mit integriertem Schallemissionssystem

Vorteile:

- Sehr kompaktes Schallemissionssystem.
- Äußerst preiswert.
- Fernbedienung von jedem am Netz angeschlossenen Desktop, Tabletcomputer oder auch Smartphone.
- Keine Installation von Software auf den Client-Rechnern notwendig.
- Unabhängig von Betriebssystem und Browsertyp.

Nachteile:

- Der Sensor ist fest mit dem Messsystem gekoppelt und kann nicht ausgewechselt werden.
- Zur Zeit nur einkanalig und keine Ortung.
- Zur Zeit keine Registrierung von sich schnell verändernden Versuchsparametern (z.B. Auslenkung von hochfrequenten Schwingversuchen).
- Nur AE-Parameter und keine Signalformen.

9. Ausblick

Kurzfristig wird die Palette der Sensortypen bezüglich verschiedener Mittenfrequenzen und Bandbreiten erweitert werden.

Der HTML5-Standard enthält weitere neue API's, deren Anwendung zu einer Verbesserung des Leistungsspektrums des AE-Sensors mit intergriertem Schallemissionssystems führen wird. Zur Zeit (Anfang 2017) haben die Browserentwickler diese Möglichkeiten noch nicht implementiert bzw. sie befinden sich erst in einem experimentellen Stadium. Die Entwicklung geht jedoch in die Richtung, dass zukünftig auch auf dem Gebiet der Schallemissionsanalyse nur noch geringe Unterschiede zwischen Desktop- und Web-Anwendungen bestehen werden.

Es existieren bereits erste Untersuchungen, wie mit der Web-Technologie zukünftig mehrkanalige Systeme mit Ortung aufgebaut werden können.

Sensing Structural Borne Noise in Solid State Materials and Related Applications

Thomas PETZSCHE
Kistler Instrumente GmbH, Sindelfingen

Kontakt E-Mail: thomas.petzsche@kistler.com

Abstract. Basically two principles are currently used to characterize structural borne noise in solid state materials besides laser vibrometry. In the lower frequency range it is the old seismic transducer as it is used in the classic accelerometer tuned to 20 kHz and sometimes using the resonance frequency range up to 100 kHz. In the higher frequency ranges from 50 kHz to 900 kHz usually the Acoustic Emission (AE) sensor is used. Both sensor principles are introduced.

Accelerometers are in use for many applications such as operational, environmental, structural or durability testing, and are requiring more and more triaxial IEPE accelerometers with higher frequency operation - in the three orthogonal directions, for shock and vibration. The innovative mounting principle for Kistler' s miniature PiezoStar® and Piezoceramic triaxial cube accelerometer families offers a practical solution and improves the frequency calibration method to higher limits tremendously. The seismic elements of these IEPE triaxial accelerometer families have inherent benefits resulting in high resonance frequency where the sensor design provides stud mounting for each orthogonal axis thanks to threaded holes on 3 of the sensor's faces. The calibration methodology will be reviewed supporting frequencies up to 20 kHz, without additional mechanical fixtures which can impact precision measurements.

AE sensors are non-seismic transducers; they detect travelling surface waves and use a probe mechanism with deformation of a piezoelectric ceramic element. AE transducers are in very wide range of applications, such as crack detection in metal sheet forming, tool breakage, cavitation detection and many others.

Kurzfassung. Grundlegend werden heute neben der Laservibrometrie zwei Verfahren zur Messung von Körperschall in Festkörpern eingesetzt. Im Bereich tieferer Frequenzen ist das der traditionelle Beschleunigungssensor nach dem Prinzip des seismischen Aufnehmers. Er kann bis 20 kHz, manchmal aber auch im Resonanzbereich des Sensors bis ca. 100 kHz, eingesetzt werden. Im höheren Frequenzbereich von 50 kHz bis 900 kHz verwendet man den sog. Körperschall - oder im englischen auch „acoustic emission“ - Sensoren. Beide Prinzipien werden noch einmal erläutert.

Beschleunigungssensoren werden vielfältig, bspw. in der Modal- oder Betriebsschwingformanalyse, Struktur- oder Lebensdauertests eingesetzt.. Immer mehr werden hier triaxiale Beschleunigungssensoren zur Vibrations- und Stoßmessung bei höheren Frequenzen bis 20 kHz in den drei orthogonalen Richtungen gefordert. Eine neuartige Konstruktion solcher triaxialer Sensoren auf Kristall oder Piezo-Keramik basierend, erlaubt die Montage in den drei Raumrichtungen durch Schraubmontage. Dieses praktische Design ermöglicht die Bestimmung des Frequenzganges der Sensoren in der Kalibrierung zu wesentlichen höheren Grenzfrequenzen. Die seismischen Elemente dieser triaxialen IEPE – Sensoren haben inhärente Vorteile durch sehr hoch abgestimmte Resonanzfrequenzen und die konstruktiv gegebene Möglichkeit den Sensor durch Montagestutzen in allen drei orthogonalen Richtungen direkt, ohne Verwendung eines mechanischen Adapters auf einem Referenzsensor aufzuspannen. Dies erlaubt erstmals die Charakterisierung bis 20 kHz und erhöht die Messgenauigkeit.

AE-Sensoren sind nicht-seismische Aufnehmer. Sie detektieren, die auf der Oberflächen sich ausbreitenden Oberflächenwellen und führen diese Deformationen auf ein piezoelektrischen Keramikelement, um die Welle in ein elektrisches Signal zu wandeln. Für AE-Sensoren gibt es ebenfalls eine Vielzahl von Anwendungen, wie Risserkennung, Werkzeug- oder Formenbruch, Kavitation und viele weitere.

Introduction

Structural borne noise can be measured in very different frequency ranges. Not just one sensor principle is able to acquire those data's. For physical mounted sensors two principles are used nowadays in most cases. In the frequency range up to 20 kHz it is the classical accelerometer with its seismic sensing element mainly based on the piezoelectric effect [1]. Those can be calibrated over a frequency range up to 20 kHz with traceability to National Metrological Institutes (NMI); typical uncertainties are given at approx. 5% or less for single frequency sensitivity points up to 20 kHz. The frequency range up to 50 kHz or bit higher is, on the other end, characterized by a not accountable measurement uncertainty that cannot be given traceability. A frequency signature can be deviated as long as the signal is not overloaded due to an accelerometer seismic element resonance.

Those test results can be quite useful in applications such as measuring structural borne noise of bearings, gear boxes etc. in condition monitoring, pyroshock testing or for crash induced sound sensing during impact testing of automotive structures. In most cases those measurements can be deviated for all three orthogonal axes.

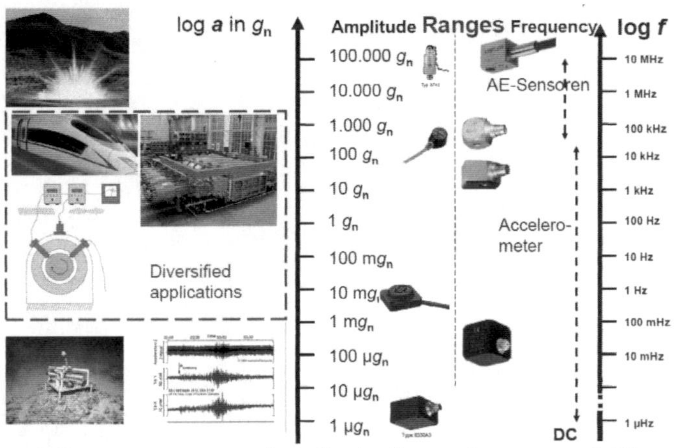

Figure 1. Frequency ranges and amplitudes for accelerometer and AE-sensors.

For higher frequencies from 50 kHz to 1 MHz or even higher, so called acoustic emission (AE) sensors are used. Such high frequency structural borne noise may get generated by crack forming in solid material, improper sealed valves in engines or compressors, particle impacts to or friction between metal sheets, grinding process and others. In all those cases, the generated surface wave is captured by the AE sensor at the surface of a solid state body. The measurement principle is different from measuring acceleration. It cannot be measured in orthogonal directions like an accelerometer would be able to. The sensitivity deviation is very rough and usually expressed in dB deviation to a reference value instead of a percentage. A measurement uncertainty may lie in the order of several dB deviations to a reference point. The goal would be mostly to characterize a frequency signature and correlate certain events to frequency bands in a cause/effect correlation in order to detect certain process events in materials or devices.

The following article will be covering considerations on how to widen triaxial accelerometers frequency response up to 12 kHz or more in order to get a higher precision in sensing structural borne noise. This frequency response characterization is only possible, if mechanical mounting adapters are not used at the interface with the reference accelerometer during the calibration procedure and if the sensors itself has the ability to get rigidly stud mounted in all three axis directly [6].

AE-sensors for higher frequency ranges from 50 kHz to 900 kHz will also be described and a typical application showed. Fig. 1 offers an overview on amplitude and frequency ranges covered by the different sensor technologies and principles.

2. Accelerometers High Frequency Response Characterization in each orthogonal axis

According to ISO EN DIN 16063 standard series [1], the calibration of the frequency response of an accelerometer is performed by primary laser or secondary comparison calibration methods. The characterization of the frequency response above 2...3 kHz becomes more complicated for triaxial accelerometers because of required mechanical adaptions to the reference side of a back-to-back reference standard. Direct mounting is impossible in most cases for the x- and y-direction. Even if Beryllium is used as material, those adaptors are still not stiff enough.

Despite usage of the highest ratio between elastic stiffness and density of any materials, the relative motion between the coupling area of the unit under test (UUT) and the reference accelerometer would still be an issue as both amplitudes cannot be identical. This is illustrated in Fig. 2.

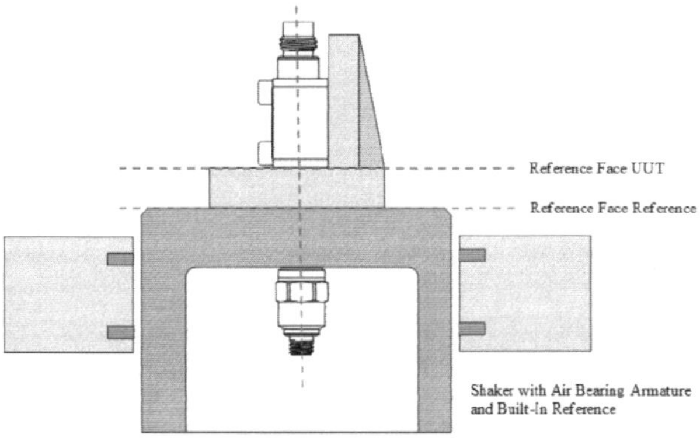

Figure 2. View of a triaxial accelerometer as UUT. Mechanical adapter fixed to the calibration shaker air bearing armature. Built-in reference standard.

The frequency response of a sensor along X and Y axes at higher frequencies will then be limited by the calibration mounting fixture. Therefore, due to the limits of the calibration mounting fixture, performances at high frequency must be specified more conservatively. An estimation of the frequency response in the upper end can often be performed with a resonance excitation of the seismic element (Fig. 6).

Fig. 3 and 4 show a Kistler triaxial accelerometer type 8793A500 and the calibration mounting adaptors that are used with a back-to-back reference standard for different axes on a TIRA S514-C calibration shaker. Fig. 5 shows an overview of the obtained frequency responses up to 2 kHz (x- & y-axes) and to 10 kHz (z-axis). The results of the frequency response in the x-axis and y-axis are mostly influenced by the relative motion between the UUT and the Back-to-Back sensor reference side. In these two axes, the frequency response can be measured only up to 2 kHz. Some improvements can only be achieved by the use of Beryllium mounting adaptors of optimized design. This will be costly for a very slight

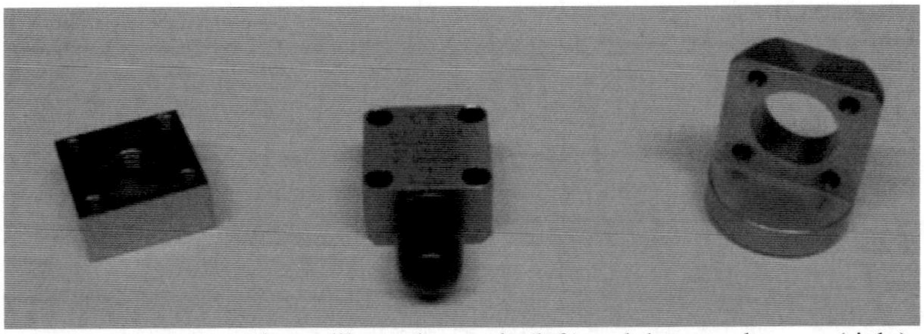

Figure 3. Mounting adapters used to calibrate the z-axis (left) and the x- and y-axes (right) of a triaxial accelerometer Kistler type 8793A500 (center).

improvement at higher frequencies. In addition, these adaptors would not just be expensive and time consuming to manufacture, but they would also be problematic from the toxicological point of view.

As an alternative to alleviate this issue, the characterization of the resonance frequency in the mounted state can be used as estimation. This method is described in the ISO 5247-14 and -22 and will also be part of a new standard ISO 16063-32 [3, 4].
A rule of thumb is that the 5% frequency response deviation point of the sensor at high frequency is approximately 20% of the mounted resonance frequency. It can be deviated out of the theory of the seismic accelerometer frequency response [1, 5]. This practice offers an alternative method to estimate the frequency response of a sensor used in testing. Figure 6a, b and c show this test and results.

Along with the advantage of three mounting holes, the very rigid crystal element made from PiezoStar® allows measurements up to 12 kHz (+5%) with mounted resonance frequencies up to 70 kHz. As the measurement uncertainty for the sensitivity is much higher beyond 10 kHz, the data sheet specifies an upper frequency response value of 12 kHz with ±5% sensitivity deviations referenced to a specified frequency. This design principle allows a frequency response of 0,5 Hz to 12 kHz and offers a generic use of these sensors in a very wide frequency range where quite often two sensors would have been used in the past.

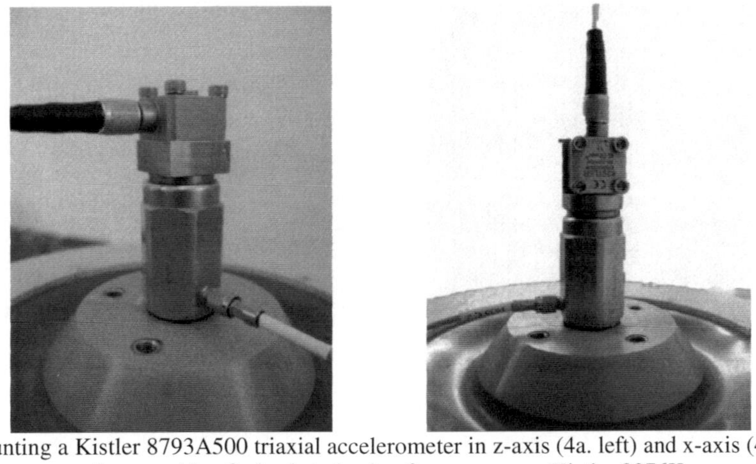

Figure 4. Mounting a Kistler 8793A500 triaxial accelerometer in z-axis (4a. left) and x-axis (4b. right) to the reference side of a back-to-back reference sensor Kistler 8076K.

In order to solve this problem, triaxial accelerometers have been designed by Kistler which incorporate stud mounting for each orthogonal axis. This is achieved by supplying threaded holes on three sensor faces. This concept has been used for the past 12 years more and more and is currently available in three Kistler sensor families: 8762A, 8763B, 8766A (Fig. 7).

In the following example, a Kistler type 8766A500AB was tested for frequency response from 5 Hz to 50 kHz. The amplitude and phase responses are shown for the x-and z-axes in Fig. 9. In Fig. 9a, the sensitivity deviation was referenced to its sensitivity taken at a frequency of 160 Hz. The results for the y-axis are qualitatively identical to the z-axis. We can observe some minor resonances above 10 kHz with less than 7% sensitivity deviation. The rest of the spectrum is linear and the slope of the entire frequency response is nearly zero percent, as opposed to the response of soft piezoelectric ceramic element material coupled with an internal charge amplifier. The frequency response in Figure 9 shows this response. Frequency response and phase between axes match very closely over the entire frequency range.

Figure 8a shows a Kistler 8766A500AB mounted on a SPEKTRA SE-09 calibration shaker with a single stud. In this setup, the reference sensor is integrated into the shaker armature (Fig. 2). Both reference faces of the UUT as well as the reference sensor are assembled directly together and a relative motion is almost impossible. The calibration equipment being used was traceable to an NMI up to a 20 kHz frequency limit. In our case the reference standard frequency response above 20 kHz has been modeled with a 70 kHz resonance at 20 dB sensitivity increase.

The overall measurement uncertainty for the UUT is 1% up to 1,25 kHz, 2% from 1,25 kHz to 5 kHz and 3% from 5 kHz to 10 kHz, using k=2 (95% coverage factor). The result above 20 kHz is then purely qualitative due to the fact that an uncertainty cannot be specified. The occurrence of additional smaller resonances below the main resonance and the deviations from the ideal frequency response may have a different cause than the UUT; i.e. rocking motions of the shaker armature in relation to a cross axis sensitivity of the UUT as one possibility. But these potential error sources have not been subjected to detailed investigations.

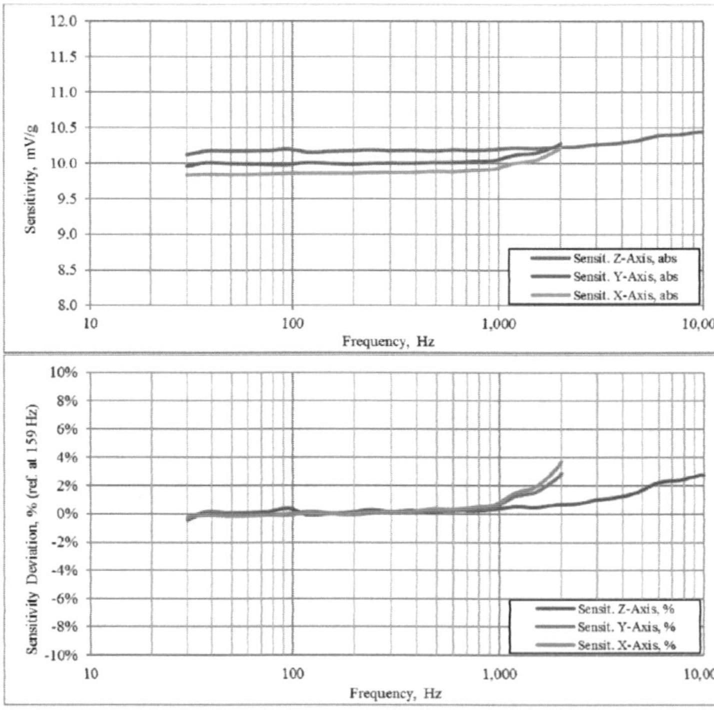

Figure 5a & b. Frequency response of an accelerometer Kistler type 8793A500 calibrated in x-, y- and z- axes from 30 Hz to 2 kHz and 30 Hz to 10 kHz, respectively.

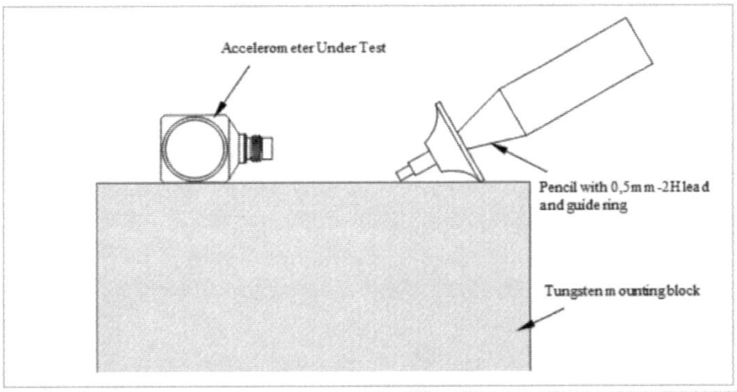

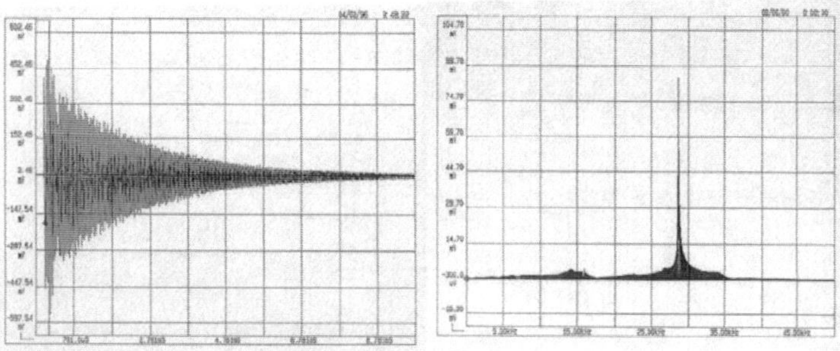

Figure 6a. Characterization by lead breaking of the resonance frequency of an Acoustic Emission Sensor mounted on a tungsten cube (so called HSU-NIELSON according to ASTM E976-10) [3].
Figure 6b & c. Analysis of the transient response with FFT.

High frequent structural borne noise has been recorded and evaluated to improve the crash recognition of passenger protecting systems in automotive control systems during car impact testing [8, 9]. During the deformation of mechanical structures, mechanical force or stress changes occur, which are related with the propagation of high frequent elastic stress waves.

Figure 7. New generation of triaxial accelerometers KISTLER type 8672A, 8763B (ceramic shear), 8766A50 and 8766A500BH (PiezoStar®) for a measurement range of 5 g to 2000 g.

Figure 8a. Frequency response of a Kistler 8766A500AB triaxial accelerometer along x and z axes directly mounted to reference (results in Fig. 9).
Figure 8b. Frequency response in phase and sensitivity of a Kistler 8766A500AB triaxial accelerometer along x and z axes directly mounted to reference.

The usual control systems inside the car record the de-acceleration of the vehicle up to 400 Hz as a rigid body motion. Extending the range of the crash sensor up to 25 kHz, it allows the crash recognition of the deforming car structure to use the evaluation of vehicle structure borne noise of propagating waves in order to increases the system performance with a single central control unit having an internal sensor position. Fig. 10 shows the time varying FFT-spectrum of the wideband structure borne noise signal over time during a vehicle impact.

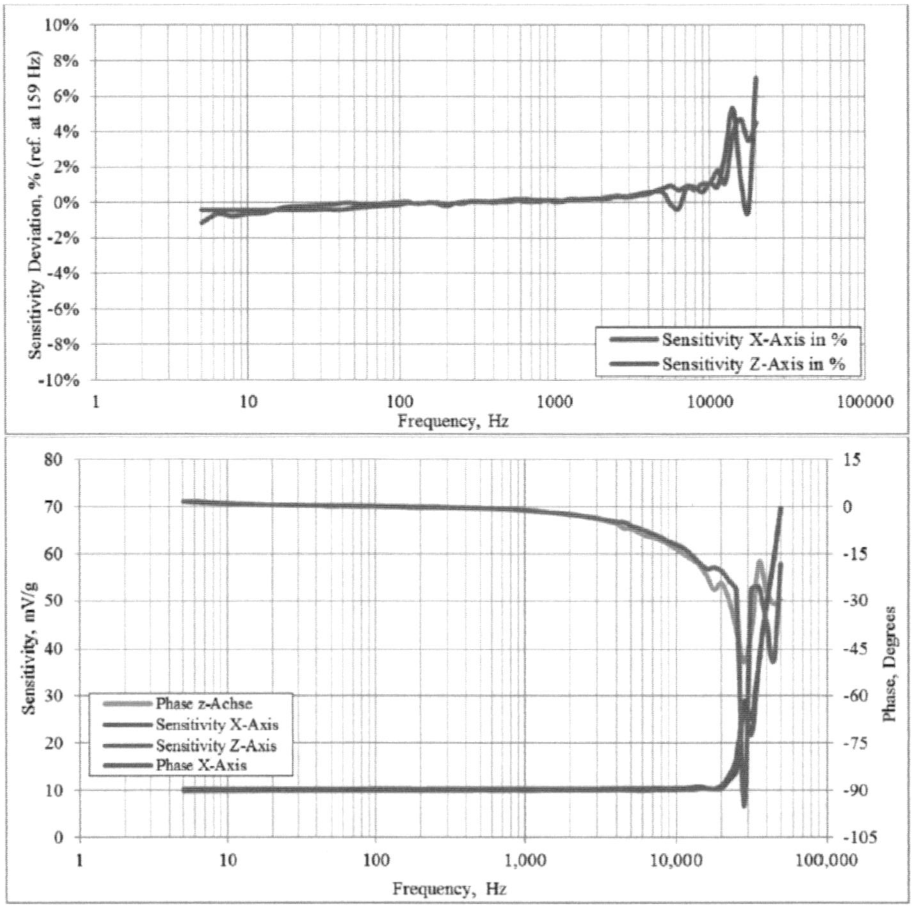

Figure 9a. Frequency response of a Kistler type 8766A500AB mounted in X-and Z-direction on the armature of a SPEKTRA SE-09 air bearing shaker.

Figure 9b. Frequency response in sensitivity and phase of the same sensor along x- and z-axes directly mounted to the reference face of a ‚back-to-back‘ reference accelerometer Kistler type 8076K. See Fig. 8 for mounting configuration along x-axis.

During the evaluation phase, the triaxial accelerometer type 8766A500 has been approved to validate the internal sensor signal of the vehicle internal crash control board. The methodology is described in [9].

Further applications are for example in pyroshock testing, environmental simulation testing of products with electro-dynamical shakers in the high frequency range or for friction investigations on slowly gliding-surface bearings.

2. Acoustic emission sensors for high frequency structural borne noise detection

AE sensors are mainly designed for in-process monitoring of continuous or single event signal detection. These sensors enable the measurement of acoustic emission on the surface within a wide frequency range up to 1 MHz. The goals when designing such a sensor are to achieve good and reproducible coupling conditions, a wide and flat frequency response, to make it insensitive to low frequency environmental vibrations, a rugged design and a small size.

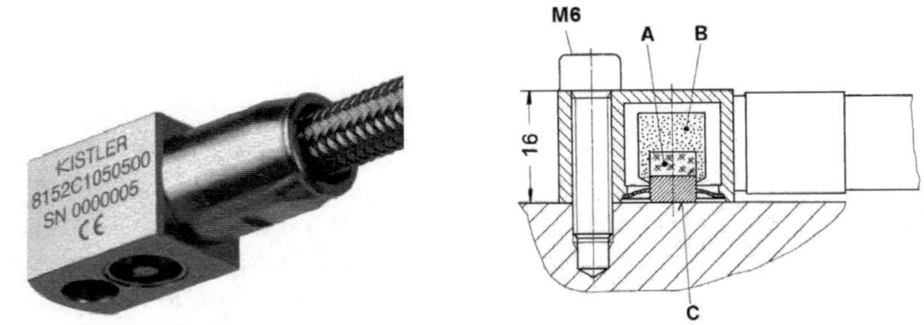

Figure 10. AE sensor Kistler type 8152C. Item A denotes the piezoelectric transducer element, B is the backing, and C is the diaphragm.

Piezoelectric sensing elements are particularly suited to measure AE. The sensing element consists of a piezo-electric ceramic material, which mainly determines the sensitivity and frequency response through its compression and geometrical dimensions. In order to achieve a flat wideband frequency response, the sensor housing has to be well decoupled from the sensing element in order to avoid undesired resonances and dips in the frequency response. To detect Raleigh waves, the upper frequency limit will be defined by the aperture effect which is caused by the finite size of the diameter of the sensor face [12]. A wideband sensor characteristic is obtained by adding an appropriate back damping to the piezoelectric element, called backing. The backing is usually made of an epoxy filled with high density particles such as tungsten powder, and matched to the acoustic impedance of the Piezoceramic element. It provides high attenuation of the acoustic waves and reduces the resonances allowing for an AE sensor flat frequency response.

The active transducer element of an AE sensor is consisting of a Piezoceramic cylinder, mounted on a thin steel diaphragm. Fig. 10 shows the sensitive element assembled in stainless steel housing, well suited for easy surface installation. The diaphragm is welded on the inside of the housing in such a way that it surface slightly protrudes out of the sensor. When mounting the AE sensor to the surface of a structure, the diaphragm is pressed onto the surface with a defined preload. It allows constant and reproducible coupling conditions at the sensor interface. In such cases, a flat and high quality surface with low roughness as well as a persistent coupling agent such as grease may be needed. The piezoelectric transducer element is decoupled acoustically from the sensor housing and mounting screw. It reduces possible disturbing effects. Because of the small sensor element contact surface, the machining tolerances such as surface roughness and flatness are subjected to a small area only. Coupling is unaffected by the tightening torque of the mounting screw as long as a minimal recommended torque has been applied.

The two Kistler AE sensors are differing in bandwidth and sensitivity by using different thicknesses of piezoelectric element. They cover either a medium frequency range of 50 kHz to 400 kHz with 57 dB sensitivity or a higher one from 100 kHz to 900 kHz with 48 dB sensitivity (dB reference level 1 V/(m/s)).

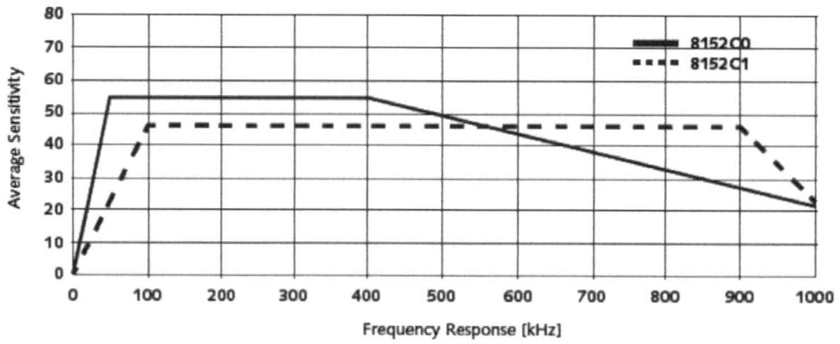

Figure 11. Nominal frequency response of~ the two different AE sensor Kistler type 8152C0 and ~C1.

The AE sensors Kistler Type 8152C are suited for a temperature range from -55°C to 165°C and are available for intrinsic safety within zone 0 and 2 certification [13]. The AE sensor is basically considered as a velocity sensor in contradiction to an accelerometer. This is due to the calibration method employed and directly traceable to a laser vibrometer. The absolute sensor sensitivity decreases with increasing bandwidth. Fig. 12 illustrates the two Kistler sensor types nominal frequency response. Some calibration methods in order to determine the frequency response of AE sensors are described in [10] using primary methods. Although most of the time, those are performed with secondary comparison methods.

The high-pass characteristics of the AE sensor suppress a large part of the low frequency interference signals. Therefore the AE sensor is insensitive to movements in contradiction to accelerometer. It offers a decoupling to low frequency movements. The wideband AE sensor has a uniform sensitivity over the frequency range. Its sensitivity is less than that of resonance type sensors. Thanks to a band pass filtering available in the signal conditioner, individual frequency ranges can be selected in order to focus on the signal of interest. Wideband sensors allow the investigation of the frequency ranges of useful signals, if they are insufficiently known or to assure high flexibility in the signal evaluation.

In principal AE signals should always be detected over the full frequency range and as close as possible to the source to allow an optimal signal amplitude. Due to the length and the number of interfaces in the travelling path of the acoustic wave between the AE source and the sensor installation point, high frequency signals are attenuated to a large extent. By the advantage of their small size, these AE sensors are particularly suited for the installation close to the acoustic source, even in limited space.

The AE sensor has been designed with ground isolation and internal Faraday shielding to avoid ground loop effects and reduce noise in the high impedance part of the sensor. To improve the immunity to electromagnetic interference an internal IEPE impedance converter has been integrated into the AE sensor providing a voltage output.

For monitoring operations the relatively complex high frequency AE signal need to be processed with a very high sampling rate. Nowadays modern DAQ's with 24 bit and 4 MHz sampling rate are available [14]. Most of the time, this signal type is used for the evaluation of the process under investigation. In a first step, certain events in the process under test should be correlated to a certain frequency band in the Fourier transformation of the time signal. In a second phase, the raw AE signal can be band pass filtered and rms-averaged. This rms-average signal Urms can be sampled with much lower rates and acquired over time, see Equ. (1). It can also be compared with a reference level to activate a logic limit switch output signal. The block diagram of such a measurement chain is shown in Fig. 13.

$$U_{rms} = \sqrt{\frac{1}{\tau}\int_0^{\tau} U^2{}_{AE}\, dt} \tag{1}$$

U_{rms}: Voltage after rms-converter

U_{AE}: Voltage after filtering

τ: Time constant

AE sensors are used in a very wide range of applications. Typical the time acoustic emissions will be generated through dislocation movements, phase transformations or crack formations and extensions in solid state materials [15] or friction mechanisms [16]. They will be used for monitoring in grinding or polishing processes of glass or metal surfaces, sealing of valves on engines or high pressure industrial compressors for chemical plants, the determination of coal particle size distribution for power plants [17, 18, 19], industrial metal wire drawing, detection of glass fiber splits or in filament fiber processing [20], punching of metal sheets, needle break detection and more. Often, a second measurand in the process can be helpful as discriminators to identify the event in the process, like applied forces or others.

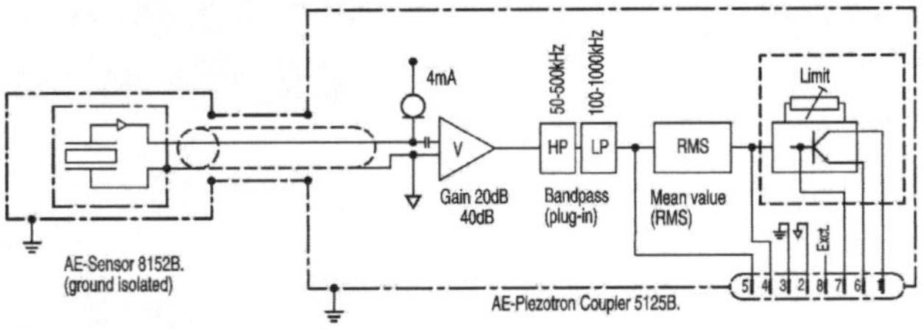

Figure 12. Block diagram of a measurement chain with AE sensor and signal conditioner Kistler type 5125C.

Deep drawing of metal sheets is one of the impressive examples in use of in-process monitoring of AE sensors. Sometimes, basic parts are made on high speed transfer press by deep drawing and punching at up to 300 strokes/min. Nowadays, Industry 4.0 networking of machinery requires to define more parameters to guaranty the product quality and monitor tool wear. Underneath a deep-drawing punch, a force sensor and an AE sensor have been combined and mounted in order to measure in parallel press forces and AE emission in parallel. Fig. 13 illustrates those measurements.

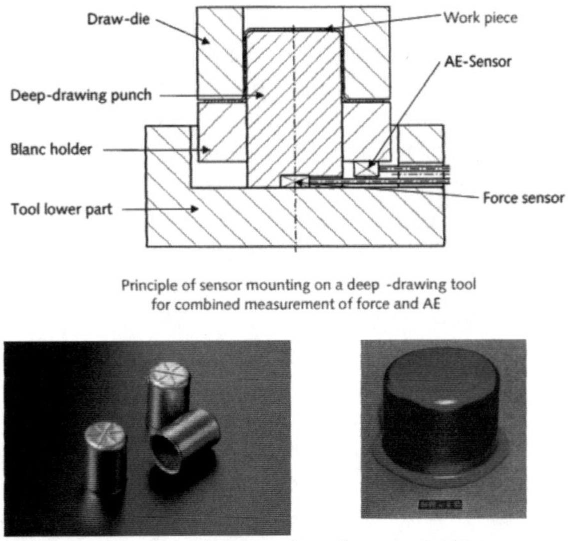

Figure 13. Schematic view on the sensor location for a force and AE sensor on a deep-drawing tool.

The signals shown in Fig. 14 indicates clearly the initial high amplitude AE signal once the deep drawing process is starting similar to what the press force curve is indicating. Just before the press force is relaxes again and the metal forming ends, the amplitude of the AE-rms-signal allow to determine a normal good, a necked or a cracked part. This can be clearly used to control the process parameter, to adjust the deep drawing process in the installation, to monitor the state of the tool as well as to filter for good and bad parts in the production phase.

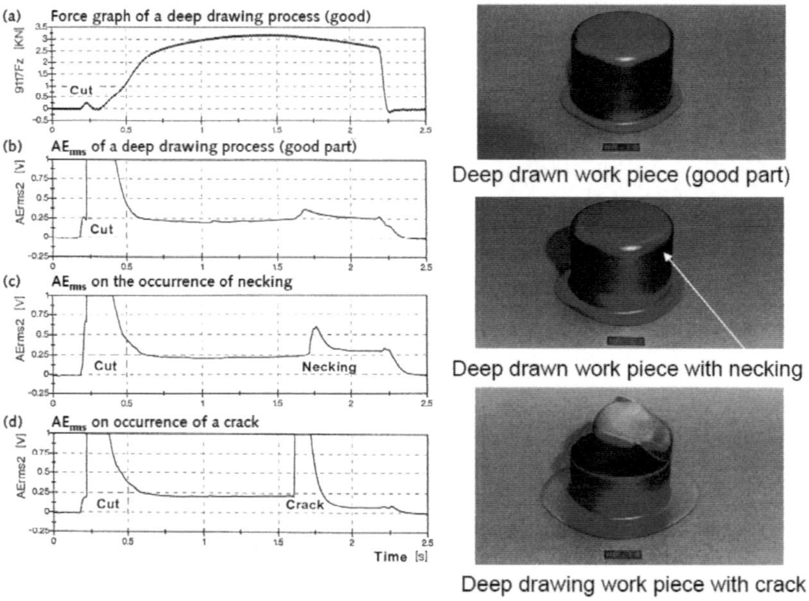

Figure 14. Combined force (a) and AE signals (b-d) for a deep drawing process monitoring of metal sheet forming.

4. Conclusions

New mechanical designs and piezoelectric sensing elements allow us to push the limits of triaxial IEPE accelerometers. Very wide frequency range in the three orthogonal axes can now be achieved. Thanks to those new mechanical designs with integral threads on three faces, we can observe a flat sensitivity over the entire frequency spectrum. This low mass solution appears to be very versatile covering many different applications where formerly several sensor types would have been needed. Finally, the possibility of mounting these sensors in any direction simplifies everyday work during installation. It allows the characterization of structural borne noise up to 12 kHz within 5% sensitivity deviation with a traceable calibration or even higher, but wider deviation. Higher frequency limits can be achieved, if larger sensitivity deviations are accepted and signal attenuation did not happen.

In the frequency range from 50 kHz to nearly 1 MHz, AE sensors are widely used for various processes monitoring in order to insure product quality, process safety, improvement of process efficiency and more.

Both sensor types are used to measure structural borne noise in this very wide frequency range. Between 20 kHz to 50 kHz might be a gap, where both sensor types are not properly suited. It is usually filled with accelerometers under mounted resonance conditions. This requires some precautions and will show highly non-linear amplitude frequency response. This requires very stiff seismic elements, and stiff crystalline piezoelectric materials that can be seen in the latest accelerometer designs.

References

[1] Th. Petzsche, H. Müller. Capter 4: Beschleunigung in „Handbuch der Mess- und Automatisierungstechnik in der Produktion", Hsg.: H.-J. Gevatter, U. Grünhaupt. Springer Verlag, 2006.

[2] Methods for the calibration of vibration and shock transducers: DIN EN ISO 16063-1x und DIN EN ISO 16063-2x.

[3] ASTM E976 – 10: Standard Guide for Determining the Reproducibility of Acoustic Emission Sensor Response.

[4] Accelerometer Resonance Testing described in DIN EN ISO 5743-xx and DIN EN ISO 16063-32 in:

Methods for the calibration of vibration and shock pick-ups;
ISO 5347-14:1993, Part 14: Resonance frequency testing of undamped accelerometers on a steel block.
ISO 5347-22:1993, Part 19: Accelerometer Resonance Testing.
Methods for the calibration of vibration and shock transducers:
ISO DIS 16063-32 "Methods for the calibration of vibration and shock transducers - Part 32: Resonance testing (Rev. for ISO 5347-14:1993).

[5] ENDEVCO Handbook of Shock and Vibration Measurement Technology; ENDEVCO, San Juan Capistrano, CA, USA, 1988.

[6] Th. Petzsche; A. Cook; M. Dumont. Triaxial Accelerometer, High Frequency Measurement and Temperature Stability Considerations, Proc. of the XXXII. International Modal Analysis Conference, Orlando, USA, Feb. 2-3, 2014.

[7] Kistler Data sheets to the types 8762A, 8763B, 8766A50 and 8766A250/500 at www.kistler.com, 2016.

[8] http://www.tasler.de/storage/med/media/presseinfos/presseeng/151_Tracking_down_structure-borne_sound_Conti-Report-Final_incl_Picture.pdf, 2016.

[9] Christian Lauerer, Paul Spannaus and Thomas Bradmeier: Acquisition and evaluation of mechanical high-frequency waves in car crash for improved crash detection of occupant protection systems; in Sensoren und Messsysteme 2010; VDE Verlag Berlin Offenbach; ISBN 978-3-8007-3260-9.

[10] V. Liebig; Dr. E. Pridöhl; St. Lohse-Koch; N. Hoppe; Dr. Cl. Cavaloni, Dr. A. Kirchheim. Absolute Calibration of AE sensors with Laser Induced Surface waves, Proc.of the 23rd European Conf. on Acoustic Emission Testing, Vienna, Austria, May 6-8, 1998.

[11] C. Cavaloni; A. Kirchheim. New Acoustic Emmission Sensors for In-Process Monitoring, Proc. of the 12th Int. Acoustic Emission Symp, Sapporo, Japan, Oct. 17-20, 1994.

[12] M. Greenspan: The NBS conical transducer analysis, J. Acoust. Soc. Am., Vol. 81(1987), pp.173-183.

[13] Kistler data sheet to type 8152C at www.kistler.com, 2017.

[14] LTT Tasler, data sheet for for data recorder LTT24 at www.tasler.de, 2017.

[15] Jens Trampe Broch. Mechanical Vibration and Shock Measurements. Brüel & Kjær; 1984; chapter 9.

[16] Markus Dickerhof. Potentials of acoustic emission analysis in monitoring and diagnosis of tribological systems, Dissertation at Inst. for Product Development, Karlsruhe Institute of Technology; 2011; ISSN 1615-8113.

[17] M. Biscuola, M. Gualerci, I. Brunetti, D. Pestonesi, N. Rossi, S. Collura, F. De Angelis. An Advanced Monitoring and Diagnostic System for Coal Mill Optimization in Thermoelectric Power Plants, Proc. of the Power Gen, Amsterdam; June 9-11, 2015.

[18] A.Cook, S. Collura, M. Dumont, T. Urbank; Continuous Monitoring of Powder Size Distribution using High Temperature ATEX Acoustic Emission Sensors, Proc. of the 31st Conference of the European Working Group on Acoustic Emission (EWGAE) – Th.3.B.2., Dresden, Germany, Sept. 3-5, 2014.

[19] S. Collura, D. Possanzini, M.Gualerci, L.Bonelli, D.Pestonesi. Coal mill performances optimization through non-invasive online coal fineness monitoring, proc. of the Power Gen, Wien, June 4-6, 2013.

[20] Gunnar Henrik Seide. Akustische Online-Überwachung und Strömungssimulation von Verwirbelungssprozessen bei der Filamentgarnverarbeitung. Dissertation at RWTH Aachen, Faculty for Mechanical Engineering, 2008.

Breitbandige Erfassung von Ultraschallemissionen mit einem laserinterferometrischen Sensor

Balthasar FISCHER [1], Thomas HERBST [1], Wolfgang ROHRINGER [1]
[1] XARION Laser Acoustics GmbH, Wien, Österreich
Kontakt E-Mail: w.rohringer@xarion.com

Kurzfassung

Zur Schallemissionsanalyse steht mit dem membranlosen optischen Mikrofon ein neuartiger Sensor zur Verfügung. Bei dieser Technologie wird der Luftschall mittels Laserinterferometrie gemessen. Ein miniaturisiertes Fabry-Pérot-Interferometer macht erstmals den gesamten Frequenzbereich des Luftultraschalls zugänglich, nominell von 5 Hz bis 1 MHz. Durch den Verzicht auf bewegliche Teile entfallen die sonst üblichen mechanischen Einflüsse des Wandler Systems, das Messsystem liefert ein Signal ohne Störungen durch mechanische Resonanzen und bietet damit eine nahezu perfekt lineare Übertragungs-Charakteristik mit gleichbleibender Empfindlichkeit über den gesamten Frequenzbereich. Dies ist bei der akustischen Prozessüberwachung von besonderem Interesse, da relevante und statisch robuste Prozessinformationen oft gerade im sehr hohen Ultraschall-Bereich enthalten sind.

Beispielhaft wird in dem Vortrag über Messungen bei Ermüdungsexperimenten an CFK-Materialien berichtet. Dabei wird das Werkstück in hochfrequente, longitudinale Schwingungen versetzt, so dass schnelle Kompression-Dehnungs-Zyklen durchlaufen werden. Diese Anordnung zur Prüfung von Werkstoffen gestattet aufgrund der hohen Zyklus-Frequenz im Bereich von 20kHz eine sehr zeiteffiziente Prüfung des Ermüdungsverhaltens von robusten Materialien. Die Bewegung wird mit einem Laser-Vibrometer erfasst. Erstmalig wurde die Anordnung zusätzlich durch ein optisches Mikrofon ergänzt und kontaktfrei die Luftultraschall Emission des Prozesses gemessen. Dabei wurde festgestellt, dass in bisher nicht zugänglichen, hohen Frequenzbändern, zwischen 200 bis 600 kHz, Ultraschall als höhere Harmonische der mechanischen Anregung emittiert wird. Diese Emissionen lassen Rückschlüsse auf die Integrität des Prüflings zu. Weitere Untersuchungen mit dem optischen Mikrofon sind beabsichtigt und sollen klären, welche zusätzlichen Erkenntnisse in den jetzt messbaren Signalen enthalten sind.

Breitbandige Erfassung von Ultraschallemissionen mit einem laserinterferometrischen Sensor

21. Kolloquium Schallemission, DGZfP, Fulda
10. März 2017

Balthasar Fischer, Thomas Herbst, Wolfgang Rohringer
XARION Laser Acoustics GmbH

moving sounds without moving parts

xarion laser acoustics

Agenda

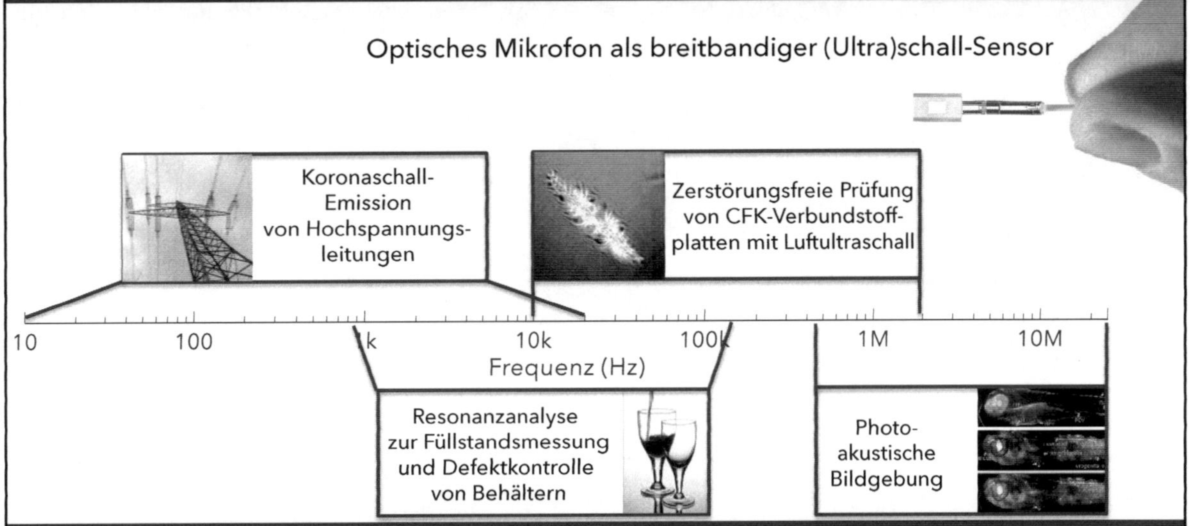

xarion 1

Optisches Mikrofon: Funktionsprinzip

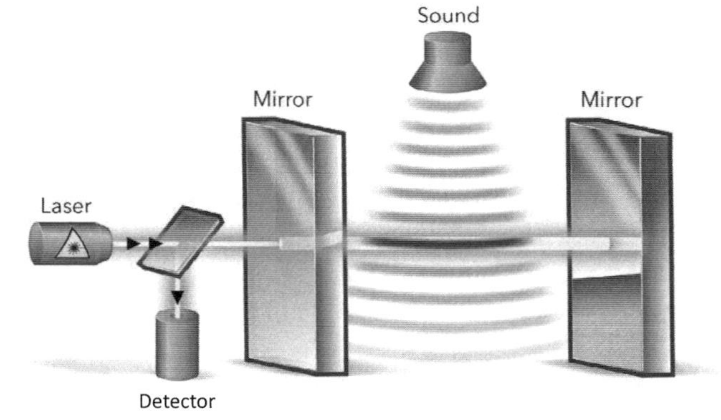

Funktionsprinzip im Überblick

- Schalldruck ändert optische Wellenlänge im Medium
- Interferenz in einem starren Etalon: Helligkeitsänderung proportional zur Luftdruckänderung
- Keine mechanische Bewegung oder Deformation
- Detektion in Gasen (Luft) und Flüssigkeiten!

Siehe auch: Fischer B. „Optical microphone hears ultrasound", *Nature Photonics* **10**, 356-358

Agenda

Optisches Mikrofon als breitbandiger (Ultra)schall-Sensor

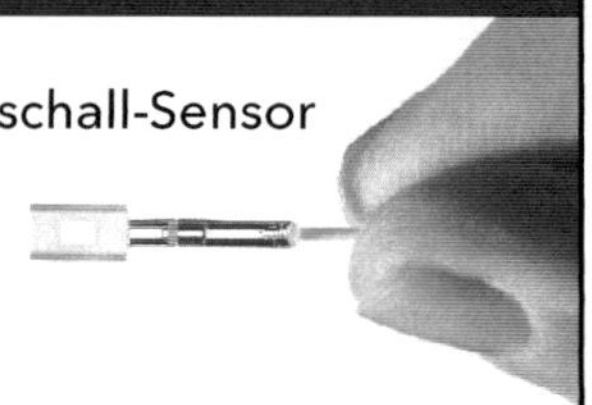

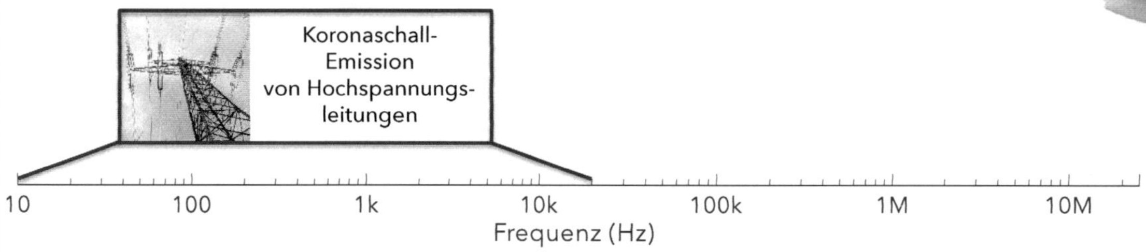

Koronaschallemission von Hochspannungsleitungen

- Koronaentladungen in der Nähe von Hochspannungs-leitungen: akustische Emission, vor allem bei Regen, Nebel
- Ziel: Messung nahe an der Schallquelle (Emission statt Imission)
- Optisches Mikrofon: EMI - unempfindlich, Positionierung in unmittelbarer Nähe der Leitung möglich

xarion laser acoustics 4

Koronaschallemission von Hochspannungsleitungen

- Koronaentladungen: Funkenentladung durch Ionisation im Bereich starker Feldstärkegradienten*
- Auftreten abhängig von Oberflächenbeschaffenheit, Luftdruck, Temperatur, Krümmungsradius des Leiters
- Optisches Mikrofon: Messung in nur 30 cm Abstand von 380 kV - Leitung möglich

Position der Sensorköpfe

xarion laser acoustics 5

*siehe z.B.: Naidu, M.S, Kamaraju, V. *High Voltage Engineering* Tata McGraw-Hill Education (2004), ISBN 0070494649

Koronaschallemission von Hochspannungsleitungen

- Durchgängig beregnete Hochspannungsleitung
- Hochrampen der Spannung zwischen 100 und 260 kV
- Aufnahme des A-gewichteten Schallpegels mit dem optischen Mikrofon
- Abstand zwischen optischem Mikrofon und HV-Leitung: 30 cm

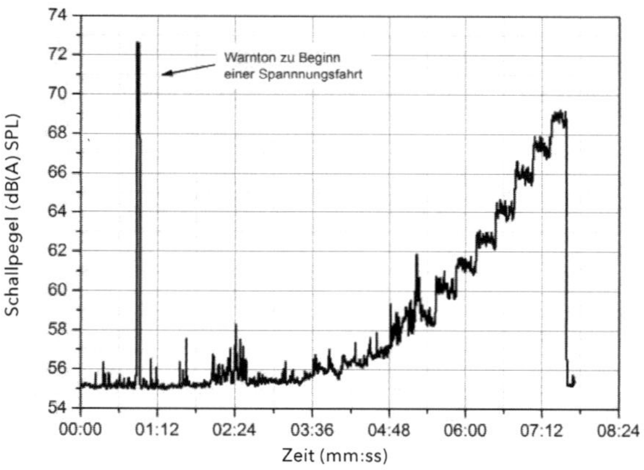

xarion 6

Überblick

Optisches Mikrofon als breitbandiger (Ultra)schall-Sensor

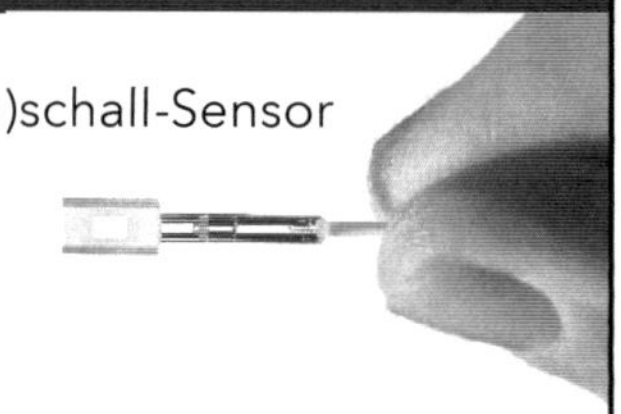

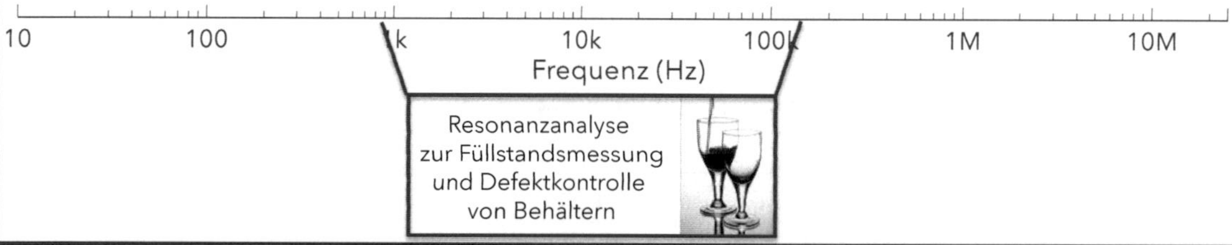

xarion 7

Resonanzanalyse

- Akustische Anregung einer Probe (z.B. partiell gefüllte Glasküvette) bei charakteristischer Resonanzfrequenz
- Füllstandsunterschiede oder Defekte führen zu einer messbaren Verschiebung der Resonanzfrequenz

xarion 8

Resonanzanalyse

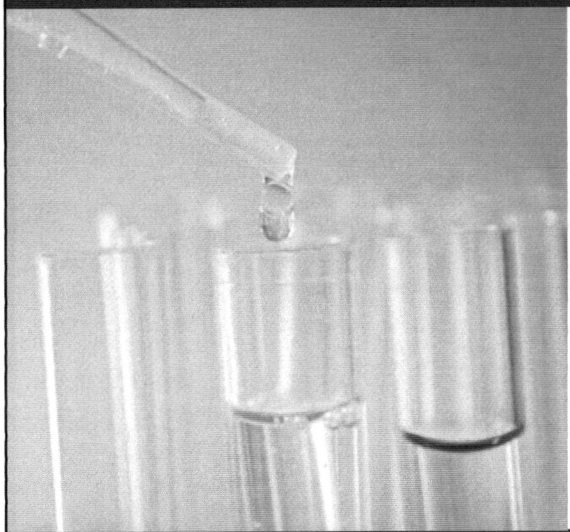

- Akustische Anregung einer Probe (z.B. partiell gefüllte Glasküvette) bei charakteristischer Resonanzfrequenz
- Füllstandsunterschiede oder Defekte führen zu einer messbaren Verschiebung der Resonanzfrequenz
- Ultraschallquelle, z.B. Hochtöner für kontinuierliche Emission bis 150 kHz
- Aufnahme mit optischem Mikrofon, Spektralanalyse

xarion 9

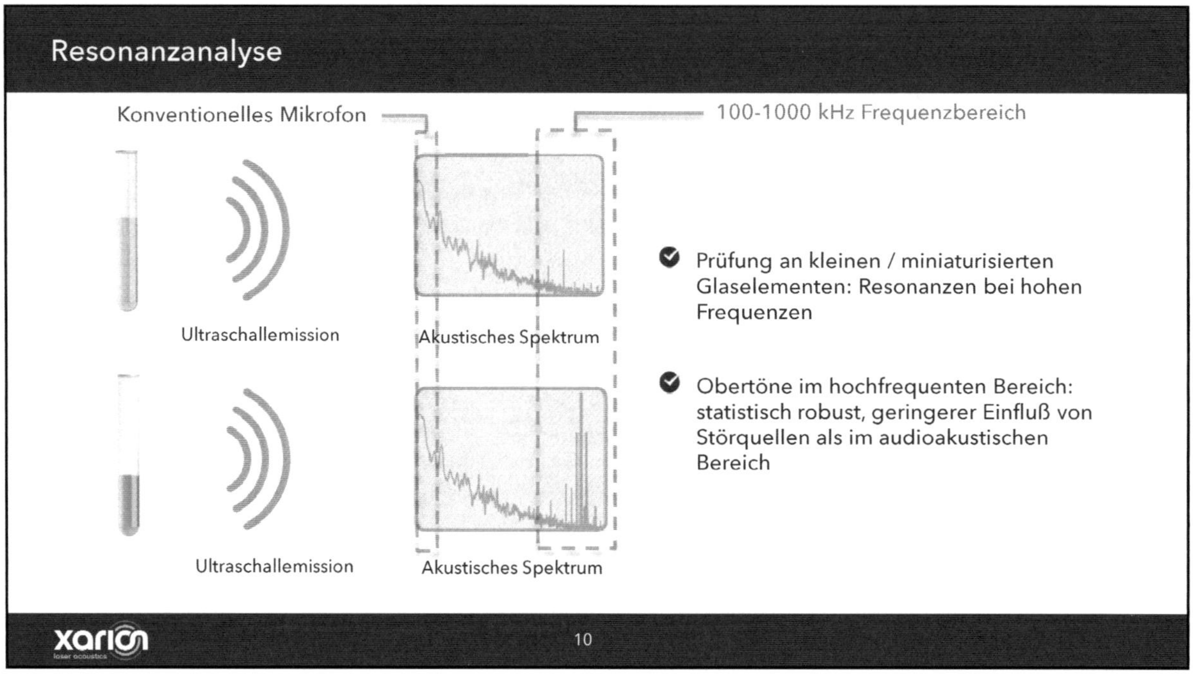
Resonanzanalyse
Konventionelles Mikrofon
100-1000 kHz Frequenzbereich
Ultraschallemission
Akustisches Spektrum
Ultraschallemission
Akustisches Spektrum
Prüfung an kleinen / miniaturisierten Glaselementen: Resonanzen bei hohen Frequenzen
Obertöne im hochfrequenten Bereich: statistisch robust, geringerer Einfluß von Störquellen als im audioakustischen Bereich
xarion
10

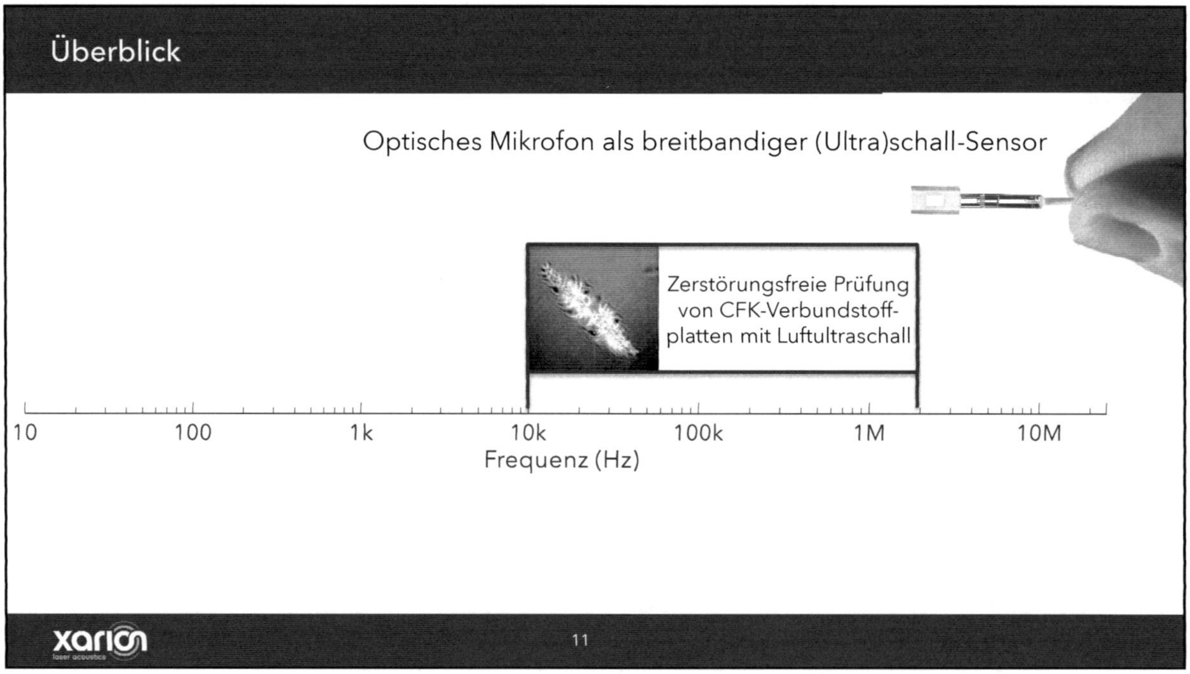
Überblick
Optisches Mikrofon als breitbandiger (Ultra)schall-Sensor
Zerstörungsfreie Prüfung von CFK-Verbundstoff-platten mit Luftultraschall
10
100
1k
10k
100k
1M
10M
Frequenz (Hz)
xarion
11

Zerstörungsfreie Prüfung mit Luftultraschall

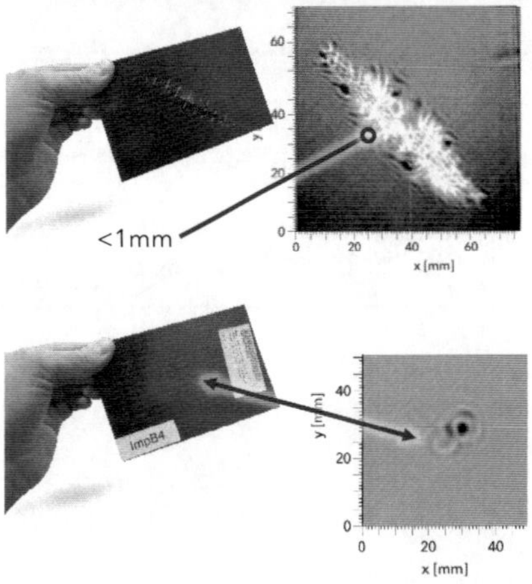

- Luftultraschall: Prüfung ohne Kopplungsmedium möglich
- Erste Tests in Durchschallung
- Hervorragende räumliche Auflösung (durch hohe Empfindlichkeit besonders bei kurzen Abständen zur Probe und große Bandbreite)

© Bilder: Kooperationsprojekt von Siemens, TU München, XARION

xarion laser acoustics 12

Überblick

Optisches Mikrofon als breitbandiger (Ultra)schall-Sensor

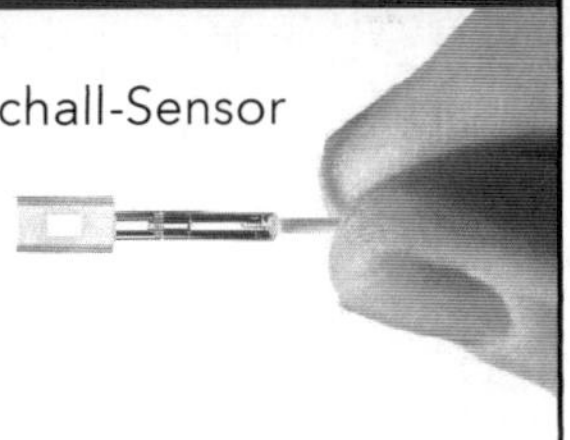

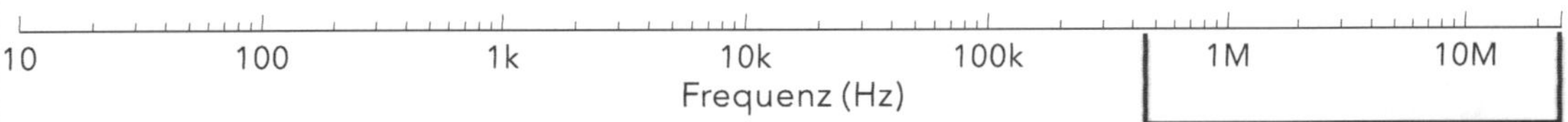

Photo-akustische Bildgebung

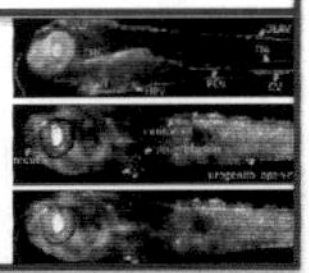

xarion laser acoustics 13

Optisches Mikrofon in Flüssigkeit: Charakterisierung der Bandbreite

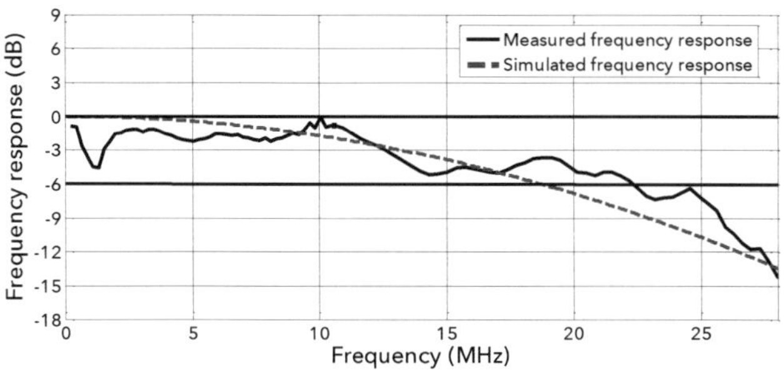

- Befüllung mit transparentem Fluid
- Impedanzangepasst an Wasser
- Dünne Folie als Verkapselung, akustisch transparent bis 50 MHz

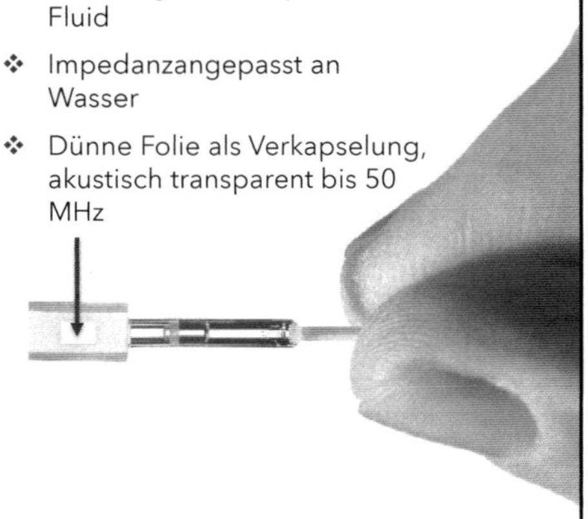

14

Optisches Mikrofon in Flüssigkeit: Charakterisierung der Bandbreite

Vergleich: Messdaten und Simulation

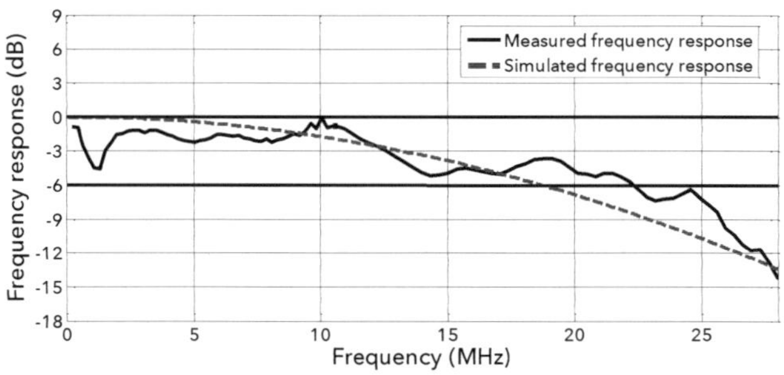

Messanordnung im Wassertank

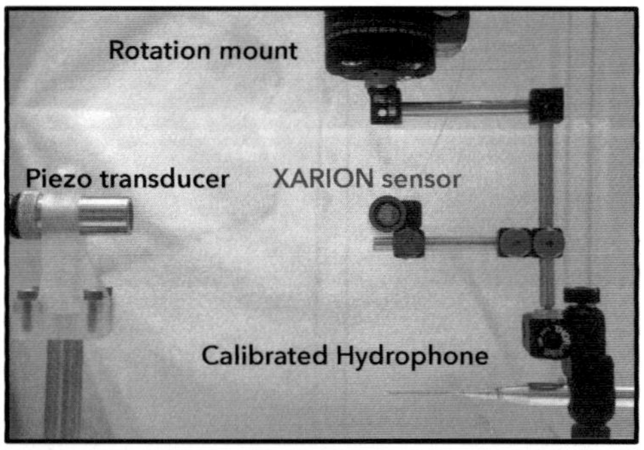

S. Preißer, W. Rohringer, M. Liu, C. Kollmann, S. Zotter, B. Fischer, W. Drexler.
All-optical highly sensitive akinetic sensor for ultrasound detection and photoacoustic imaging.
Biomedical Optics Express **7** (10), 4171-4186 (2016)

15

Optisches Mikrofon in Flüssigkeit: Sensitivität

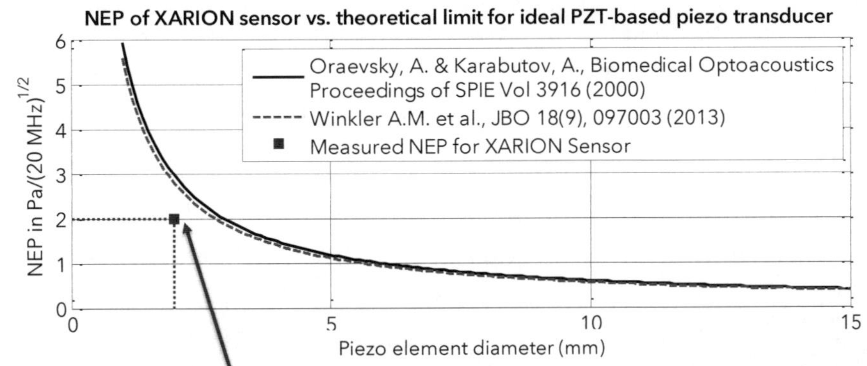

~ 450 µPa/√Hz bzw. **~ 2 Pa bezogen auf 20 MHz Bandbreite**

Sensitivität: Unabhängig von Sensorgröße → "Fokus" nicht nötig

Optisches Mikrofon in Flüssigkeit Richtcharakteristik

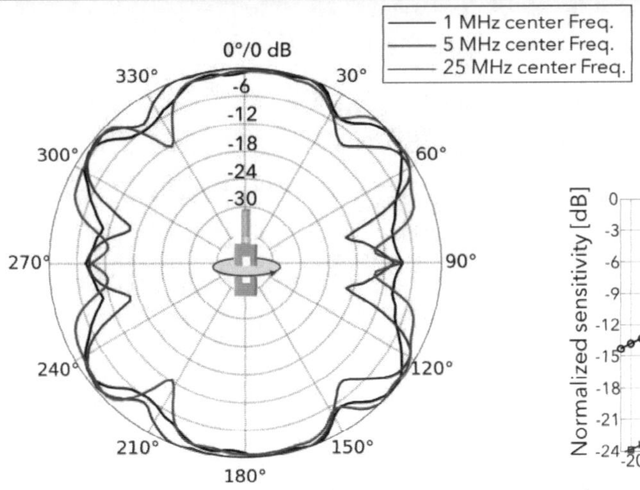

- Messung: Wassertank
- Korrespondenz zu 220 kHz, 1 MHz, 5 MHz an Luft

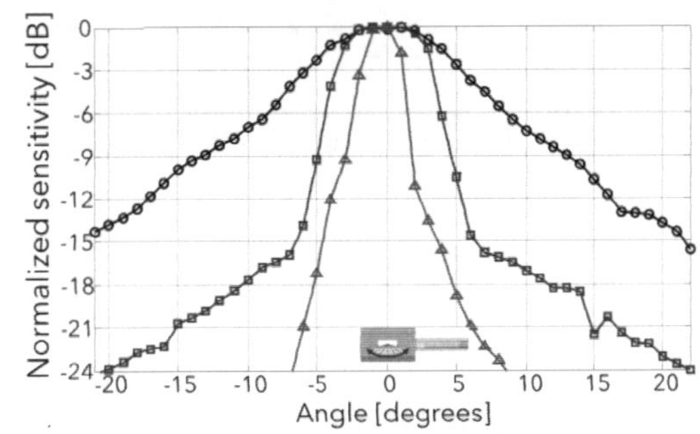

Photoakustische Bildgebung - Grundprinzip

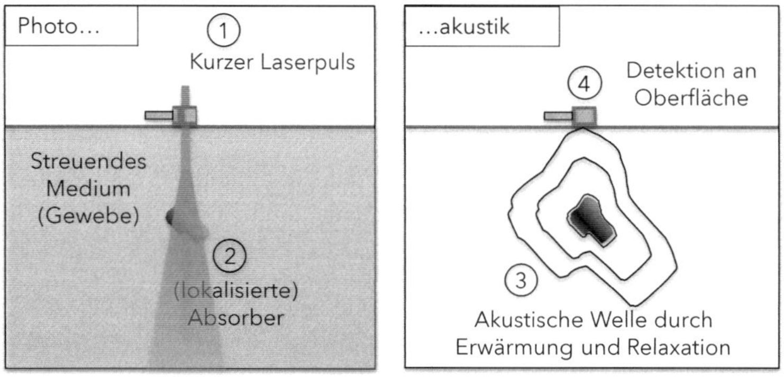

- Kurzer Laserpuls (~ ns) propagiert durch streuuendes Gewebe
- Lokalisierte Absorber (z.B. Blutgefäße werden schlagartig erwärmt ($\Delta T \approx$ mK). Thermische Ausdehnung + Relaxation führt zur Entstehung einer akustischen Welle im Ultraschallbereich
- Detektion mit Ultraschallsensor an Oberfläche
- Abrastern der Oberfläche: Photoakustische Mikroskopie (PAM).

xarion laser acoustics 18

Photoakustische Bildgebung – Beispiel Auflösungstesttafel

Photoakustische Mikroskopie an Auflösungstesttafel mit XARION - Sensor

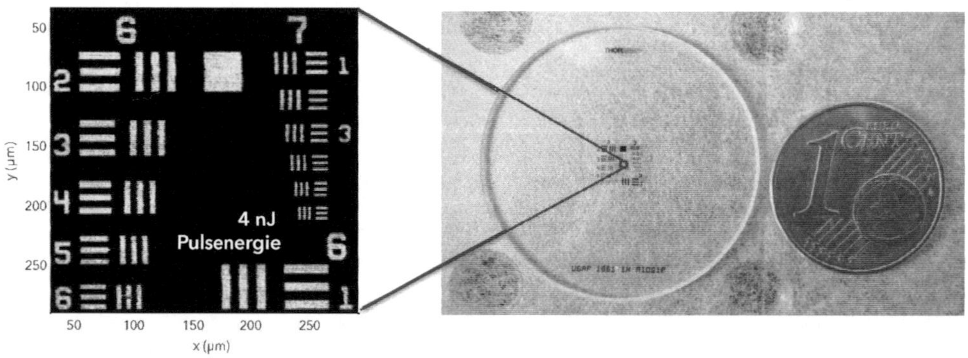

S. Preißer, W. Rohringer, M. Liu, C. Kollmann, S. Zotter, B. Fischer, W. Drexler.
All-optical highly sensitive akinetic sensor for ultrasound detection and photoacoustic imaging.
Biomedical Optics Express **7** (10), 4171-4186 (2016)

xarion laser acoustics 19

Photoakustische Bildgebung - Beispiel Zebrafisch-Embryo

- Hohe Sensitivität erlaubt die Verwendung kleiner Pulsenergien und damit *in-vivo* Messungen
- Rechts oben: *in-vivo* PAM - Abbildung eines 5 Tage alten Zebrafisch-Embryos, Signaldetektion mit XARION-Sensor. Kürzel benennen verschiedene anatomische Merkmale
- Optische Transparenz des Sensors ermöglicht Überlagerung mit anderen Bildgebungsmodalitäten. Siehe Rechts Mitte / Unten: Überlagerung mit Aufnahme, gewonnen durch Optische Kohärenztomographie (OCT).

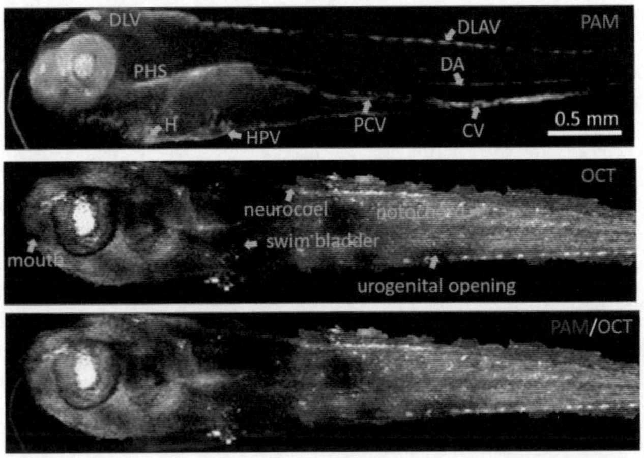

Zusammenfassung & Ausblick

Zusammenfassung

- Optischer Sensor mit hoher Bandbreite (Luft: ~20 Hz bis 1 MHz; Flüssigkeit: ~20 Hz bis 25 MHz)
- Eigenschaften wie Unempfindlichkeit auf elektrische & magnetische Störfelder, kompakte Abmessungen, Kopplung via optische Faser eröffnen Forschungskooperationen zu vielfältigen Anwendungen

Ausblick

- Weiterführende Tests in Umgebungen mit Störfeldern (z.B. laufende Kooperation mit CERN)
- ZfP: Kombination mit geeigneten breitbandigen Anregungsquellen (z.B. Laserultraschall)
- Hydrophon: Messung hoher Schalldruckpegel (medizinischer Ultraschall)

Membranfreies Optisches Mikrofon in Aktion: Geräteausstellung

Wir freuen uns auf Ihren Besuch!

waveimage monitoring: Ein System zur Messung, Analyse und zum Monitoring von Schall und Schwingungen

Daniel HERFERT [1], Maik GOLLNICK [1]
[1] GFaI e.V, Berlin
Kontakt E-Mail: herfert@gfai.de

Kurzfassung. Die Software waveimage monitoring ist eine Komplettlösung der nächsten Generation, die zerstörungsfreie Prüfverfahren zur Überwachung und Diagnose von Maschinen, Anlagen, Werkstoffen, Geräten und Bauwerken mittels Schall und Schwingungen anbietet. Diese Software ist für Instandhaltungs- und Qualitätssicherungsprozesse geeignet, bei denen Schallsensoren zum Monitoring eingesetzt werden können. Zum Monitoring wird eine Schallsignatur unter realen Betriebsbedingungen erstellt, welche die Schallantwort an möglichweise mehreren Orten der zu entsprechenden Struktur mit einer dazu passenden Beschreibung des aktuellen Zustandes enthält.

Die Merkmalsextraktion, die Merkmalsauswahl zur Erzeugung der Signatur, die Festlegung der Klassen (2 oder N-Klassen) und die Auswahl des Klassifikators sind sehr problembezogen und können daher separat in der Software eingestellt werden. Für die Erstellung der Signatur können sowohl Körper-, Luft- als auch Ultraschallsensoren verwendet werden. Die vorgestellte Software konnte schon im Rahmen von Forschungsprojekten und eines Industrieauftrages im industriellen Umfeld erfolgreich validiert und eingesetzt werden.

1. Einführung

Die Optimierung von Instandhaltungs- und Qualitätssicherungsprozessen mittels computerüberwachten Monitoring-Systemen für Maschinen, Anlagen, Werkstoffe und Geräte wird vermehrt in Produktionsprozessen eingesetzt und ist ein wesentlicher Bestandteil von Industrie 4.0.

Durch zustandsorientierte und computerüberwachte Instandhaltungsmaßnahmen (Condition Monitoring Systeme) können frühzeitig Schäden oder zu starke Belastungen festgestellt werden, was lange Stillzeiten von Anlagen und Maschinen bzw. hohe Reparatur- und Wartungskosten drastisch vermindern oder sogar verhindern kann. Maschinen und Anlagen im Betrieb zu überwachen und zu analysieren eröffnet die Möglichkeit, die Wartungsintervalle nach dem tatsächlichem Bedarf zu planen und nicht, wie bisher üblich, nach festen Zeiten und unabhängig vom tatsächlichen Zustand durchzuführen. Dies gilt natürlich nicht nur für die Überwachung von Maschinen, alle Anlagen mit beweglichen Teilen können mittels dieser Technik überwacht und analysiert werden. Durch die lange Vorwarnzeit bei der Erkennung einer kritischen Zustandsänderung kann unmittelbar auf einen hohen Verschleiß oder auf zu starke Belastungen reagiert werden. Somit kann der wirtschaftliche Betrieb der Anlagen und Maschinen gesichert werden und eine höhere Produktivität, durch eine ungestörte und gleichmäßige Produktion garantiert werden. Kosten für den Anlagenbetreiber können minimiert und die Effizienz der Produktion deutlich gesteigert werden.

Ein weiteres großes Anwendungsgebiet für computergestützte Monitoring Anwendungen betrifft den Bereich des Bauwesens (Structural Health Monitoring), da Bauwerke ständig Umgebungseinflüssen ausgesetzt sind. Diese Einflüsse regen die Bauwerke (insgesamt oder Teile davon) zu meist unerwünschten und schädlichen Schwingungen an. Die frühzeitige Erkennung von kritischen Zustandsänderungen ist hier aus Wartungs- aber auch aus sicherheitskritischer Sicht notwendig.

Neben der Zustandsüberwachung von Anlagen und Maschinen spielt die computerbasierte Qualitätssicherung innerhalb der Produktion eine immer größere Rolle. Hierdurch kann eine gleichbleibende Produktionsqualität in der Serienfertigung sichergestellt werden und sogenannte „Schlechtteile“ während des Produktionsprozesses erkannt und automatisiert entsorgt werden.

2. Problemanalyse

Im Bereich des Online Condition Monitoring, aber auch beim Structural Health Monitoring spielen Prüfverfahren die eine zerstörungsfreie Prüfung mittels Schallemission (Körper-, Luft- und Ultraschall) vornehmen eine besonders große Rolle. Das Messprinzip der Schallemissionsprüfung basiert auf der Detektion dynamischer Verschiebungen im Nanometer-Bereich an der Oberfläche des Prüfobjekts, welche durch akustische Wellen erzeugt werden. Diese Wellen entstehen aus kurzzeitigen, transienten, meist irreversiblen Ereignissen, die bei plötzlichen Spannungsänderungen im Werkstoff auftreten und bewirken eine Wechseldruckanregung des Schallemissionssensors. Allgemein lassen sich über die Veränderung der Schallinformationen viele Informationen über den Anlagen- bzw. Maschinenzustand und simultan über die Prozessparameter gewinnen. Mittels der Schallinformationen können prozessbegleitend, mit sehr hoher Genauigkeit, unter rauen Umgebungsbedingungen und mit kostengünstiger Sensorik in Echtzeit zerstörungsfreie Prüfungen durchgeführt werden

3. Lösung

Ein automatisiertes und echtzeitfähiges Komplettsystem zum Online Condition und Structural Health Monitoring mittels Schallinformationen bietet die Software **wave**image monitoring. Zur Verwendung der Software in unterschiedlichsten Anwendungsbereichen, wird eine modular aufgebaute und an unterschiedlichste Problemstellungen modifizierbare Benutzeroberfläche (siehe Abbildung 1) zur Klassifikation mittels Schalldaten (Körper-, Luft- und Ultraschall) für die Optimierung von Instandhaltungs- und Qualitätssicherungsprozessen bereitgestellt. Zum Monitoring wird eine Signatur unter realen Betriebsbedingungen erstellt, welche die Schallantwort an möglicherweise mehreren Orten der entsprechenden Struktur mit einer dazu passenden Beschreibung des aktuellen Zustandes enthält. Die Auswahl der Merkmale und Sensoren zur Erzeugung der Signatur und die Festlegung der Klassen sind sehr problembezogen und können daher separat in der Software eingestellt werden.

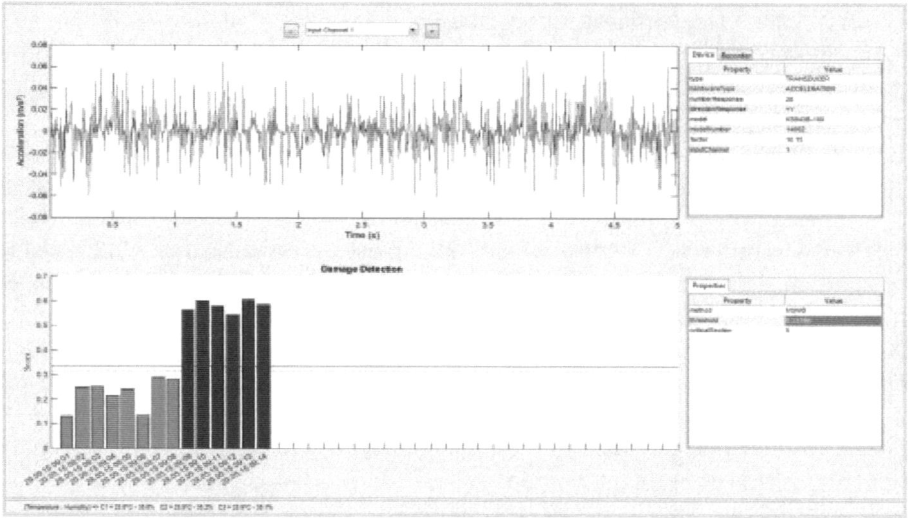

Abb. 1. Softwareoberfläche der Software **wave**image monitoring zum Condition Monitoring bzw. zur Qualitätssicherung – grün = kein Schaden und rot = Schaden

Um eine universale Anwendbarkeit für unterschiedlichste Anwendungen zu bieten, wurde ein Baukastensystem, bestehend aus 3 Komponenten, zur Klassifikation konzipiert. Die drei Komponenten sind in ihrer Bearbeitungsreihenfolge in Abbildung 2 aufgeführt. Durch den modularen Aufbau können die einzelnen Komponenten individuell nach den Anforderungen des Endkunden zusammengestellt werden. Der hier vorgestellte modulare Aufbau und die Vielfalt an diversen Verfahren der künstlichen Intelligenz und der Signalverarbeitung werden derzeit von keiner anderen Software am Markt erreicht.

Abb. 2. Ablaufschema zur Entwurfsphase des Klassifikators

Die Komponente der Merkmalsextraktion umfasst aktuelle Verfahren aus dem Bereich der Filterung (Hoch- bzw. Tiefpass oder Bandpass), Verfahren zur Rauschentfernung und zur Entfernung von Hintergrundgeräuschen. Die daran anschließende Komponente nutzt die vorverarbeiteten Zeitdaten zur Charakterisierung von signifikanten Merkmalen, die eine bestmögliche Trennung zwischen den Klassen ermöglicht. Dafür können sowohl Verfahren aus dem Zeitbereich (u.a. statistische Maße z.B.: Kurtosis und Skewness) oder Verfahren aus dem Frequenzbereich (Spektrum, Oktavspektrum, Terzspektrum, Spektrogramm, Skalogramm, Ordnungsspektrum) genutzt werden. Die ausgewählten Merkmale werden dann zur Konstruktion des Klassifikators genutzt (Ein- oder Mehrklassenklassifikator möglich). Zur Klassifikation werden folgende Verfahren angeboten:

- Support Vector Machines
- Hidden Markov Modelle
- Distanzbasierte Klassifikatoren (K-Means, Fuzzy-C-Means,Ellipsoid)
- Verteilungsbasierter Klassifikator (Bayes Klassifikator)
- Dichtebasierter Klassifikator (K-Nächste Nachbarn)

4. Anwendungen der Software waveimage monitoring

Mit der Entwicklung der Software **wave**image wurde im Jahre 2011 innerhalb des Projektes Vibr-Energy2 (ZIM-KF: KF2083602WD9), begonnen. In den folgenden Jahren konnte die Software in mehreren Forschungsprojekten: BaSnet (ZIM-KF: KF2083620KM3), BaMaVe (Inno-Kom-Ost: MF120130) und im laufenden Projekt UMKlaD (01IS15051C) weiterentwickelt und in realen Anwendungen validiert werden. Die Software **wave**image monitoring wurde bereits an mehreren für die Praxis relevanten Fragestellungen (sowohl beim Monitoring von Maschinen, als auch Bauwerken) validiert und weiterentwickelt.

Einige dieser Anwendungen sollen im Folgenden näher erläutert werden. Neben den in diesem Antrag vorgestellten Praxisbeispielen wurde die Software **wave**image monitoring auch bei anderen industriellen Problemstellungen angewendet. Diese Anwendungen betreffen vor allem die Erkennung von Veränderungen bzw. Schäden an Bauwerken mittels Körperschallsensoren. Darüber hinaus sind diverse weitere Anwendungen im Jahr 2017 vorgesehen.

4.1 Anrisserkennung mechanisch gefügter Proben unter zyklischer Belastung

Zur Bestimmung der Schwingfestigkeit eines Werkstoffs, Bauteils oder einer Fügeverbindung werden Dauerschwingversuche (Wöhlerversuche) durchgeführt. Im Maschinenbau stellt der Wöhlerversuch ein zentrales Hilfsmittel für die Berechnung und den Nachweis von Dauerfestigkeit und Betriebsfestigkeit dar. Aber auch in der Automobilindustrie werden mit Wöhlerversuchen eingesetzte Fügeverbindungen auf mehreren Lasthorizonten geprüft, um damit die Dauerfestigkeit der gesamten Karosserie zu bestimmen. Der Versuch läuft bis ein definiertes Versagen (Anriss oder Bruch) eintritt oder eine festgelegte Anzahl Schwingungen (auch Grenzspielzahl) überstanden wird. Hierfür wird die Probe meist mit einer sinusförmigen Beanspruchungsfunktion (Resonanzpulser) belastet. Derzeit ist eine Erkennung des Anrissverhaltens von gefügten Proben im Wöhlerversuch nicht detailliert möglich.

Eine detaillierte Rissauswertung (Anrisserkennung) kann daher aktuell nur durch eine zerstörende Prüfung (metallographische Untersuchung) nach dem Versuch geschehen. Aus diesem Grunde wird zur Detektion des Versagens und dem damit verbundenen Abschalten der Anlage, aktuell ein starker Frequenzabfall beim Resonanzpulser angenommen. Diese Aktion erfolgt aber erst deutlich nach dem Auftreten des Anrisses (mehrere Minuten möglich) und zeitgleich mit dem kompletten Bruch der Probe. Aus Sicherheitsgründen wäre die Detektion des Anrisses wichtig, da ab diesem Zeitpunkt das Versagen der Fügeverbindung schon begonnen hat.

Zur frühzeitigen Online-Anrisserkennung bei Schwingfestigkeitsuntersuchungen wurde zusammen mit dem Laboratorium für Werkstoff- und Fügetechnik der Universität Paderborn eine Voruntersuchung zur Anrisserkennung an einem in der Praxis eingesetzten Resonanzprüfsystem vorgenommen. Im Rahmen der Voruntersuchung wurden zwei Verbindungen getestet (Stahl/Stahl- und Stahl/Alu-Verbindung). Zum Fügen wurde ein mechanisches Fügeverfahren (Halbhohlstanzniet) ausgewählt. Zur Detektion des Schadens wurden ein triaxialer Beschleunigungssensor und ein Messmikrofon eingesetzt (Aufbau der Messung siehe Abbildung 3).

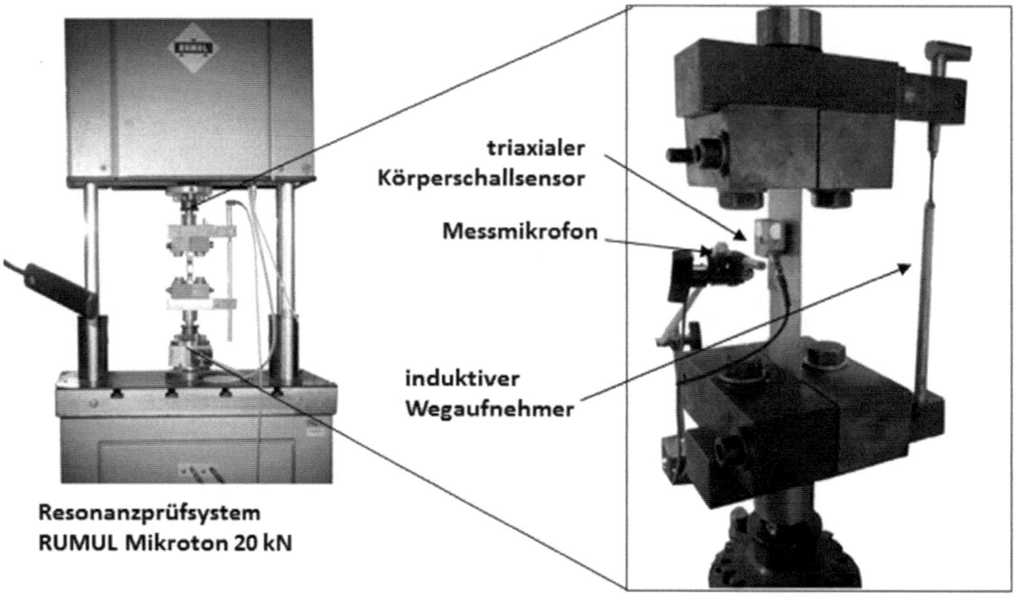

Abb. 3. Versuchsaufbau zur Anrisserkennung bei Dauerschwingversuchen mit der Software **wave**image monitoring im Laboratorium für Werkstoff- und Fügetechnik der Universität Paderborn

Die Auswertung der Sensorsignale (insbesondere der Körperschallsensoren) war sehr vielversprechend. Zur Klassifikation wurde die Veränderung der durchschnittlichen Kohärenzfunktion (Maß für den Grad der linearen Abhängigkeit zweier Zeitsignale über der Frequenz) zwischen einem Zeitabschnitt (10 Sekunden Ausschnitt aus dem Gesamtsignal) und signifikanten Zeitabschnitten, die keinen Schaden aufweisen, gewählt.

Eine Kohärenz von 1 bedeutet eine vollständige Ähnlichkeit in dieser Frequenz und eine Kohärenz von 0 bedeutet eine vollständige Unähnlichkeit in dieser Frequenz. Bei einer Kohärenz < 0.3 in der Mehrzahl der Frequenzen, wurde eine Veränderung des Schwingungszustandes angenommen.

Durch diese Methodik konnte das Gesamtzeitsignal (Wöhlerversuch) in vier Klassen unterteilt werden:

1. Einschwingen der Verbindung
2. Prüffrequenz erreicht, kein Schaden,
3. Deformation der Fügeteile (Werkstoffverformung),
4. Anriss eines der Fügeteile

Innerhalb einer Klasse befinden sich ausschließlich Zeitabschnitte die eine ähnliche Kohärenz aufweisen. Die Auswertung ist in Abbildung 4 und 5 zu sehen.

Die Auswertung der Mikrofondaten ergaben eine spätere Erkennung des Anrisses und eine schlechtere Trennbarkeit der weiteren Zustände (1-3) gegenüber dem Einsatz mit einem Beschleunigungsaufnehmer (Körperschall).

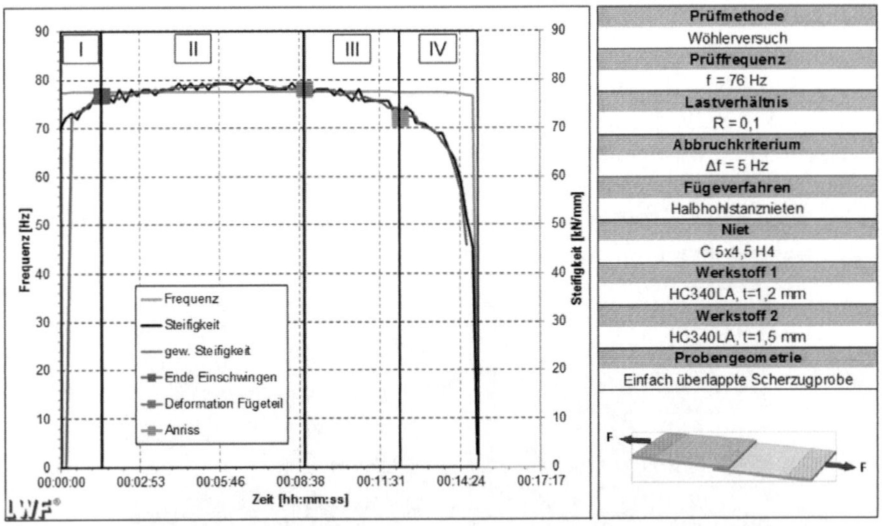

Abb. 4. Darstellung eines Wöhlerversuches -- Differenz zwischen Frequenzabfall (klassisches Abschaltkriterium) und erstem Hinweis auf Versagen (deutliche Kohärenzveränderung im Bereich IV)

Diese Charakteristik konnte über mehrere Messungen reproduzierbar ermittelt werden. Die Erkenntnisse dieser Voruntersuchungen zeigen, dass die Erkennung von unterschiedlichen Zuständen während des Wöhlerversuches im Kurzfestigkeitsbereich mit Hilfe der eingesetzten Schallsensorik möglich ist. Diese genaue Zustandsanalyse und besonders die wahrscheinliche Detektion des Anrisses gehen weit über den aktuellen Stand der Technik hinaus. Die Weiterentwicklung dieser Methodik soll in Kooperation mit dem LWF Paderborn in einem IGF-Projekt erfolgen. Ein dementsprechender Antrag befindet sich aktuell in Bearbeitung.

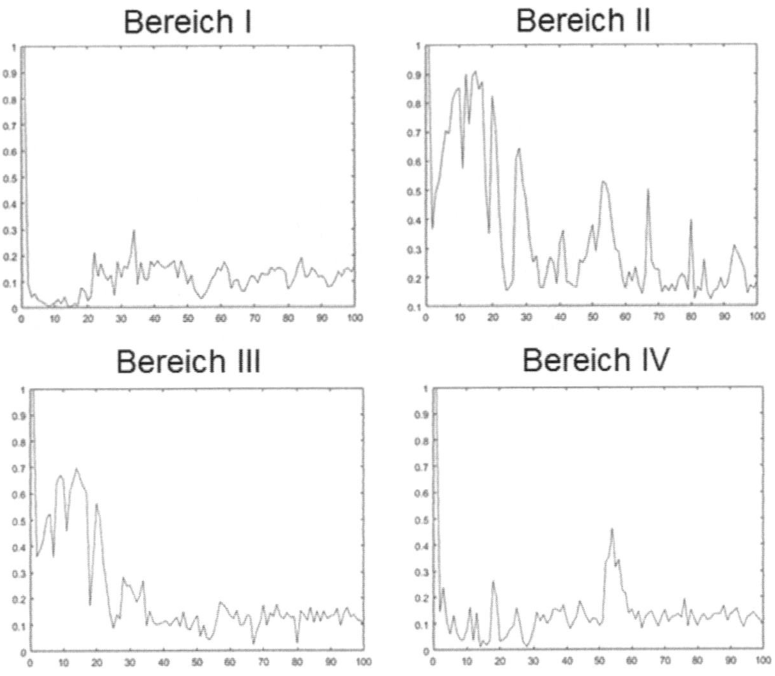

Abb. 5. Kohärenzfunktionen im Bereich 1 bis 100 Hz von Vertretern der einzelnen Klassen: Bereich 1 = Einschwingen der Verbindung, Bereich 2 = kein Schaden und Prüffrequenz erreicht, Bereich 3 = wahrscheinlich Deformation der Fügeteile (Werkstoffverformung), Bereich 4 = wahrscheinlich Anriss

4.2 Erkennung von Lagerschäden

Die frühzeitige Schadenserkennung an Wälzlagern wurde zusammen mit der Firma Sonotec Ultraschallsensorik Halle GmbH untersucht. Wälzlager werden z.B. in Pumpen, Werkzeugmaschinen, Maschinen und vielen Anlagen in großer Anzahl eingesetzt. Innerhalb der Messungen wurden in einem Messaufbau der Firma Sonotec (siehe Abbildung 6) die Wälz- bzw. Kugellager über einen Motor und unter verschiedenen Drehzahlen in Betrieb genommen.

Abb. 6. Messaufbau zur Detektion der Lagerschäden

Für die Analyse wurden vier Schadensklassen (siehe Abbildung 7) erzeugt und im laufenden Betrieb untersucht.

Kerbe Innenring (C1)	Kerbe Außenring (C2)	Kerbe Innen-/ Außenring (C3)	Kerbe an der Kugel (C4)

Abb. 7. vier unterschiedliche Klassen von Lagerschäden (bereitgestellt durch die Firma Sonotec)

Zur Messung wurden an einem intakten und an einem geschädigten Kugellager Ultraschallsensoren der Firma Sonotec befestigt und unter den Drehzahlen 10Hz, 20Hz sowie 30Hz betrachtet. Die Zeitdaten wurden mit einer Abtastrate von 250kHz für jeweils 10 Sekunden aufgenommen. Für jede Schadensklasse wurden insgesamt 20 Datensätze aufgezeichnet. Für die Erstellung der Merkmalsvektoren wurde ein Spektrogramm erzeugt, sodass sowohl die Abhängigkeiten im Frequenz- als auch im Zeitbereich kombiniert werden konnten. Dabei wurde der Frequenzbereich auf 1 bis 20kHz reduziert, da sich in den höheren Bereichen keine signifikanten Änderungen abzeichnen. Anschließend wurde das Frequenzband für jeden Zeitschritt des Spektrogramms aufaddiert. Der entstandene Vektor (siehe Abbildung 8) wurde zur Klassifikation herangezogen. Als Klassifikator wurde das K-Means-Verfahren genutzt. Dabei werden die Merkmalsvektoren in Cluster aufgeteilt und nur durch deren Centroide repräsentiert. Die Daten werden dann überwacht (mit konkreter Klassenzuordnung) oder unüberwacht (ohne konkrete Klassenzuordnung) gruppiert. Da zur Klassifikation nur die Repräsentanten genutzt werden, ergibt sich ein enormer Geschwindigkeits- und Speichervorteil für die Onlineklassifikation gegenüber anderen Klassifikationsverfahren. Für den Praxiseinsatz wird als Vorverarbeitungsschritt eine Ordnungsanalyse mit einem Hochlauf des eingesetzten Motors durchgeführt. Damit werden nur Frequenzen als Merkmale identifiziert, die drehzahlunabhängig sind. Die verbleibenden Frequenzbänder werden vernachlässigt. Die Ergebnisse der Untersuchungen sind sehr vielversprechend und lassen einen Industrieeinsatz zu.

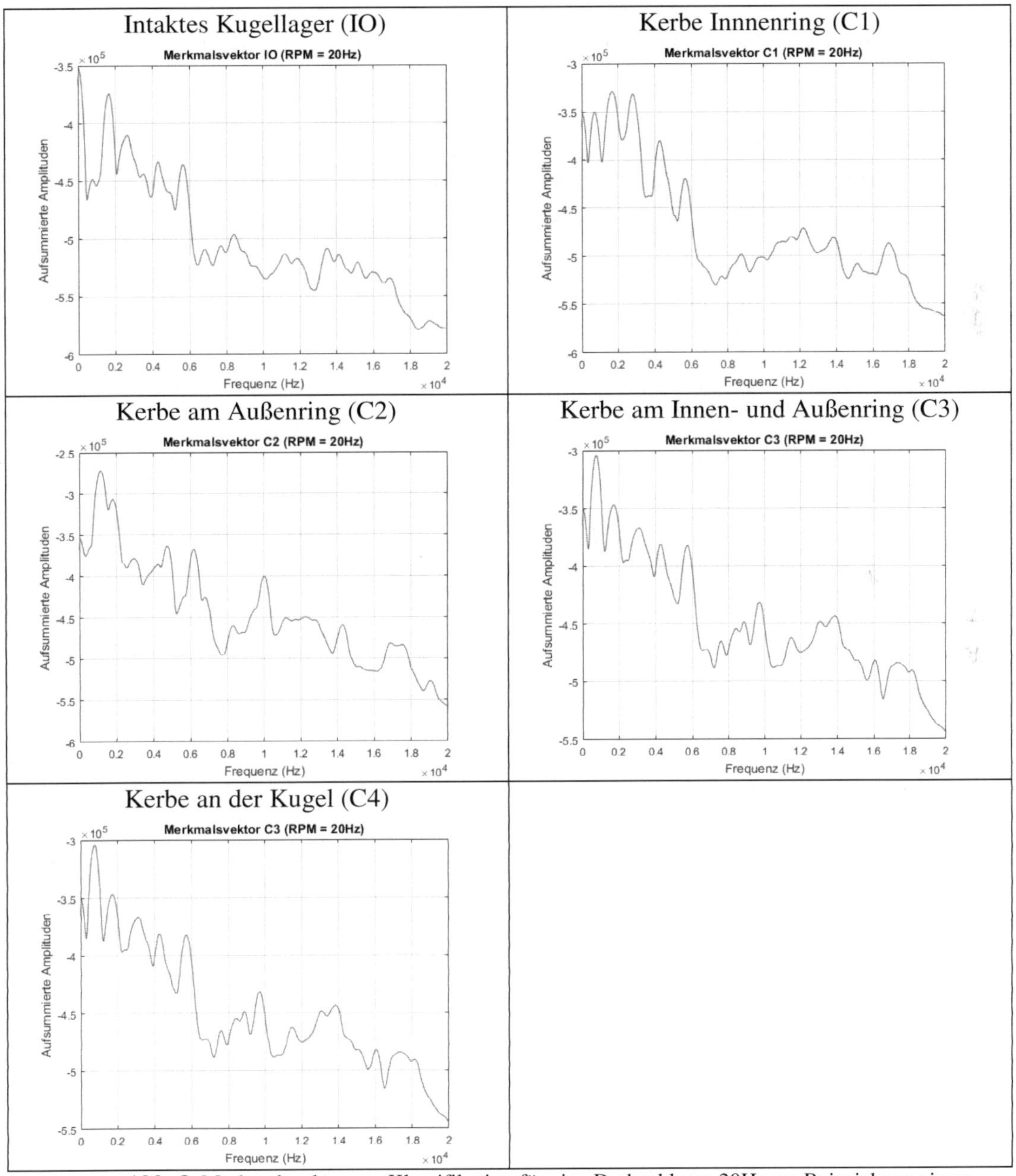

Abb. 8. Merkmalsvektor zur Klassifikation für eine Drehzahl von 20Hz am Beispiel von einem intakten und vier verschieden geschädigten Kugellagern

Absolute AE-Sensorkalibrierung ohne großen Transferblock

Hartmut VALLEN [1]
[1] Vallen Systeme GmbH, Schäftlarner Weg 26A, 82057 Icking
Kontakt E-Mail: hartmut@vallen.de

Kurzfassung. Der Beitrag rekapituliert die schwerwiegenden Begrenzungen des Standards ASTM E 1106 (primäre AE Sensorkalibrierung), erläutert die bei AE Sensorherstellern gängige Methode der Sensorverifikation in Direktkopplung und zählt deren Vor- und Nachteile auf.

Dann erläutert der Beitrag einen Vorschlag für eine alternative Methode einer absoluten Sensorkalibrierung, ebenfalls in Direktkopplung, welche das Potential hat, sowohl die Begrenzungen der Kalibrierung nach ASTM E1106 als auch die Schwächen der aktuell genutzten Direktkopplungsmethode zu überwinden:

Ein breitbandiger „Transmitterimpuls" stimuliert über einen „Transmitter"-Sensor (mit möglichst flacher Sende-Transferfunktion) eine reproduzierbare Anregung des direkt angekoppelten Prüflings. Der Beitrag erläutert, wie aus der FFT der Prüflingsantwort und des Transmitterimpulses, und einem absolut kalibrierten Referenzspektrum, die Empfangs-Transferfunktion eines Prüflings in absoluten Einheiten von zB V/nm ermittelt werden kann. Allerdings ist die erzielte Genauigkeit noch nicht befriedigend. Die Methode befindet sich noch in Entwicklung. Wir sehen Potential für Verbesserungen, die wir erschließen wollen, bevor wir die Methode industriell einsetzen und unseren Kunden emfehlen können. Dieser Beitrag ist ein Zwischenbericht.

1. Einführung

Der Standard ASTM E 1106 ist die in der westlichen Welt anerkannte Norm für eine absolute Schallemissions- (AE-) Sensorkalibrierung. Sie wurde 2012 dem neusten Stand des Prototypenaufbaus beim National Institute of Standards and Technology (NIST) der USA angepasst.

Dieser Standard beinhaltet Begrenzungen, die nachfolgend mit Bx identifiziert werden, und deren möglichst umfassende Überwindung Ziel der Entwicklung eines alternativen Kalibrieraufbaus ist:

B1: Größe (0,9 m D x 0,43 m H) und Gewicht (2 t) des Transferblocks ist nicht praxistauglich.

B2: Die Aufnahme der Reighlaywelle ist immer vom Apertureffekt beeinflusst. Das Kalibrierergebnis ist nicht für Wellen gültig, die an der Position des Sensors aus dem Volumen eines Prüfobjekts heraustreten.

B3: Nach Kapitel 4.2 beträgt der nutzbare Frequenzbereich 100 kHz – 1 MHz, die Frequenzauflösung der FFT etwa 10 kHz. Niederfrequente Sensoren, zB für die Tankbodenprüfung, können mit diesem Aufbau nicht befriedigend kalibriert werden. Schmalbandige Einbrüche können bei der groben Auflösung unentdeckt bleiben.

Abb. 1. NIST Transferblock, Gewicht: 2 Tonnen

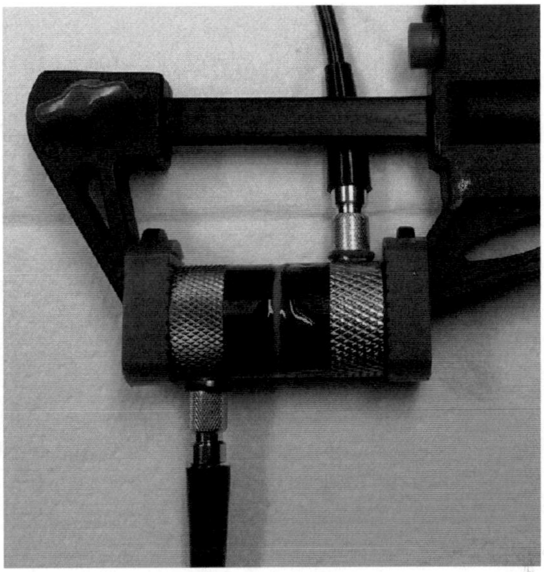

Abb. 2. Transmitter und Receiver in Direktkopplung

2. Relative Sensor-Charakterisierung mit der Direktkopplungsmethode

Dieses Kapitel beschreibt grob den Aufbau, den die meisten Hersteller von AE Sensoren für die Sensorverifikation verwenden:

Ein Ultraschallsensor (T) wird direkt an die sensitive Fläche des zu verifizierenden AE Sensors (SUT) akustisch angekoppelt, unterstützt durch eine sehr dünne Koppelmittelschicht (z.B. Fahrrad-Öl oder Handmilch).

Der US wird mit einem Sinussignal einer Startfrequenz angeregt, was eine sinusförmige Bewegung (displacement) an der sensitiven Fläche des SUT und ein Sensorausgangssignal erzeugt, dessen RMS Wert gespeichert wird. Die Frequenz wird stufenweise erhöht. So entsteht eine „Volt vs. kHz" Tabelle. Die RMS-Werte werden in dB_{AE} umgerechnet und ein konstanter Offset addiert. Der Offset ist so bemessen, dass sich eine Tabelle „dB (mit Referenz auf 1 V/µbar) vs. Frequenz" ergibt. Der Offset wurde experimentell so bestimmt, dass die Ergebnisse unterschiedlicher Sensor-Hersteller vereinheitlicht sind.

Diese Charakterisierungsmethode weist gegenüber der Primärkalibrierung nach ASTM E 1106 folgende **Vorteile** auf:

V1: Geringe Kosten, es wird nur ein Funktionsgenerator, der Ultraschallsensor und eine Software für das ohnehin vorhandene AE System benötigt.

V2: Sehr viel einfacher zu handhaben.

V3: Sehr genau reproduzierbar. Der Einflussfaktor des individuellen Glaskapillarenbruchs entfällt

V4: Es entsteht kein Apertureffekt.

V5: Auch niederfrequente Sensoren können damit verifiziert werden.

Die wesentlichen **Nachteile** sind:

N1: Die Referenz auf 1 V/µbar stammt aus der Hörakustik und ist sinnvoll, wenn sich der Schall über eine Druckwelle in Gas oder Flüssigkeit ausbreitet. Für die Messung von Oberflächenwellen von festen Körpern ist die Verschiebungsgeschwindigkeit mit

Referenz auf z.B. 1 V/(m/s) (Vs/m), oder die Verschiebung mit Referenz auf z.B. 1 V/nm, die physikalisch bessere Wahl. Die Referenz auf V/μbar liefert keine absolute Größe sondern nur relative Ergebnisse, z.B. für einen Neu gegen Alt-Vergleich. Burks & Hamstad [1] widmeten sich dieser Problematik im Detail

N2: Unterschiedliche Exemplare des gleichen Transmittertyps weisen oft Unterschiede in ihrer Transfercharakteristik auf. Dies führt dazu, dass die Verifikation eines SUT mit unterschiedlichen Transmitter-Exemplaren unterschiedliche Ergebnisse liefert.

3. Vorschlag für eine absolute Sensorkalibrierung mit der Direktkopplungsmethode

Der hier beschriebene Vorschlag wurde 2016 von K. Ono in [2] und [3] veröffentlich und basiert u.a. auf den grundlegenden Arbeiten von Hill in [4] und Hill & Adams in [5].

In [2] stellt Ono heraus, dass die Reziprozität, auf der die Kalibrierung nach [6] basiert, nicht in allen Fällen gegeben ist und verwendet daher das Modell, dass jeder piezoelektrische Sensor eine Sende-Charakteristik (z.B. in „nm Displacement pro Volt Anregung", im folgenden „Transmitter Funktion" (T) genannt) und eine Empfangs-Charakteristik (z.B. in „Volt Ausgangsspannung pro nm Anregung", im folgenden „Receiver Funktion" (R) genannt) aufweist. Dieses Modell ersetzt die Strommessung, die nach [5] (1) erforderlich wäre, da der Strom durch den Transmitter nur von der Spannung und dem Spektrum der Impedanz des Transmitters abhängt und der Einfluss der Impedanz in T berücksichtigt ist.

Wir hatten während des 23rd International Acoustic Emission Symposiums im Dez. 2016 in Kyoto die Gelegenheit, mit Prof. K. Ono die Messung mitgebrachter Sensorexemplare unter Verwendung von absolut kalibrierten Transmittern (Ultraschallsonden) zu begleiten. Deren absolute Kalibrierung basiert auf Laser-Interferometer Messungen, auf die [2] näher eingeht. Prof. Ono stellte uns dankenswerterweise die Receiver Funktionen der in Kyoto vermessenen Sensoren in dB, bezogen auf 1 nm pro Volt Anregung, zur Verfügung.

Unser Ziel war es zunächst, den Vorschlag mit eigenen Messungen und Berechnungen zu verifizieren. Bei Bewährung wollen wir ihn zu einem industriell, aber auch von unseren Kunden einsetzbaren, Prüfaufbau weiterentwickeln. Das Ziel ist ambitiös, dies ist ein Zwischenbericht.

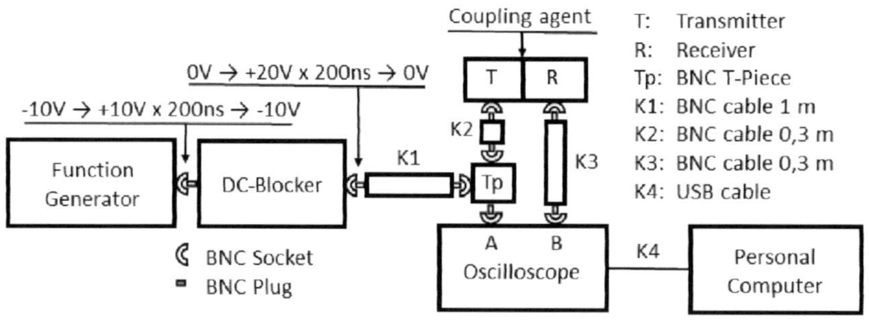

Abb. 3.: Prüfaufbau für die absolute Sensorkalibrierung in Direktkopplung

Abb. 3 zeigt unseren ersten Prüfaufbau. Der Funktionsgenerator (FG) vom Typ KEYSIGHT 33500B erzeugt im Intervall von 500 ms einen 200 ns langen +20V-Impuls. Dies erfordert allerdings einen -10V-Offset am Ausgang des FG, da dessen Spannungsbereich auf ±10 V begrenzt ist. Der DC-Blocker am FG-Ausgang, das ist ein geschirmter unpolarisierter 10μF Kondensator mit BNC Stecker auf einer Seite und BNC Buchse auf der anderen, entfernt den Offset und stellt den 20V-Impuls von 0V aus zur

Verfügung. Der Impuls gelangt über Kabel K1 und T-Stück Tp an Kanal A des USB-Oszilloskops vom Typ Picoscope 5442B. Vom T-Stück gelangt der Impuls auch über Kabel K2 zum Transmitter T, ein Ultraschallsensor (US) vom Typ V103 oder V101. T wandelt den elektrischen in einen mechanischen Impuls, der über ein dünnes Koppelmittel (Handmilch) den Receiver R anregt. Das Ausgangssignal von R gelangt über Kabel K3 an Kanal B des Oszilloscopes. Die vom Oscilloscope mit 500 MHz Abtastrate aufgenommenen Signale werden in CSV Dateien gespeichert. Je nach Dauer des Nachschwingens werden Datensätze von 5 bis 50 µs Länge (dies entspricht 2500 bis 25000 Abtastwerte) gebildet. Für die Gewinnung der FFT haben wir ein Softwaretool entwickelt, das über die Zwischenablage per Knopfdruck aus einem Zeitsignal eine FFT erzeugt. Dabei werden beliebig lange Eingangsdaten im Zeitbereich mit Nullen auf 256 K (262144 dezimal) Abtastwerte verlängert. Es ergibt sich eine Frequenzauflösung von 1,90735 kHz (500 MHz/262166 Abtastwerte). Der Bediener kopiert jedes Spektrum bis zu einer definierbaren Obergrenze, normalerweise 2 MHz, aus der Zwischenablage in eine beliebige XLS-Spalte, wo sie mit EXCEL weiterverarbeitet werden.

Basis unseres weiteren Vorgehens ist Gleichung (1) in [3], die wir etwas umbenennen:

$$U = R \times T \times P \qquad (1)$$

mit:

U das vom Receiver ausgegebene Frequenzspektrum in mV, gemessen am Kanal B, z.B. Abb. 6,

R die Receiver Funktion des Receivers in V/nm, z.B. Abb. 4,

T die Transmitter Funktion des Transmitters in nm/V,

P das Spektrum des Pulses am Transmitter Eingang, z.B. Abb. 5,
Da von 4 Variablen 3 bekannt sind, erscheint die Aufgabe einfach:
Um T in „nm pro Volt Anregung" zu erhalten, gilt: T = U / (R x P).
Um R in „Volt pro nm Verschiebung" zu erhalten, gilt: R = U / (T x P).

Für die in dB skalierten Spektren für R und T gilt:
R = U - P - T, T = U - P - R,

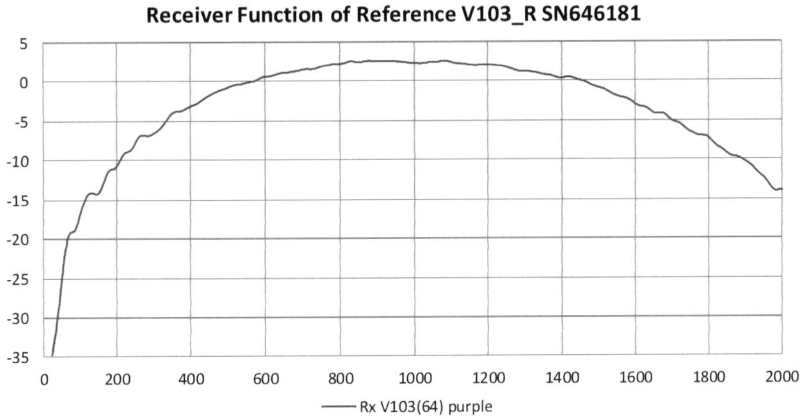

Abb. 4. Receiver Funktion des Referenzsensors Typ V103 SN646181 in dB, bezogen auf 1 V/nm; von Prof. K. Ono bereitgestellt.

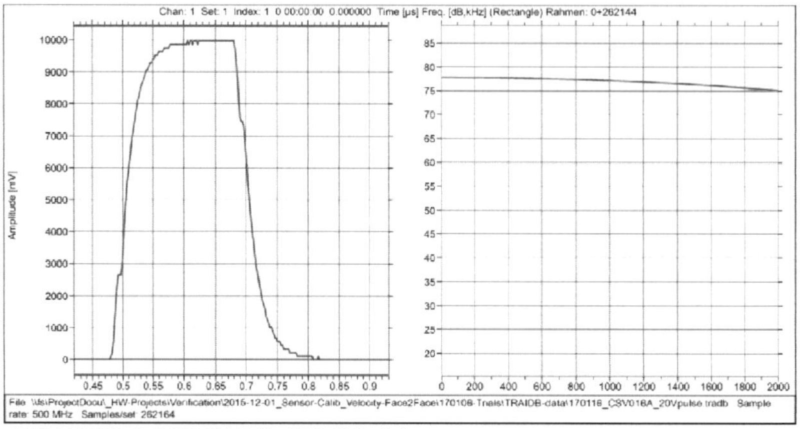

CSV 016, 8Bit 20V pulse * 0.5 (add 6.02 dB to FFT for 20 V pulse)

Abb. 5. Zeitsignal (links) und Spektrum (rechts) des Pulses am angeschlossenen Transmitter Typ V103 SN 646181, gemessen vom Oszilloskop Kanal A und importiert in Vallen VisualTR (VTR). Da die VTR-Software nur Signale im Bereich ±10 V verarbeiten kann, wurde der 20 V-Impuls digital halbiert. Zu jenem Zeitpunkt war das erwähnte FFT Tool noch nicht entwickelt, d.h. wir mussten die FFT mit VisualTR berechnen.

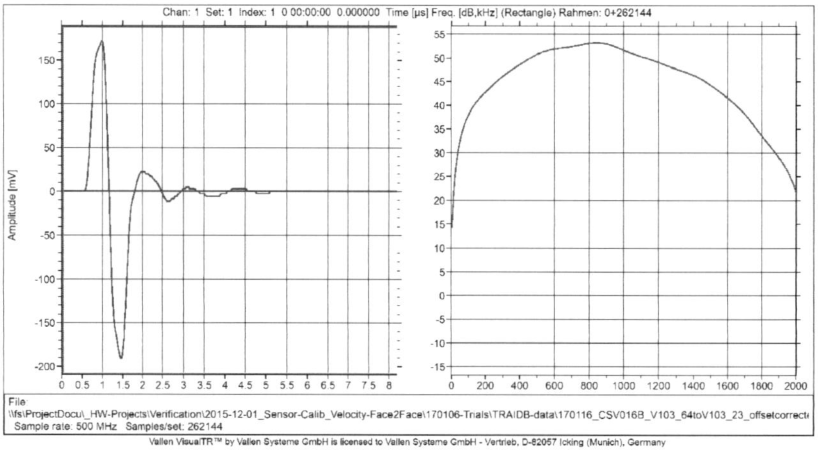

Abb. 6. Ausgangssignal und Spektrum des Receivers Typ V103 SN232120, angeregt vom Transmitter V103 SN 646181, digital halbiert.

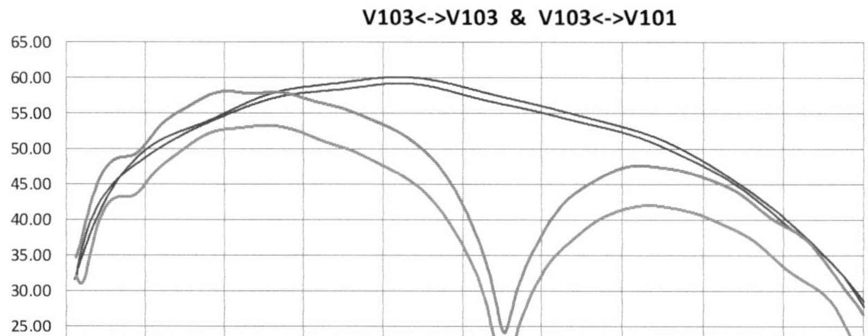

Abb. 7. Gemessene Ausgangssignale unterschiedlicher Sensor-Paare.

Die violette und rote Kurve in Abb. 7 stammen von einem Paar Sensoren gleichen Typs V103. „23<64" in der Legende für die violette Kurve bedeutet, dass der V103 SN23... der Receiver und V103 SN 64.. der Transmitter war.

Die orange und blaue Kurve stammen von einem Paar Sensoren unterschiedlichen Typs, V103 und V101. Die sensitive Fläche des V101 ist etwa doppelt so groß wie die des V103. Insofern leuchtet ein, dass V103 vom größeren V101 ein stärkeres Signal bekommt (hellblaue Kurve) als V101 vom kleineren V103 (orange Kurve). Dies bedeutet, dass R korrigiert werden muss, wenn ein Transmitter eine kleinere aktive Fläche aufweist als der Receiver.

Erfahrungsgemäß können Transmitter Funktionen der US-Sensoren um mehrere dB voneinander abweichen. Wir konnten bisher keine Korrekturkurven etablieren, die für alle Sensormodelle befriedigend funktionieren. Die beschriebene Methode soll auch dieses Problem lösen, indem die Transmitter Funktion vom gemessenen Empfangsspektrum subtrahiert wird. Das folgende Beispiel zeigt den Effekt der Korrektur an einem sehr extremen Fall, bei dem probeweise zwei unterschiedliche US-Modelle den gleichen SUT, einen VS150 stimulieren. Abb. 8 zeigt die zwei nicht korrigierten Spektren des selben Sensors VS150-M, rot mit Transmitter V103 SN 64..r und blau mit V101 stimuliert.

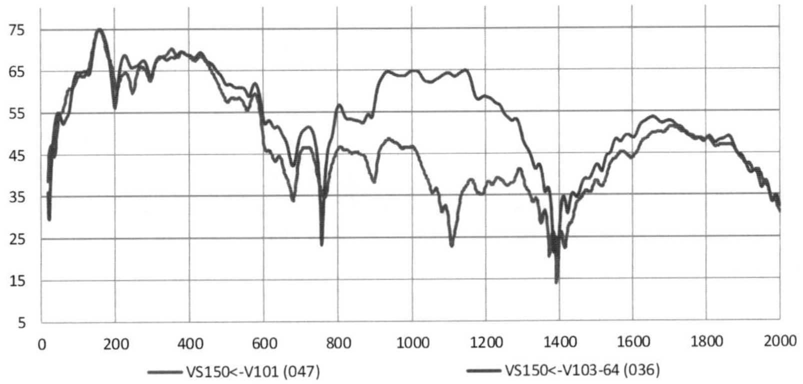

Abb. 8. Gemessenes Spektrum am Ausgang des selben Receivers bei Anregung durch zwei Transmitter von unterschiedlichem Typ, rot: V103, blau: V101.

Wir haben die Transmitter Funktionen der drei beteiligten Transmitter (zwei V103 und ein V101) gemäß Formel 1 berechnet. Sie sind in Abb, 9 dargestellt. Der Einbruch des V101 bei 1.1 MHz erklärt die großen Abweichungen in Abb. 8, ca 800-1300 kHz..

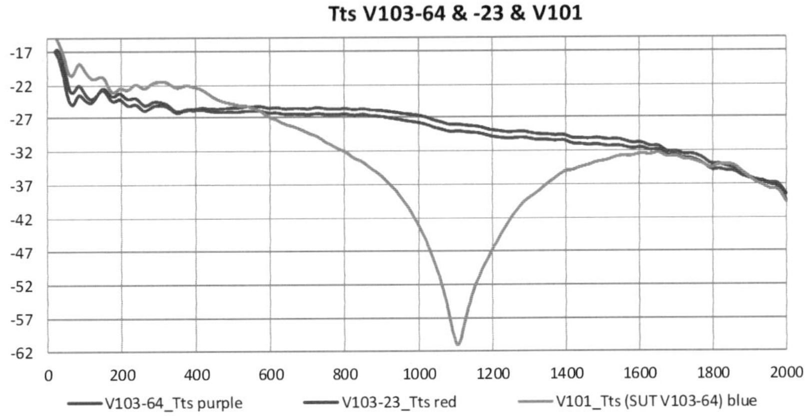

Abb. 9. Errechnete Transmitter Funktionen für zwei US Sensoren V103 und einen V101

Um die absoluten R Funktionen aus den Kurven in Abb, 8 zu erhalten, subtrahierten wir das Spektrum des Impulses und die in Abb. 4 dargestellte R-Funktion des V103. Abb. 10 zeigt das Ergebnis in der absoluten Einheit von dB relativ zu 1V/nm.

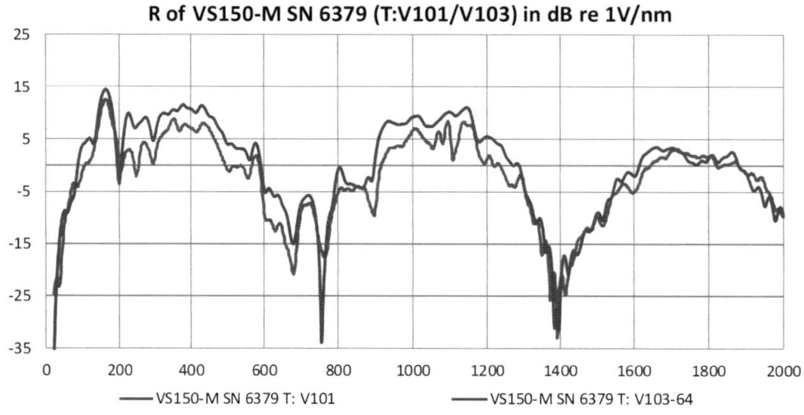

Abb. 10. Errechnete absolute R-Funktion des VS150-M SN 6379 aus dessen Kurven in Abb. 8

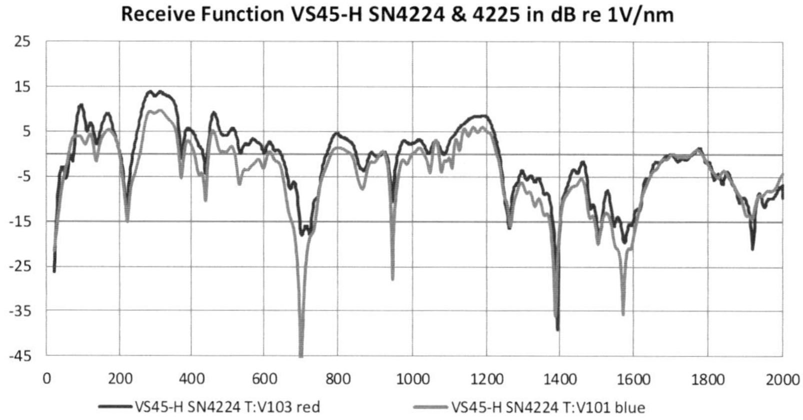

Abb. 11: Errechnete absolute R-Funktionen eines Sensors VS45H, gepulst mit V103 SN 64 (rot) und V101 (blau).

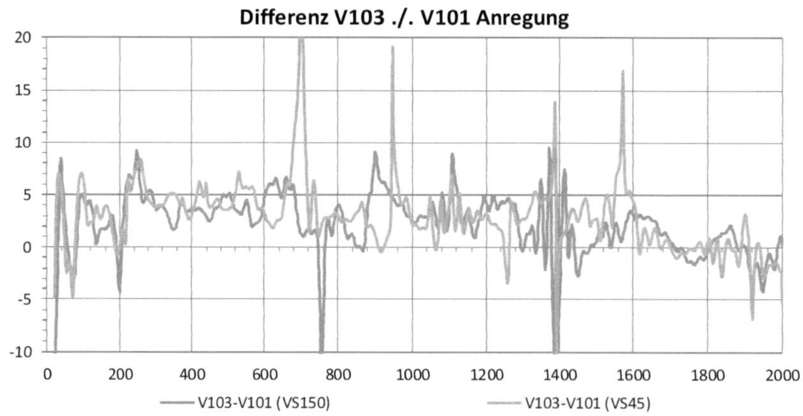

Abb. 12. Differenz der Receiver Ausgänge bei Anregung durch V103 und V101. Grau: für SUT VS150, gelb: für VS45.

Für einen zweiten Fall führten wir das Prozedere auch für einen VS45 durch, siehe Abb. 11. Wir errechneten die Differenzen zwischen Messungen, gepulst mit V103 und V101, siehe Abb. 12. Das Ergebnis ist bemerkenswert: Erstaunlich gut finden wir die Kompensation des scharfen Einbruchs der V101 Transfer Funktion bei 1,1 MHz. Die Abweichungen von 3 dB bis etwa 6 dB im Bereich von etwa 300 bis 650 kHz erklären sich uns noch nicht. Auch die großen Abweichungen an den negativen Umkehrpunkten, z.B. bei 700 kHz des VS45H Spektrums oder bei 750 kHz des VS150M Spektrum hätten wir so stark nicht erwartet.

In der Praxis sollte nie gestattet sein, einen V103 durch V101 zu ersetzen. Wir setzen V101 nur für unsere niederfrequentesten Sensoren (VS30 und VS75) ein. Wir müssen nun davon ausgehen, dass die errechnete Transferfunktion nicht mit der Realität übereinstimmt. Wir vermuten, die relativ großen Abweichungen kommen zustande, weil wir in Anlehnung an [2] die Transferfunktionen relativ zur Transmitterspannung, statt zum Transmitterstrom, anwenden. Die Spannung am Piezoelement ist zwar die treibende Kraft für den Umladestrom. Es ist aber der Strom, der die Kapazität des Piezoelements umlädt, nicht die Spannung. Auch [4] weist darauf hin, dass der Strom zu messen ist und dass sich die Verschiebungsgeschwindigkeit proportional zur Amplitude des Stroms durch den Sensor verhält.

Wir haben bereits die Strommessung in unseren Prüfaufbau implementiert und hoffen, bis zum Beginn des Kolloquiums mehr dazu berichten zu können.

Referenzen

[1] Burks, B; Hamstad, M.A.; An Experimental-numerical Investigation of the Face-to-face Sensor Characterization Technique. *Mat Eval.* 2015, 73, 414—423.

[2] Ono, Kanji; Calibration Methods of Acoustic Emission Sensors. *Materials* 2016, 9.

[3] Ono, Kanji; On Acoustic Emission Sensor Characterization. *Progress in Acoustic Emission XVIII,* Proc. 23rd Int'l Acoustic Emission Symposium, 2016, pp. 505-514

[4] Hill, Roger; Reiprocity and other acoustic emission transducer calibration techniques, *J.Acoust. Emission* 1982, 1, 73-80

[5] Hill, R.; Adams, N.L.; Reinterpretation of the Reciprocity Theorem for the Calibration of Acoustic Emission transducers operating on a Solid. *J.Acoust. Emission* 1979, 43, 305-312

[6] ISO TC135 SC9; ISO/TR 13115 Non-destructive Testing – Methods for absolute calibration of acoustic emission transducers by the reciprocity technique

Kontinuierliche und Wiederkehrende Prüfung von Schallemissionssensoren

Markus G.R. SAUSE [1], Stefan SCHMITT [1], Philipp POTSTADA [1]
[1] Universität Augsburg, Institut für Materials Resource Management, Mechanical Engineering, Augsburg

E-Mail: markus.sause@mrm.uni-augsburg.de

Kurzfassung. In vielen Anwendungsbereichen der Schallemission kann es bei der Prüfung zu einer nachhaltigen Veränderung der Sensorcharakteristik kommen. Dies kann durch mechanische Beschädigung, thermische Belastung oder Verwendung unter aggressiven Umweltbedingungen geschehen. Unabhängig von visuell prüfbaren Beschädigungen der Sensoren kann es dabei zu einer Verschiebung der spektralen Empfindlichkeit, einer Verringerung der absoluten Empfindlichkeit oder einer Erniedrigung des Signal-Rausch Verhältnis kommen. Bei der Prüfung erfordert dies eine Möglichkeit zur periodischen Überprüfung der Sensoren inklusive der verwendeten Koppelhilfsmittel. Für die wiederkehrende Prüfung finden sich entsprechende Handlungsempfehlungen in der Richtlinie SE 02 „Verifizierung von Schallemissionssensoren und ihrer Ankopplung im Labor". Dieser Beitrag diskutiert Möglichkeiten zur kontinuierlichen Überwachung der Sensoren während der Prüfung und präsentiert ein Anwendungsbeispiel zur teilautomatisierten wiederkehrenden Prüfung von Schallemissionssensoren unter Anwendung der Richtlinie SE 02. Hierzu wurde ein Teststand für die Zuführung der zu prüfenden Sensoren konstruiert und die Signalaufzeichnung und Datenreduktion in entsprechenden frei verfügbaren Softwareprogrammen umgesetzt. Anhand ausgewählter Fallbeispiele wird die Funktionsweise demonstriert.

1. Einführung

Abhängig von der Zielanwendung der Schallemission (SE) kann es dazu kommen, dass die verwendeten Sensoren bei der Benutzung beschädigt werden. Dies kann durch mechanische Einwirkung, aber auch aufgrund des Auftretens von thermischen Lasten, der Benutzung unter aggressiven oder korrosiven Medien sowie durch radioaktive Strahlung geschehen. Zur sicheren Interpretation der aufgezeichneten Schallemission ist es daher notwendig, im Betrieb, sowie vor der Wiederverwendung von SE-Sensoren eine Prüfung der Funktionsfähigkeit durchzuführen. Während die Prüfung im Betrieb üblicherweise im eingebauten Zustand an einem Prüfobjekt stattfindet, ist für die wiederkehrende Prüfung üblicherweise ein (Labor-) Prüfstand vorgesehen. In beiden Fällen ist das Ziel die **Prüfung** des aktuellen Zustands relativ zum Ursprungszustand. Eine entsprechende Empfehlung für die Vorgehensweise zur wiederkehrenden Prüfung wurde durch die Richtlinie SE 02 „Verifizierung von Schallemissionssensoren und ihrer Ankopplung im Labor" erarbeitet.

Im Unterschied hierzu handelt es sich bei der **Kalibrierung** von SE-Sensoren um eine Herangehensweise zur Ermittlung der spektralen Sensitivität des SE-Sensors bezogen auf eine Referenzgröße. Als Verfahrend der Primärkalibrierung stehen derzeit nur die ASTM E 1106 und die Reziprozitätsmethode nach CEN-ISO/TR 13115:2011 (bzw. NDIS 2109) zur

Verfügung. Eine entsprechende Norm für die Sekundärkalibrierung stellt die ASTM E1781M-13 dar. Alle diese Herangehensweisen haben dabei zum Ziel, die spektrale Sensitivität quantitativ zu erfassen (z.B. in V/m oder Vs/m). Dennoch ist insbesondere die Gültigkeit der Reziprozitätsmethode aktuell Gegenstand kontroverser wissenschaftlicher Diskussionen [1,2]. Für praktische Belange ist die Relevanz der absoluten spektrale Sensitivität ebenfalls Gegenstand von Diskussionen, zumal diese nicht sensorspezifisch ist, sondern für jedes Prüfmedium separat zu bestimmen ist [3,4]. Dies liegt im Wesentlichen an der Ausbildung eines elektromechanisch gekoppelten Systems von SE-Sensor und Prüfmedium, sowie am akustischen Impedanzunterschied von Sensoroberfläche und Prüfmedium.

Ziel dieses Beitrags ist es, eine praktische Umsetzung der Richtlinie SE 02 „Verifizierung von Schallemissionssensoren und ihrer Ankopplung im Labor" vorzustellen, welche eine teilautomatisierte Prüfung der SE-Sensoren zulässt. Dies ist insbesondere für hohe Sensorstückzahlen einer manuellen Prüfung vorzuziehen. Die in diesem Rahmen implementierte Software eignet sich darüber hinaus ebenfalls für die kontinuierliche Prüfung der SE-Sensoren im eingebauten Zustand am Prüfobjekt.

2. Experimenteller Aufbau

Für die wiederkehrende Prüfung von SE-Sensoren wurde ein modular nutzbarer Prüfstand umgesetzt, welcher in Abb. 1 dargestellt ist. Herzstück des Aufbaus ist ein 415 × 415 × 185 mm großer Aluminiumblock als Propagationsmedium. Zur Reduktion der Reflektionen von den Seitenflächen wurde der Block mittels eines Gemisches aus Wolframpartikeln und Epoxidharz vollflächig strukturiert.

Als Signalquelle für die Erzeugung von Schallwellen wird ein Arbiträrwellenformgenerator Agilent 33210A genutzt. Dieser legt einen Signalpuls mit 20 ns Anstiegszeit und 10 V_{pp} Maximalspannung an ein konisches PZT-Element, welches durch einen Messingzylinder gedämpft wird. Die in Abb. 1 dargestellte Geometrie entspricht der in [5] als optimal ermittelten Geometrie als SE-Sensor. Das PZT-Element wird als Sender betrieben und mit einer Rate von 50 Hz gepulst. Zur Gewährleistung gleichbleibender Ankopplung wurden die Übergänge mit elektrisch leitfähigen Klebern ausgeführt und ein Federmechanismus für den Ausgleich von thermischen und mechanisch induzierten Längenausdehnungen konzipiert.

Der zu prüfende SE-Sensor wird auf der gegenüberliegenden Seite zur Signalquelle befestigt. Das Koppelmittel wird mit einer Dosierspritze auf den Sensor gegeben. Für die mechanische Kopplung wurde ein doppelt geführter Federmechanismus konzipiert, welcher einen gleichbleibenden Anpressdruck des SE-Sensor gewährleistet. Die Zuführung zum Prüfblock geschieht über einen Spannhebel. Über eine Kunststoff-Passform wird der SE-Sensor elektrisch vom Haltersystem entkoppelt. Diese Passform kann zudem ausgetauscht werden, so dass der Prüfstand für beliebige Sensorbauformen verwendet werden kann. Die Signalaufzeichnung kann mit jedem Schallemissionssystem vorgenommen werden, welches die Aufzeichnung der Wellen mit entsprechender Bandbreite (hier bis 1 MHz) zulässt. Im vorliegenden Fall wurde eine PCI-2 Karte (Mistras) in Verbindung mit einem 2/4/6 Vorverstärker (Mistras) bei einer Abtastrate von 40 MSP/s verwendet.

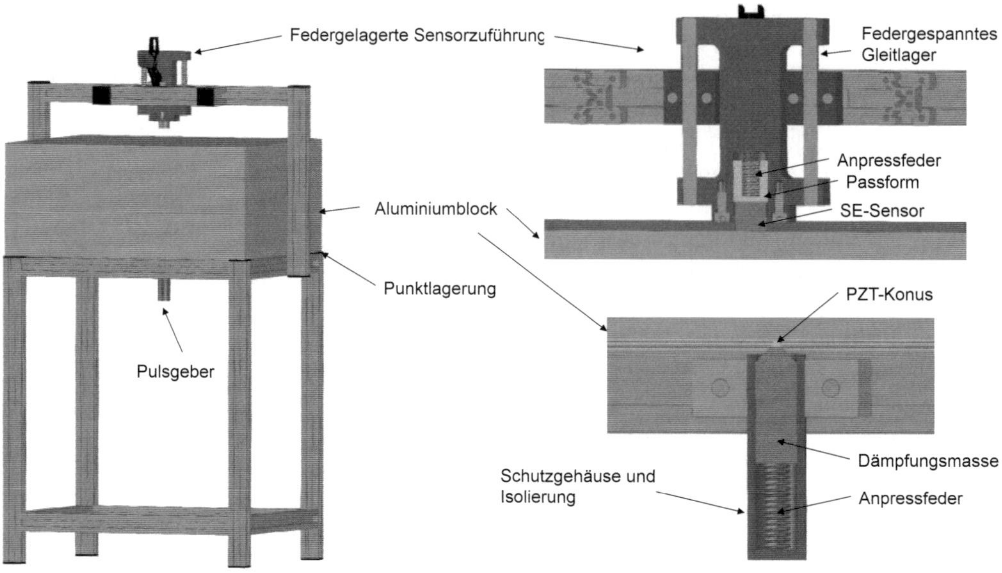

Abb. 1. Darstellung des Prüfstands (links) sowie des Pulsgebers und des Haltersystems (beide rechts).

Zur Bewertung der aufgezeichneten Testsignale wurde das Softwareprogramm SENSORtoolbox innerhalb des Programmpaket MATLAB™ entwickelt [6]. Grundlage für die Bewertung bildet ein Vergleich von Sensor-Referenzkurven mit den aktuellen Werten. Hierzu werden zunächst die Referenzsignale geladen und deren Mittelwert gebildet. Anschließend werden die aktuell gemessenen Signale geladen und deren Mittelwert gebildet. Das Programm zeigt hierzu die spektralen Kurvenverläufe, sowie ihre jeweiligen Standardabweichungen an (vgl. Abb. 2). Aus beiden Kurven werden typische Signalparameter aus der gemessenen Signalspannung $U(t)$ und der zugehörigen FFT-Werte $\tilde{U}(f)$ (s. Tab. 1) ermittelt, welche für den Vergleich von Soll- und Istzustand im Sinne der Richtlinie SE 02 herangezogen werden. Für die Mittelwertsbildung, bzw. für die Triggerung der Signale muss ein Schwellwert in dB_{AE} angegeben werden. Eine Veränderung dieses Wertes hat mitunter signifikanten Einfluss auf die berechneten Signalparameter, muss jedoch abhängig vom jeweiligen Sensortyp spezifisch gewählt werden.

Als Ergebnis der Messung erhält der Benutzer direkt die Ausgabe des Prüfergebnisses als PASSED/FAILED (grün/rot) Anzeige, sowie protokolliert anhand der einzelnen SE-Parameter die ermittelte Signifikanz z für jeden SE-Parameter P_1 im Vergleich zur Referenz P_2 zu:

$$z = \frac{\overline{P_1} - \overline{P_2}}{\sqrt{\frac{\overline{P_1}^2}{N} + \frac{\overline{P_2}^2}{N}}} \tag{1}$$

Hierbei wird mit $\overline{P_i}$ der Mittelwert des Parameters bei einer Stichprobengröße N bezeichnet. Als Kriterium wird für eine signifikante Abweichung $|z| > 2{,}575$ auf Basis eines Signifikanzniveau $> 0{,}01$ festgelegt. Aufgrund des logarithmischen Bezugswert der Signalamplitude wird hier abweichend zu den restlichen Parametern in Tab. 1 ein Wert $|z| > 1.000$ angesetzt.

Überschreitet ein einzelnes Kriterium die jeweilige Signifikanz, so wird der Zustand als „FAILED" ausgegeben. Durch die Überlagerung der beiden Mittelwert-Spektren besteht zudem die Möglichkeit einer schnellen visuellen Überprüfung des ermittelten Zustandes.

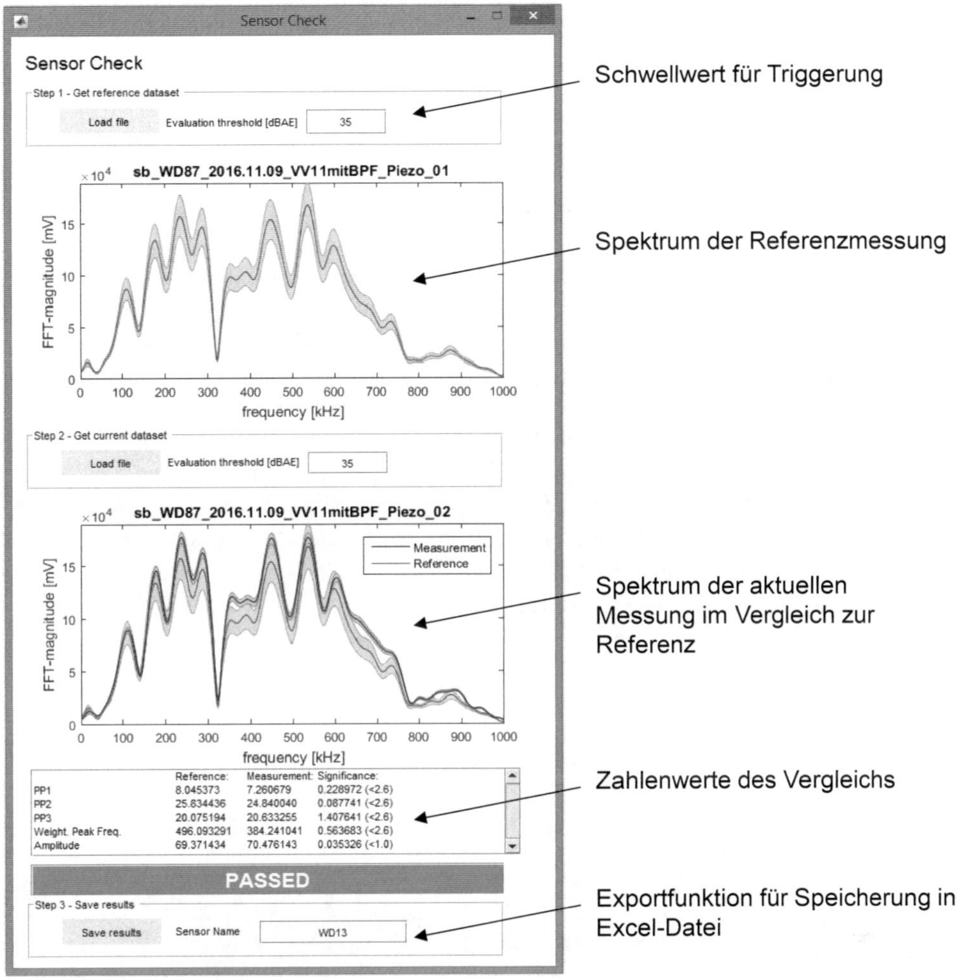

Abb. 2. Darstellung der Bedienoberfläche der SENSORtoolbox 1.38 (32 bit).

Bewertungskriterium	Definition	Signifikanzwert für Akzeptanz der Messung
Partial Power [%]	$\int_{f_1}^{f_2} \tilde{U}^2(f)df \Big/ \int_{f_{start}}^{f_{end}} \tilde{U}^2(f)\, df$ frequency range of interest $[f_1; f_2]$ frequency range of investigation $[f_{\mathrm{start}}; f_{\mathrm{end}}]$	< 2,575
Weighted Peak-Frequency [Hz]	$\langle f_{peak} \rangle = \sqrt{f_{peak} \cdot \frac{\int f \cdot \tilde{U}(f)df}{\int \tilde{U}(f)df}}$	< 2,575
Amplitude [dB]	$dB = 20\log(U_{\max}/1\mu V) - dB_{preamplifier}$	< 1,000

Tab. 1 Verwendete SE-Signalparameter zur Bewertung der SE-Sensoren.

3. Ergebnisse

Der Prüfablauf gliedert sich im Wesentlichen in zwei Teile. Zunächst wird die Betriebsbereitschaft des Prüfstandes sichergestellt (Pulsgeberverifizierung). Im Anschluss daran findet der eigentliche Prüfvorgang der SE-Sensoren (Sensorverifizierung) statt.

3.1 Pulsgeberverifizierung

Aufgrund des vergleichenden Charakters der Messung muss zur Inbetriebnahme des Prüfstandes eine Referenzmessung durchgeführt werden. Diese soll gewährleisten, dass sich außer dem zu prüfenden SE-Sensor keine Änderungen am Prüfstand ergeben haben. Dies betrifft insbesondere die Ankopplung des Pulsgebers, sowie die Einstellungen des Arbiträrwellenformgenerators und der Signalaufzeichnungsprogramme. Hierzu wird als Signalquelle der Bleistiftminenbruch nach Hsu-Nielsen verwendet und der Pulsgeber als SE-Sensor betrieben (s. Abb. 3-a). Die Wahl des Bruchwinkels, sowie die Länge der Bleistiftmine haben dabei entscheidenden Einfluss auf die Stärke und Frequenzlage des Signals [7]. Im Sinne der Selbst-Referenzierung sollte diese Parameter daher möglichst konstant gehalten werden. Für die Verifizierung werden 10-20 SE-Signale erzeugt, welche mit der SENSORtoolbox gegen eine frühere Messung verglichen werden können. Liegen die so ermittelten SE-Signalparameter unterhalb der jeweiligen Signifikanz kann der Prüfstand verwendet werden.

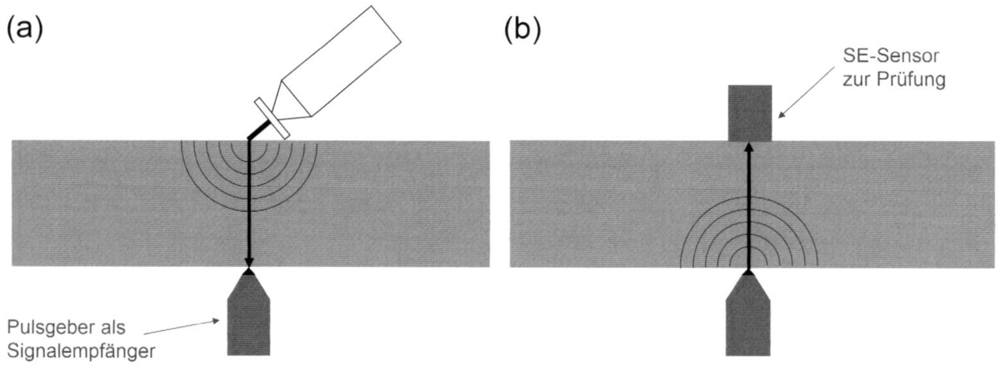

Abb. 3. Konfiguration zur Pulsgeberverifzierung (a) und zur Sensorverifizierung (b).

3.2 Reproduzierbarkeit des Prüfvorgangs

Zur Bestimmung der Reproduzierbarkeit des Prüfvorgang wurden zwei verschiedene Parameter untersucht. Innerhalb einer Messreihe wurde ein identischer Sensor von einer Person 5-fach neu vermessen. Dies beinhaltet die komplette Applikation des Koppelmittels, Montage elektrische Verbindung und Messung von 500 Signalen, sowie Demontage und Reinigung. Innerhalb einer zweiten Messreihe wurde ein identischer Sensor auf die gleiche Weise von 4 Personen jeweils 5-fach neu vermessen.

Wie in Abb. 4-a zu erkennen ist zeichnet sich die erste Messreihe durch eine sehr geringe Streuung aus. Das Streuband der spektralen Empfindlichkeit ist kaum zu erkennen. Die zweite Messreihe (vier Personen) ist in Abb. 4-b dargestellt. Im Vergleich zur ersten Messreihe ist der Einfluss des Prüfpersonal bereits zu erkennen. Dieser fällt mit einer maximalen Signifikanz von 1,16 (Extremwert aller Permutationen untereinander) jedoch immer noch sehr gering aus.

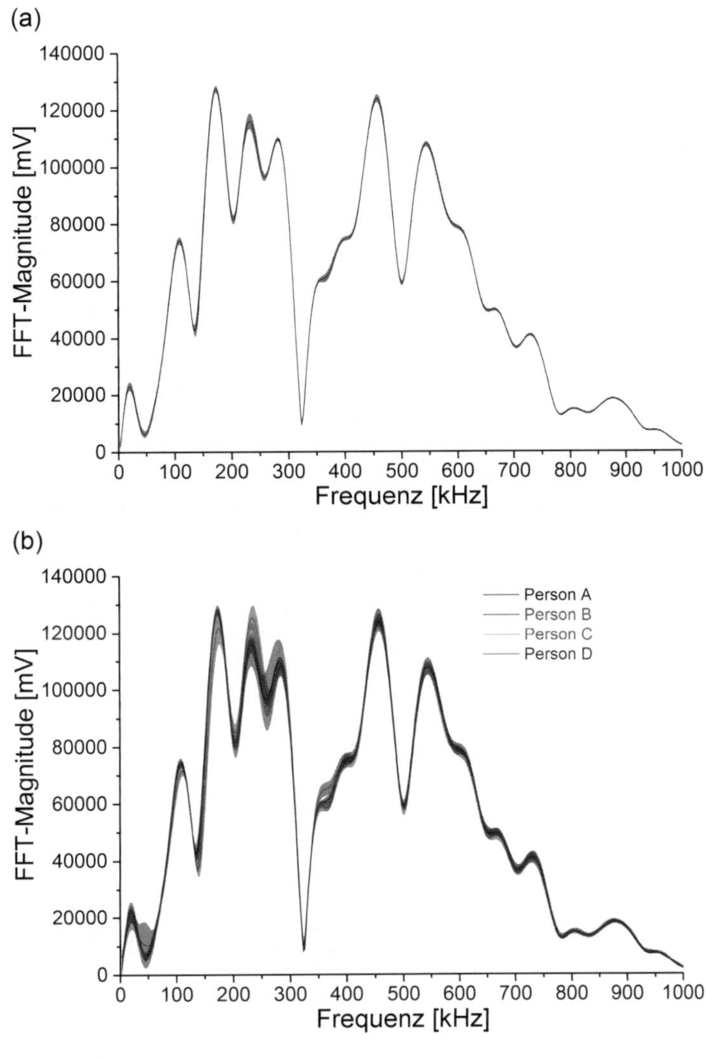

Abb. 4. Gemittelten Frequenzspektren für erste Messreihe – eine Person 2500 Signale in 5 Messungen (a) und gemittelte Frequenzspektren für zweite Messreihe – vier Personen mit je 2500 Signale (b).

3.3 Anwendung für die kontinuierliche Prüfung

Die bisher beschriebene Vorgehensweise eignet sich auch bedingt für die kontinuierliche Prüfung von SE-Sensoren an einem Prüfobjekt. Das Prinzip bleibt dabei das Referenzieren einer aktuellen Messung auf einen Ausgangszustand.

Als Schallquelle können in diesem Fall primär die SE-Sensoren selbst verwendet werden (s. Abb. 5-a). In vielen SE-Systemen können diese kontinuierlich während der Messung (oder bei kurzzeitiger Unterbrechung der Messung) als Pulsgeber aktiviert werden um ein solches Testsignal zu erzeugen. Als Referenzsignal dienen dabei die jeweils an den SE-Sensoren aufgezeichneten Signale vor dem Prüfvorgang (z.B. vor dem Aufbringen mechanischer Lasten). In periodischen Abständen könne diese Signale dann mittels der SENSORtoolbox zum Referenzsignal verglichen werden. Liegt eine nachhaltige Veränderung in der Ankopplung der beiden SE-Sensoren (Pulsgeber und Empfänger) oder des Ausbreitungsmediums (Initiierung und Ausbreitung von Schädigung, Korrosion, etc.) vor, so steigt die gemessene Signifikanz. Messungen an Faserverbundwerkstoffen mit sechs verschiedenen Laminatkonfigurationen (Details s. [4]) zeigen jedoch, dass die Signifikanz der in Tab. 1 definierten SE-Parameter von Beginn der Prüfung bis zum Totalversagen der Prüfkörper nur auf ca. 2,0 – 2,5 ansteigt. Im Vergleich dazu äußert sich eine Änderung der Ankopplung (z.B. durch Verschieben des SE-Sensors) mit einem Anstieg der Signifikanz auf Werte > 2,5.

Als alternative Schallquelle zur Erzeugung von Referenzsignalen ist in Abb. 5-b die Erzeugung von Testsignalen mittels einer Hsu-Nielsen Quelle dargestellt. Konzeptionell eignet sich diese Herangehensweise ebenfalls zur Erzeugung von Testsignalen. Jedoch ist dies mit zwei Nachteilen verbunden. Zum einen muss die Testquelle im laufenden Betrieb an identischer Stelle aufgebracht werden. Aus sicherheitstechnischen Gründen sollte das Prüfobjekt zu diesem Zweck entlastet werden, was vielfach nur schwierig oder gar nicht umsetzbar ist. Zum anderen wirkt sich die lokale Steifigkeit unterhalb der Bleistiftmine ebenfalls auf das erzeugte SE-Signal aus. Im Falle lokal auftretender Schädigungen kann somit kein gültiges Testsignal mehr erzeugt werden, bzw. die Sensorankopplung wird ggf. fälschlicherweise als defekt angenommen. Ein Verlust der lokalen Steifigkeit durch Auftreten innerer Schädigungen kann natürlich auch unterhalb eines SE-Sensor auftreten, jedoch ist der Einfluss aufgrund der typischerweise flächigen Ankopplung deutlich geringer. Ein Vorteil der Hsu-Nielsen Quelle besteht jedoch darin, dass bei gültiger Durchführung direkt nur der jeweils betroffene Sensor geprüft werden muss, während bei der Konfiguration in Abb. 5-a sowohl der Sender als auch der Empfänger die Ursache für die Zunahme der Signifikanz sein können. Durch Kreuzkorrelation (Sender 1 – Empfänger 2 und Sender 3 – Empfänger 2) kann jedoch direkt auf den maßgeblich verantwortlichen Teil der Kette geschlossen werden.

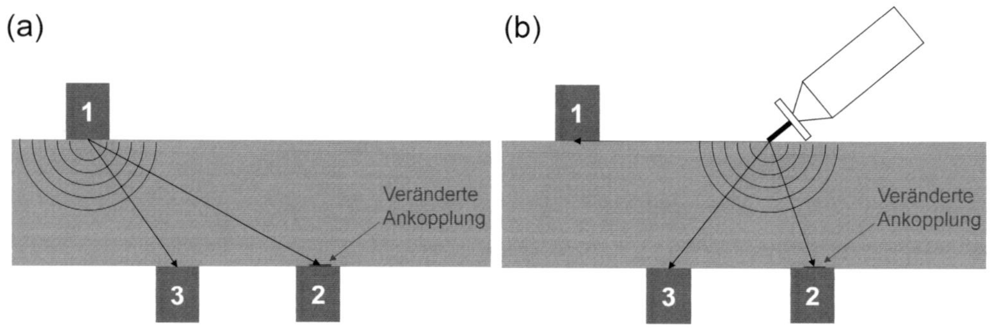

Abb. 5. Konfiguration zur kontinuierlichen Sensorverifzierung mittels Pulsgebern (a) und mittels Hsu-Nielsen Quelle (b).

5. Zusammenfassung

Der vorgestellte Prüfstand zur wiederkehrenden Prüfung von SE-Sensoren zeichnet sich durch eine hohe Reproduzierbarkeit und Benutzerunabhängigkeit aus. In Kombination mit der vorgestellten frei verfügbaren Software SENSORtoolbox 1.36 stellt dies ein gutes Hilfsmittel für die Umsetzung der Richtlinie SE 02 der DGZfP dar. Das zugrundeliegende Konzept kann zudem direkt für die Verifikation des Prüfstandes, sowie für die Bewertung der Ankopplung von SE-Sensoren im kontinuierlichen Betrieb verwendet werden.

Referenzen

[1] K. Ono, Calibration Methods of Acoustic Emission Sensors, Materials (Basel). 9 (2016) 508. doi:10.3390/ma9070508.

[2] H. Hatano, A Memo about Dr. Ono's Critical Observations on Reciprocity Calibration, in: Prog. Acoust. Emiss. XVIII, Kyoto, Japan, 2016: pp. 1–8.
[3] L. Goujon, J.C. Baboux, Behaviour of acoustic emission sensors using broadband calibration techniques, Meas. Sci. Technol. 14 (2003) 903–908. doi:10.1088/0957-0233/14/7/302.
[4] M.G.R. Sause, In Situ Monitoring of Fiber-Reinforced Composites, Springer International Publishing, Cham, 2016. doi:10.1007/978-3-319-30954-5.
[5] M.G.R. Sause, M.A. Hamstad, S. Horn, Finite element modeling of conical acoustic emission sensors and corresponding experiments, Sensors Actuators A Phys. 184 (2012) 64–71. doi:10.1016/j.sna.2012.06.034.
[6] M.G.R. Sause, SENSORtoolbox 1.38, (2016).
[7] M.G.R. Sause, Investigation of Pencil-Lead Breaks as Acoustic Emission Sources, J. Acoust. Emiss. 29 (2011) 184–196.

AUTHOR INDEX

Deutsche Gesellschaft Fuer Zerstoerungsfreie Pruefung (DGZfP)
Max-Planck-Str. 6
12489 Berlin
Germany

ISBN 978-1-5108-6997-4

9 781510 869974

CURRAN ASSOCIATES INC.
proceedings.com